Nils Clemm · Matthias Borgmann

Bauvertragsrecht

Springer

*Berlin
Heidelberg
New York
Barcelona
Budapest
Hongkong
London
Mailand
Paris
Santa Clara
Singapur
Tokio*

Nils Clemm · Matthias Borgmann

Bauvertragsrecht

Ein Leitfaden für die Praxis
mit einer Einführung in das öffentliche Baurecht

 Springer

Dr. jur. Nils Clemm
Rechtsanwalt und Notar in Berlin
Honorarprofessor an der TU Berlin
Kurfüstendamm 29
10719 Berlin

Dr. jur. Matthias Borgmann
Rechtsanwalt in Berlin
Kurfürstendamm 29
10719 Berlin

ISBN-13:978-3-642-72174-8

Die deutsche Bibliothek – CIP-Einheitsaufnahme

Clemm, Nils: Bauvertragsrecht: ein Leitfaden für die Praxis mit einer Einführung in das öffentliche
Baurecht / Nils Clemm; Matthias Borgmann.- Berlin ; Heidelberg ; New York ; Barcelona ; Budapest ;
Hongkong ; London ; Mailand ; Paris ; Santa Clara ; Singapur ; Tokio : Springer, 1998
ISBN-13:978-3-642-72174-8   e-ISBN-13:978-3-642-72173-1
DOI: 10.1007/978-3-642-72173-1

Satz: im Verlag nach reproduktionsreifen Vorlagen der Autoren bearbeitet
Einbandgestaltung: Struve & Partner, Heidelberg

SPIN: 10567151   68/3020 – 5 4 3 2 1 0 – Gedruckt auf säurefreiem Papier

Vorwort

Diese Einführung in das deutsche Bauvertragsrecht soll insbesondere dem nicht juristisch vorgebildeten Baupraktiker, aber auch Laien einen Leitfaden an die Hand geben, um über die schwierige Materie des Baurechts einen Überblick zu erhalten. Auch der nichtspezialisierte Jurist wird seinen Nutzen aus der Darstellung ziehen.

Die Ausführungen folgen dem zeitlichen Ablauf der Abwicklung eines Bauvertrags vom Zeitpunkt seines Abschlusses bis zur vollständigen Beendigung der gegenseitigen vertraglichen Verpflichtungen. Die Regelungen des BGB und der VOB/B werden einander gegenübergestellt. Zudem wird auf Allgemeine Geschäftsbedingungen aus Bauverträgen hingewiesen, die Gegenstand der Rechtsprechung waren.

Erweitert wird die materiell-rechtliche Darstellung durch Hinweise auf Möglichkeiten der rechtlichen Durchsetzung der Ansprüche der Vertragspartner.

Besondere Berücksichtigung findet die Rechtsprechung der letzten Jahre. Hinweise auf die Rechtsliteratur werden nur dort gegeben, wo dies notwendig erscheint.

Ergänzend wird auf Regelungen im Zusammenhang mit dem internationalen Baugeschehen hingewiesen. Abgerundet werden die Darlegungen durch eine Einführung in die Normen des öffentlichen Baurechts, also diejenigen Vorschriften, die die Zulässigkeit von Bauvorhaben regeln.

Berücksichtigt ist die Rechtsprechung sowie die Gesetzeslage zum 01.01.1998. Für Anregungen sind wir dankbar.

Berlin, im Januar 1998   Nils Clemm und Matthias Borgmann

Inhalt

Teil I
Grundlagen des Bauvertrags

1 Rechtliche Grundlagen des Bauvertrags

1.1
Der Bauvertrag als Werkvertrag gemäß §§ 631 ff BGB

Im Bürgerlichen Gesetzbuch (BGB) ist das Wort „Bauvertrag" nicht zu finden. Es handelt sich also um keinen gesetzlich vorgesehenen Begriff, wie etwa Kauf-, Dienst-, Miet- oder Werkvertrag. Durch das Wort „Bauvertrag" wird lediglich der Gegenstand des Vertrags beschrieben, der die Ausführung von Bauleistungen an Bauwerken betrifft. Unter einem Bauwerk ist nach der Definition des Bundesgerichtshofes (BGHZ 57, 60, 61) eine unbewegliche, durch Verwendung von Material und Arbeit in Verbindung mit dem Erdboden hergestellte Sache zu verstehen. Bauwerke sind deshalb nicht nur Gebäude, sondern auch Brücken, Denkmäler, Gleisanlagen und Straßen. Zu den Bauleistungen gehören alle Arbeiten, die der Errichtung, dem Um- und Anbau oder der Erhaltung eines Bauwerkes dienen. Inhalt eines Bauvertrags können also die verschiedensten Leistungen sein, z. B. die Errichtung eines Hauses insgesamt, aber auch nur einzelne Teilleistungen, wie die Ausführung der Sanitär-, der Heizungs- oder Malerarbeiten.

Will man das Wesen des Bauvertrags rechtlich erfassen, muß man zwei Fragen beantworten:
1. Was versteht man überhaupt unter einem Vertrag?
2. Um welchen im BGB geregelten Vertragstypus handelt es sich beim Bauvertrag?

1.1.1
Wesen des Vertrags

Der Vertrag ist eine der maßgebenden Institutionen des Privatrechts. Er kommt in allen Bereichen vor. Im Schuldrecht kennen wir z. B. den Kaufvertrag, den Mietvertrag, den Darlehensvertrag, den Dienst- und Arbeitsvertrag sowie den Werkvertrag, im Sachenrecht den Vertrag über die Übertragung des Eigentums an beweglichen oder unbeweglichen Sachen, den Vertrag über die Bestellung einer Hypothek oder Grundschuld, eines Erbbaurechts, im Familienrecht den Ehevertrag, den Unterhaltsvertrag für die Zeit nach der Scheidung, im Erbrecht den Erbvertrag oder den Erbverzichtsvertrag. Das Institut des Vertrags ist aber nicht nur auf das Privatrecht beschränkt. Verträge kennt auch das öffentliche Recht, z. B. den Vertrag zwischen zwei Gemeinden über die Erfüllung öffentlich-rechtlicher Aufgaben. Selbst dem Völkerrecht sind Verträge durchaus geläufig, so z. B. zwischen zwei Staaten über Handelsbeziehungen, Kulturabkommen usw.

Mit dieser Feststellung ist allerdings noch nichts darüber ausgesagt, wie der Begriff des Vertrags rechtlich zu definieren ist. Trotz der herausragenden Bedeutung dieses Begriffs findet sich keine gesetzliche Definition. Das BGB enthält in §§ 145 ff lediglich Vorschriften über das Zustandekommen eines Vertrags. Dennoch besteht über die juristische Definition des privatrechtlichen Vertrags kein Streit. Der Vertrag ist nach allgemeiner Meinung ein mehrseitiges Rechtsgeschäft, das die übereinstimmenden Willenserklärungen zweier oder mehrerer Personen voraussetzt.

1.1.2
Vertragsschluß

Jeder Vertrag setzt voraus, daß an seinem Abschluß mindestens zwei Rechtssubjekte, die sich verpflichten können, also natürliche oder juristische Personen des Privat- (z. B. GmbHs) oder des öffentlichen Rechts, wie Gemeinden, Bundesländer oder der Staat beteiligt sind.

Der Vertrag kommt durch Willenserklärungen zustande, die Angebot und Annahme genannt werden. Das Angebot (Antrag oder Offerte) stellt den Vorschlag einer Partei zum Abschluß eines Vertrags dar und definiert vollständig den Inhalt des beabsichtigten Vertrags in rechtlicher und tatsächlicher Hinsicht; die Annahme bedeutet die Zustimmung zu diesem Angebot. Nicht jede Äußerung oder Verlautbarung einer Partei, die der Förderung eines Vertragsschlusses dient, ist bereits ein Angebot oder ein Antrag zum Abschluß eines Vertrags. Vielmehr muß das Angebot so bestimmt sein, daß der Vertragspartner allein durch seine Zustimmung zu dem Angebot einen Vertrag zustande bringen kann, der inhaltlich bestimmt oder jedenfalls doch bestimmbar ist.

Das kennzeichnende Merkmal eines Vertrags besteht darin, daß die Vertragsparteien über den Regelungsgegenstand des Vertrags eine vollständige Einigung erzielen, anders als bei einseitigen Maßnahmen des Privat- oder öffentlichen Rechts, z. B. der Kündigung eines Arbeitsvertrags oder der Festsetzung einer Steuer, deren Wirksamkeit nicht von dem Einverständnis des Betroffenen abhängt. So kommt z. B. ein Kaufvertrag solange nicht zustande, wie sich Verkäufer und Käufer nicht über den Kaufgegenstand und den hierfür zu zahlenden Preis einig sind.

Von einem Angebot kann also nur unter zwei Voraussetzungen gesprochen werden, zum einen, daß es inhaltlich bestimmt ist, und zum anderen, daß der Anbietende den Willen hat, sich gegenüber einem anderen rechtlich binden zu wollen. Ein Angebot liegt deshalb mangels Bestimmtheit nicht vor, wenn jemand einem anderen den Abschluß eines Kaufvertrags anträgt, ohne z. B. die Kaufsache zu bezeichnen oder den Kaufpreis zu nennen. Ein Vertragsangebot ist wegen fehlenden Bindungswillens nicht in Werbeprospekten oder Zeitungsinseraten zu sehen, weil sich der Werbende hierdurch nicht jedem beliebigen Dritten gegenüber verpflichten will. Vielmehr erwartet der Werbende, daß ein Interessent aufgrund seiner Werbung ihm ein Angebot unterbreitet, das er annehmen oder ablehnen kann. Werbeprospekte oder Zeitungsinserate – dasselbe gilt für die Waren in Schaufenstern – stellen deshalb lediglich die Aufforderung zur Abgabe eines Angebots dar.

Die Annahme des Angebots erfolgt grundsätzlich durch eine Erklärung gegenüber dem Antragenden. Eine wirksame Annahme liegt nur dann vor, wenn sie rechtzeitig und vorbehaltlos, d. h. ohne Einschränkungen oder Erweiterungen erklärt wird. Die Rechtzeitigkeit der Annahme bestimmt sich danach, welche Frist der Antragende hierfür gesetzt hat (§ 148 BGB). Fehlt es an einer Fristbestimmung, so greift § 147 BGB ein. Danach kann der einem Anwesenden gemachte Antrag, hierzu gehört auch der Antrag mittels Telefon, nur sofort angenommen werden und der einem Abwesenden gemachte Antrag nur bis zu dem Zeitpunkt, in welchem der Antragende den Eingang der Antwort unter regelmäßigen Umständen erwarten darf. Die verspätete Annahme eines Antrages oder die Annahme unter Erweiterungen oder Einschränkungen – z. B. ein Käufer, dem ein Verkäufer ein Angebot zum Kaufabschluß eines Bildes zum Preis von DM 10 000,- gemacht hat, ist nur bereit DM 9 000,- zu zahlen – gelten nach § 150 BGB als neuer Antrag, den derjenige, der zunächst das Angebot unterbreitet hat, nun seinerseits annehmen oder ablehnen kann. Einer Annahmeerklärung bedarf es nach § 151 Satz 1 BGB dann nicht, wenn der Antragende auf sie verzichtet hat oder eine solche Erklärung nach der Verkehrssitte nicht zu erwarten ist, z. B. bei unentgeltlichen Zuwendungen.

Für den Abschluß eines Vertrags ist vom Gesetz grundsätzlich eine Form nicht vorgeschrieben. Angebot und Annahme können also durchaus mündlich oder auch stillschweigend erklärt werden. Bezüglich der letzten Möglichkeit müssen jedoch eindeutige Umstände vorliegen. Allein die Entgegennahme von (Bau-) Leistungen, selbst wenn der potentielle Auftraggeber sich in dem Sinne geäußert hat, derartige Leistungen zu wollen, reicht z. B. für die Annahme eines Vertragsschlusses nicht aus (BGH BauR 97, 644).

In einigen Fällen verlangt das Gesetz ausdrücklich eine bestimmte Form für den Vertragsabschluß. So bedarf der Kaufvertrag über ein Grundstück nach § 313 BGB der notariellen Beurkundung, also gemäß § 128 BGB der Beurkundung des Antrags und der Annahme durch einen Notar. Für den Bürgschaftsvertrag ist nach § 766 BGB die Schriftform notwendig. Sie ist nach § 126 Abs. 1 BGB gewahrt, wenn die Vertragsurkunde von den Vertragspartnern eigenhändig unterschrieben worden ist. Die Vertragsurkunde selbst kann maschinenschriftlich sein.

Die Vertragspartner können aber auch, wenn das Gesetz für den Vertragsschluß keine Form vorschreibt, vereinbaren, daß für den Vertrag eine bestimmte Form gelten soll. Sie können also vorsehen, daß ein an sich formloser gültiger Kaufvertrag über eine bewegliche Sache schriftlich geschlossen oder sogar notariell beurkundet werden soll.

Die Nichtbeachtung einer gesetzlich vorgeschriebenen Form führt nach § 125 Satz 1 BGB zur Nichtigkeit des Vertrags. Allerdings sieht das Gesetz zum Teil vor, daß die Nichtigkeit durch spätere Handlungen geheilt wird. So wird ein nicht notariell beurkundeter Kaufvertrag über ein Grundstück nach § 313 Satz 2 BGB wirksam, wenn der Käufer im Grundbuch als neuer Eigentümer eingetragen worden ist; nach § 766 Satz 2 BGB wird eine unwirksame Bürgschaft geheilt, wenn der Bürge seiner Verpflichtung nachkommt. Wird die rechtsgeschäftlich bestimmte Form nicht eingehalten, so hat dies nach § 125 Satz 2 BGB im Zweifel die Nichtigkeit des Vertrags zur Folge. Tatsächlich ist diese Nichtigkeit aber die Ausnahme und die Wirksamkeit des Vertrags die Regel. Denn nach allgemeiner

Meinung tritt die Folge der Nichtigkeit einerseits dann nicht ein, wenn die vereinbarte Form lediglich der Beweissicherung oder Klarstellung und nicht dem Schutz einer Vertragspartners vor einem übereilten Vertragsschluß dient. Andererseits kann die Formvorschrift formlos aufgehoben werden, wovon die Rechtsprechung im Zweifel ausgeht.

Durch den Vertrag verpflichten sich die daran Beteiligten, einen bestimmten Erfolg zu erzielen. Sie sind an den Vertrag gebunden und können sich nicht frei davon lösen, ohne Sanktionen auszulösen. Der Vertrag, der gesetzliche Regelungen ändern kann, tritt für die Vertragsparteien im Hinblick auf den geregelten Sachverhalt an die Stelle des Gesetzes, oder, wie es das französische Zivilgesetzbuch treffend formuliert, die Verträge dienen den Vertragschließenden als Gesetz.

1.1.3
Arten der Verträge

Das BGB kennt eine Vielzahl von Verträgen unterschiedlichen Inhalts, die im Schuld-, Sachen-, Erb- und Familienrecht vorgesehen sind. Im Schuldrecht sind die möglichen Vertragsarten nicht abschließend geregelt. Vielmehr herrscht im Schuldrecht der Grundsatz der Vertragsfreiheit, so daß die Vertragspartner in der Ausgestaltung ihrer vertraglichen Beziehungen frei sind. Es gibt hier keinen Typenzwang. Ein Beispiel für einen im gesetzlichen Schuldrecht nicht vorgesehenen Vertrag ist der Garantievertrag, bei dem jemand einem anderen verspricht, für einen bestimmten Erfolg einzustehen. Anders ist es im Sachen-, Familien- und Erbrecht. Hier besteht ein Typenzwang. Die Vertragspartner können also eine Rechtsänderung an beweglichen oder unbeweglichen Sachen, eine familien- oder erbrechtliche Regelung nur durch die im BGB vorgesehenen Rechtsgeschäfte herbeiführen.

Je nachdem, welche Verpflichtungen durch einen Vertrag begründet werden, unterscheidet man zwischen einseitig verpflichtenden, unvollkommen zweiseitigen und gegenseitigen Verträgen. Bei dem einseitig verpflichtenden Vertrag trifft nur einen Vertragspartner eine Vertragspflicht. Beispiele hierfür sind die Bürgschaft und die Schenkung. Letztere ist entgegen der landläufigen Meinung kein einseitiges Rechtsgeschäft, sondern ein Vertrag, weil der Beschenkte das Schenkungsversprechen annehmen muß. In beiden Fällen verpflichtet sich nur der eine Vertragspartner, eine Leistung zu erbringen, im Falle der Schenkung der Schenkende nach § 516 Abs. 1 BGB zur unentgeltlichen Zuwendung des Schenkungsgegenstandes und im Falle der Bürgschaft der Bürge nach § 765 Abs. 1 BGB gegenüber dem Gläubiger, für die Erfüllung der Verbindlichkeit eines Dritten einzustehen.

Bei den unvollkommen zweiseitig verpflichtenden Verträgen trifft jeden der Vertragspartner eine Verpflichtung. Die beiderseitigen Verpflichtungen stehen jedoch nicht in einem Austauschverhältnis, die Verpflichtung des einen Vertragspartners wird nicht wegen der Verpflichtung des anderen Vertragspartners geschuldet. Zu den unvollkommen zweiseitig verpflichtenden Verträgen gehören z. B. die Leihe und der Auftrag. Bei der Leihe schuldet der Verleiher nach § 598 BGB dem Entleiher die unentgeltliche Gebrauchsüberlassung der zu verleihenden Sache und der Entleiher ist nach § 604 Abs. 1 BGB verpflichtet, die geliehene Sache nach Ablauf der Leihzeit zurückzugeben. Die Rückgabepflicht ist aber keine Gegenleistung für die Gebrauchsüberlassung, sondern folgt lediglich aus der Rechtsnatur der Leihe als einer zeitlich befristeten Gebrauchsgewährung. Bei dem Auftrag ist der Beauftragte nach § 662 BGB verpflichtet, das ihm von dem Auftraggeber übertragene Geschäft unentgeltlich auszuführen. Der Auftraggeber seinerseits hat nach § 670 BGB dem Beauftragten diesem seine zum Zwecke der Ausführung des Auftrages getätigten Aufwendungen zu ersetzen. Auch diese beiderseitigen Verpflichtungen stehen zueinander nicht in einem Austauschverhältnis. Der Anspruch des Beauftragten auf Aufwendungsersatz ist nicht die Gegenleistung für die Ausführung des Auftrags, die hier gerade unentgeltlich ist, sondern beruht auf der Tatsache, daß der Beauftragte durch die Ausführung des Auftrags keinen Vermögensnachteil erleiden soll.

Bei den gegenseitigen Verträgen hingegen stehen die beiderseitigen Verpflichtungen der Vertragspartner in einem Abhängigkeits- oder Austauschverhältnis. Die Leistung des einen Vertragspartners wird wegen der Leistung des anderen Vertragspartners geschuldet. Die Leistungen sind miteinander verknüpft. Zu den gegenseitigen Verträgen gehören Kauf, Miete, Dienstvertrag und Werkvertrag. Der Verkäufer veräußert seine Sache, weil er von dem Käufer einen bestimmten Kaufpreis hierfür erhält, der Vermieter vermietet die Mietsache, weil er den vereinbarten Mietzins bekommen will, der zur Dienstleistung Verpflichtete wird für den Dienstherrn nur wegen der Zahlung des vereinbarten Dienstlohnes tätig und der Werkunternehmer verspricht die Herstellung des vorgesehenen Werkes nur im Hinblick auf die vereinbarte Vergütung. Die Zahlungspflicht des Käufers ist also die Gegenleistung für die Übereignung der Kaufsache, die Zahlungspflicht des Mieters für die Gebrauchsüberlassung der Mietsache, die Zahlungspflicht des Dienstherrn die Gegenleistung für die Bereitstellung der Dienste des Dienstverpflichteten und die Zahlungspflicht des Bestellers die Gegenleistung für die Herstellung des versprochenen Werkes durch die Werkunternehmer. Allerdings bestehen auch im Rahmen eines gegenseitigen Vertrags vielfach Verpflichtungen der Vertragspartner, die lediglich einseitig bindenden Charakter haben. So ist der Mieter z. B. verpflichtet, die Mietsache pfleglich zu behandeln, diese Verpflichtung ist aber keine Gegenleistung für die Überlassung des Gebrauchs der Mietsache. Der Besteller hat beim Werkvertrag, soweit erforderlich, bei der Herstellung des Werkes mitzuwirken, z. B. muß derjenige, der ein Portrait in Auftrag gibt, dem Maler auch hierfür als Modell zur Verfügung stehen. Dieser Mitwirkungspflicht steht ebenfalls keine Gegenleistung gegenüber. Durch die genannten einseitigen Verpflichtungen verlieren aber der Miet- und Werkvertrag nicht den Charakter eines gegenseitigen Vertrags. Entscheidend ist allein, ob die Hauptpflichten der Vertragspartner zueinander in einem Verhältnis gegenseitiger Abhängigkeit stehen. Ist das, wie beim Miet- und Werkvertrag der Fall, so spricht man von einem gegenseitigen Vertrag.

1.1.4
Grundstrukturen des Werkvertrags gemäß §§ 631 ff BGB

Es ist allgemein anerkannt, daß der Bauvertrag als Werkvertrag gemäß §§ 631 ff BGB zu qualifizieren ist. Das BGB bezeichnet die Vertragspartner als Unternehmer und Besteller. Besteller ist derjenige, der das vertraglich geschuldete Werk in Auftrag gibt, Unternehmer derjenige, der das Werk – bei einem Bauvertrag das Bauwerk oder Teile desselben – ausführen soll. Im Hinblick auf die Tatsache, daß beim Bauvertrag der Unternehmer üblicherweise Auftragnehmer und der Besteller Auftraggeber genannt wird, sollen diese Bezeichnungen auch verwandt werden.

1.1.4.1
Hauptpflichten der Vertragspartner

Die Hauptpflicht des Auftragnehmers besteht darin, das versprochene Werk herzustellen, und die Hauptpflicht des Auftraggebers, die vereinbarte Vergütung zu zahlen (§ 631 Abs. 1 BGB).

Den Auftragnehmer treffen weitere Hauptpflichten im Zusammenhang mit der Herstellung des Werkes, weil er dieses nach § 633 Abs. 1 BGB mangelfrei und nach § 636 BGB rechtzeitig erstellen muß. Der Auftraggeber hat zudem die Pflicht nach § 640 Abs. 1 BGB, das mangelfrei und rechtzeitig erstellte Werk abzunehmen. Daneben bestehen für beide Parteien umfangreiche Nebenpflichten. Die letztgenannten Pflichten sollen aber hier noch nicht erörtert werden, sondern werden später in anderem Zusammenhang behandelt. Sie sind nicht kennzeichnend für das Wesen des Werkvertrags, sondern Folge der hierfür maßgebenden Hauptpflichten, der Erstellung des Werkes und der Zahlung der vereinbarten Vergütung.

Was das Gesetz unter „Herstellung des versprochenen Werkes" versteht, erläutert es in § 631 Abs. 2 BGB. Danach gehört hierzu die Herstellung oder Veränderung einer Sache oder ein anderer durch Arbeit oder Dienstleistung herbeizuführender Erfolg. Für die Fälle der Herstellung oder Veränderung einer Sache ist der Bauvertrag ein typisches Beispiel. Jemand soll ein Haus errichten, also eine Sache herstellen oder ein Haus umbauen, also eine Sache ändern. Herstellung und Veränderung einer Sache sind natürlich auch auf anderen Gebieten als dem des Baurechts denkbar: jemand läßt sich z. B. von einem Schneider ein Kleidungsstück anfertigen oder ein Kleidungsstück in einer bestimmten Art ändern. Auch die weiter in § 631 Abs. 2 BGB beschriebenen Fälle, daß ein durch Arbeit oder Dienstleistung herbeizuführender anderer Erfolg geschuldet ist, kommen im Bauvertragsrecht vor. Jemand beauftragt z. B. einen Malermeister, in seiner Wohnung die Decken neu zu streichen oder einen Elektriker, elektrische Leitungen zu verlegen usw. Auch außerhalb des Bereichs des Baurechts sind derartige Fälle häufig. Jemand erteilt z. B. einem Steuerberater den Auftrag, eine Bilanz zu erstellen, oder einer Zeitung den Auftrag, eine bestimmte Anzeige zu veröffentlichen. In diesen Fällen besteht die geschuldete Leistung nicht in der Herstellung oder Veränderung einer Sache, sondern in einem anderen durch Arbeit oder Dienstleistung herbeizuführenden Erfolg, nämlich der Errichtung der Bilanz oder der Veröffentlichung der Anzeige.

In welcher Weise der Auftragnehmer das Werk erstellt, ist grundsätzlich ihm überlassen. Ein Weisungsrecht des Auftraggeber besteht nicht. Allerdings hat er im Bauvertragsrecht, wie wir noch sehen werden, gewisse Überwachungs- und Anordnungsrechte. Zur Ausführung der versprochenen Leistung darf sich der

Auftragnehmer der Mitwirkung Dritter bedienen. Er ist allerdings grundsätzlich nicht berechtigt, die gesamte Herstellung des versprochenen Werkes einem Dritten ohne Zustimmung des Auftraggebers zu übertragen. Entscheidend ist aber letztlich, daß er das versprochene Werk – mangelfrei – herstellt. Erst dann gewährt ihm das Gesetz in § 641 Abs. 1 BGB Anspruch auf die vereinbarte Vergütung, verpflichtet also den Auftraggeber zur Erfüllung der ihn treffenden Hauptpflicht.

Nach § 641 Abs. 1 Satz 1 BGB ist die Vergütung bei der Abnahme des Werkes zu entrichten. Zur Abnahme verpflichtet ist der Auftraggeber aber nur, wie wir im einzelnen später noch sehen werden, wenn das Werk vollständig und mangelfrei hergestellt worden ist. Daraus folgt, daß der Auftragnehmer mit seiner Hauptpflicht vorleistungspflichtig ist. Er kann die Herstellung des vertraglich vorgesehenen Werkes nicht davon abhängig machen, daß der Auftraggeber die Vergütung ganz oder teilweise im voraus an ihn bezahlt. Allerdings wird vertraglich, wie wir noch sehen werden, gerade im Baurecht nicht selten etwas anderes vereinbart. Gesetzlich vorgesehen ist dies aber nicht.

1.1.4.2
Abgrenzung des Werkvertrags zu anderen Vertragstypen

Die Feststellung, ob es sich bei einem Vertrag um einen Werkvertrag handelt, ist trotz der an sich klaren Begriffsbestimmung nicht immer einfach. Es kommen durchaus Fälle vor, in denen Zweifel bestehen, ob ein Werkvertrag oder ein anderer Vertragstyp vorliegt. Deshalb soll im folgenden kurz eine Abgrenzung zu den Vertragstypen vorgenommen werden, die mit dem Werkvertrag eine gewisse Ähnlichkeit aufweisen.

Dies betrifft vor allem der Dienstvertrag gemäß §§ 611 ff BGB. Ebenso wie beim Werkvertrag ist beim Dienstvertrag gemäß § 611 BGB eine Dienst- oder Arbeitsleistung Vertragsinhalt, die vergütet werden muß. Der entscheidende Unterschied zwischen dem Dienst- und dem Werkvertrag besteht darin, daß beim Dienstvertrag allein die Tätigkeit, die Dienst- oder Arbeitsleistung, geschuldet wird, beim Werkvertrag dagegen die Herbeiführung des vereinbarten, gegenständlich faßbaren Arbeitsergebnisses, also ein bestimmter Erfolg. So gilt für das Rechtsverhältnis zwischen dem Geschäftsführer einer GmbH und der GmbH Dienstvertrags-, nicht Werkvertragsrecht, denn der Geschäftsführer hat der GmbH seine Dienste zur Verfügung zu stellen, schuldet aber nicht einen bestimmten Arbeitserfolg, also z. B. die Erzielung eines jährlichen Bilanzgewinnes oder die Erreichung bestimmter Umsatzgrößen. Die Abgrenzung zwischen Dienst- und Werkvertrag kann in Einzelfällen höchst problematisch sein, z. B. beim Arztvertrag. Ist der Vertrag über die Durchführung einer Operation, z. B. einer Sterilisation, oder die Anfertigung und das Einsetzen einer Zahnkrone ein Werkvertrag oder ein Dienstvertrag, ist hier der Erfolg oder lediglich eine bestimmte Tätigkeit Vertragsinhalt? Man neigt dazu, ersteres anzunehmen. Dennoch liegt nach der Rechtsprechung in beiden Fällen ein Dienstvertrag vor. Im Bauvertragsrecht tauchen Abgrenzungsprobleme zwischen Dienst- und Werkvertrag in der Regel nicht auf. Hier ergibt sich aus dem Inhalt der vereinbarten Leistung, z. B. Errichtung eines

Gebäudes, Ausführung von einzelnen Bauleistungen, daß Vertragsinhalt nicht lediglich eine bestimmte Tätigkeit sein soll, sondern die Herbeiführung eines Arbeitserfolgs, also ein Werkvertrag anzunehmen ist.

Die Abgrenzung zwischen Werkvertrag und Auftrag (§§ 662 ff BGB) bereitet keine Probleme. Zwar kann auch Inhalt eines Auftrags wie beim Werkvertrag die Herbeiführung eines bestimmten Arbeitserfolgs sein. Auftrag und Werkvertrag unterscheiden sich aber dadurch, daß der Auftrag im Gegensatz zum Werkvertrag unentgeltlich ausgeführt werden muß. Der Beauftragte hat keinen Anspruch auf Vergütung. Ist also eine Vergütung vereinbart, so liegt kein Auftrag, sondern, je nachdem, ob eine bestimmte Tätigkeit oder ein Arbeitserfolg geschuldet wird, Dienst- oder Werkvertrag vor.

Nicht so eindeutig ist in manchen Fällen die Abgrenzung zwischen Kauf- und Werkvertrag. Liegt ein Werk- oder ein Kaufvertrag vor, wenn jemand ein Fertighaus erwirbt? Diese Frage ist von erheblicher Bedeutung, z. B. im Hinblick auf die Gewährleistung. Liest man § 433 Abs. 1 BGB und § 631 BGB, sind beide Möglichkeiten denkbar. Durch den Kaufvertrag wird der Verkäufer einer Sache verpflichtet, dem Käufer die Sache zu übergeben und das Eigentum an der Sache zu verschaffen. Das deckt sich mit der Verpflichtung des Fertighaus-Herstellers, der dem Erwerber das Fertighaus übergeben und das Eigentum daran übertragen soll. Genausogut paßt aber auch § 631 BGB; denn der Fertighaus-Hersteller soll das Fertighaus für den Erwerber errichten. Um dennoch eine Abgrenzung vornehmen zu können, hat die Rechtsprechung folgendes Kriterium entwickelt, das generell für eine Unterscheidung zwischen Kauf- und Werkvertrag heranzuziehen ist: Ist Gegenstand des Vertrags die Veräußerung einer bereits bestehenden, fertigen Sache, so handelt es sich um einen Kaufvertrag, wird aber zunächst die Herstellung der zu veräußernden Sache geschuldet – dies ist in der Regel bei einem Fertighausvertrag der Fall, weil das Fertighaus erst errichtet werden muß –, so liegt ein Werkvertrag vor (BGHZ 87, 112, 116 f).

Von weitergehender Bedeutung ist die Frage, um welches Rechtsverhältnis es sich handelt, wenn ein neu errichtetes, fertiges Gebäude bzw. eine Eigentumswohnung erworben wird. Auch hier denkt man zunächst an die Anwendbarkeit des Kaufrechts. Der BGH geht jedoch in ständiger Rechtsprechung davon aus, daß auch derartige Vorgänge dem Werkvertragsrecht unterliegen, da wegen der Interessenlage der Parteien die mangelfreie Erstellung des Gebäudes im Vordergrund steht (z. B. BGH BauR 85, 314, 315). Als „neu errichtet" sieht die Rechtsprechung auch Wohnungen an, die zwei Jahre leer standen (BGH a. a. O.) bzw. nach einer Vermietung über 8 Monate an den Mieter veräußert wurden (BGH NJW-RR 86, 1026). Der BGH hat diese Rechtsprechung sehr weit ausgedehnt. Danach führen auch Sanierungsleistungen in Altbauten dazu, einen Erwerbsvertrag dem Werkvertragsrecht vollständig zu unterstellen, selbst wenn die Sanierung nur untergeordnete Teile des Gebäudes betraf, soweit „der Veräußerer Leistungen erbringt, die bei der Neuerrichtung ‚Arbeiten bei Gebäuden' (i. S. des § 638 Abs. 1 BGB)[1] wären und nach Art und Umfang mit solchen Neubauarbeiten vergleichbar sind"

---

[1] vgl. dazu S.185

(BGH NJW 88, 1972). Der Veräußerer haftet dann also nach Werkvertragsrecht auch für Gebäudeteile, die er nicht verändert hat.

Die Vertragsparteien können die rechtliche Qualifikation eines solchen Vertrags als Werkvertrag nicht vertraglich ändern, z. B. indem sie ihn als Kaufvertrag bezeichnen (BGH BauR 85, 314, 315).

1.2
Abschluß des Bauvertrags

1.2.1
Form des Vertrags

Für den Bauvertrag ist gesetzlich keine besondere Form vorgesehen, es sei denn, der Vertrag über den Verkauf und die Bebauung eines Grundstücks bildeten eine Einheit. Dann ist auch der Vertrag über die Bauleistung genauso wie der Vertrag über den Grundstückserwerb notariell gemäß § 313 Satz 1 BGB zu beurkunden (BGHZ 78, 346, 348). Unterbleibt in diesem Fall die notarielle Beurkundung, so ist auch kein wirksamer Bauvertrag abgeschlossen.

Grundsätzlich können die Vertragspartner den Bauvertrag mündlich wirksam abschließen. Diese Art des Vertragsschlusses empfiehlt sich aber nur dann, wenn Arbeiten geringen Umfanges zu leisten sind, bei denen ein Bedürfnis nach schriftlicher Festlegung des Vertragsinhaltes nicht besteht. Bei größeren Bauvorhaben ist es die Regel, daß ein schriftlicher Vertrag geschlossen wird. Das ist in der überwiegenden Zahl der Fälle schon deshalb erforderlich, weil Inhalt und Umfang der vom Auftragnehmer zu erbringenden Bauleistungen nur durch eine ausführliche, schriftliche Leistungsbeschreibung festgelegt werden können. Auch über die Modalitäten der Vergütung sollten die Vertragspartner bis ins einzelne gehende, möglichst schriftlich fixierte Regelungen treffen (Fälligkeit und Höhe einer Anzahlung, Fälligkeit und Höhe von Abschlagszahlungen). Darüber hinaus ist ganz allgemein ein schriftlicher Vertragsschluß aus Beweisgründen zweckmäßig. Kommt es zu einem Streit zwischen den Vertragspartnern, so kann es von erheblicher Bedeutung sein, daß die beiderseitigen Rechte und Pflichten schriftlich festgelegt sind und deshalb hierüber keine Meinungsverschiedenheiten entstehen können.

1.2.2.
Parteien des Werkvertrags

1.2.2.1
Personen des Privat- und des öffentlichen Rechts
als Vertragsbeteiligte

Auftraggeber und Auftragnehmer können alle natürlichen und juristischen Personen des Privatrechts sein. Jeder von uns kann einen Auftrag zur Erstellung eines Werkes erteilen oder sich hierzu als Auftragnehmer verpflichten. Das gleiche gilt für alle juristischen Personen des Privatrechts, wie die Aktiengesellschaft, die GmbH, der eingetragene Verein und die eingetragene Genossenschaft. Als Vertragspartner kommen aber auch die Gesellschaften in Betracht, die zwar an sich keine Rechtsfähigkeit besitzen, aber denen das Gesetz dennoch die Möglichkeit einräumt, Verträge zu schließen. Dazu gehören die offene Handelsgesellschaft und die Kommanditgesellschaft, nicht dagegen die Gesellschaft bürgerlichen Rechts gemäß §§ 705 ff BGB. Schließt sie einen Vertrag, so wird sie nicht selbst Vertragspartner, sondern Vertragspartner werden die einzelnen Gesellschafter. Auftraggeber bzw. -nehmer eines Werkvertrags können aber auch juristische Personen des öffentlichen Rechts, wie Stiftungen, Anstalten oder Körperschaften sowie der Staat selbst sein. Dies ändert an der zivilrechtlichen Einordnung nichts. Denn ein Rechtsverhältnis wird dem Bereich des Privatrechts nicht schon dadurch entzogen und dem öffentlichen Recht zugeordnet, daß ein Vertragspartner eine juristische Person des öffentlichen Rechts oder der Staat selbst ist. Stehen sich die Beteiligten als gleichberechtigte Vertragspartner gegenüber und gehört der Vertragsinhalt dem privaten Recht an, so gelten für das Vertragsverhältnis ohne Einschränkungen die Vorschriften des BGB. Das ist z. B. der Fall, wenn das Land Berlin einem privaten Bauunternehmer den Auftrag erteilt, ein Gebäude zu erstellen. Auf das Vertragsverhältnis finden die Bestimmungen des Werkvertragsrechts gemäß §§ 631 ff BGB Anwendung.

1.2.2.2
Auswahl des Vertragspartners

Grundsätzlich steht es Auftraggeber und Auftragnehmer frei zu entscheiden, an welchen Vertragspartner sie sich binden. Dies beruht auf dem Grundsatz der Vertragsfreiheit.

Eine wichtige Einschränkung besteht jedoch für die öffentlichen Auftraggeber. Aufgrund ihrer Marktmacht sowie der rechtlichen Verpflichtung, alle potentiellen Auftragnehmer gleich zu behandeln, ist ein formalisiertes Auswahlverfahren vorgesehen. Diese Verpflichtung ist in § 55 Abs. 1 Bundeshaushaltsordnung (BHO) niedergelegt. Nach § 55 Abs. 2 BHO ist dazu nach einheitlichen Richtlinien zu verfahren.

Für Bauleistungen ist das Verfahren durch die VOB/A ausgestaltet. Sie ist in vier Abschnitte gegliedert. Abschnitt 1 betrifft Bauleistungen im Wert von unter 5 Mio. Ecu ohne Umsatzsteuer, also weniger als ca. 10 Mio. DM. Insoweit genügt eine bundesweite Ausschreibung. Bei der Vergabe von Bauleistungen, die über diesem Schwellenwert liegen, hat der Wettbewerb europaweit stattzufinden (§§ 2 Abs. 1, 3 Abs. 1 Nr. 2, Abs. 2 Nr. 2 Vergabeverordnung – VgV –). Soweit es sich nicht um Bauleistungen auf dem Gebiet der Trinkwasser- oder Energieversorgung sowie des Verkehrs- oder Fernmeldewesens handelt, sind die Vorschriften des 2. Abschnitts anzuwenden. Die letztgenannten Leistungen werden nach den Abschnitten 3 bzw. 4 vergeben, wobei Abschnitt 3 für öffentlich-rechtlich organisierte Auftraggeber und Abschnitt 4 für privatrechtlich organisierte Unternehmen gilt. Die Abschnitte 2 und 3 verweisen zusätzlich auf die Anwendung des Abschnitts 1, während Abschnitt 4 eine in sich geschlossene Regelung darstellt.

Bei Bauleistungen unterhalb de Schwellenwerts wird nicht nach der Art der Bauleistung differenziert. Vielmehr sind sämtliche öffentlichen Auftraggeber unterschiedslos zur Anwendung des Abschnitts 1 verpflichtet. Im Hinblick auf die übrigen Abschnitte werden die Adressaten, die der Verpflichtung nachzukommen haben in § 57a Abs. 1 Haushaltsgrundsätzegesetz (HGrG) definiert. Zur Anwendung der Abschnitte 2 und 3 sind je nach Art der Bauleistungen die in § 57a Abs. 1–3 HGrG genannten Stellen verpflichtet (§§ 2 Abs. 1, 3 Abs. 1 Nr. 2 VgV). Für die übrigen in § 57a HGrG genannten Stellen und Personen bestimmen § 2 Abs. 1–3 und § 3 Abs. 2 Nr. 2 VgV, wann diese die Bestimmungen der VOB/A anzuwenden haben.

In § 57a Abs. 1 Nr. 1 bis 3 HGrG sind die öffentlichen Auftraggeber definiert, die das formalisierte Vergabeverfahren durchführen müssen. Es handelt sich vor allem um Gebietskörperschaften wie Bund, Länder und Gemeinden. Weiterhin haben die Vergabevorschriften juristische Personen des öffentlichen und des privaten Rechts anzuwenden, die zu dem besonderen Zweck gegründet wurden, im Allgemeininteresse liegende Aufgaben nichtgewerblicher Art zu erfüllen, soweit sie durch Gebietskörperschaften überwiegend finanziert werden bzw. diese über ihre Leitung die Aufsicht ausüben oder mehr als die Hälfte der Mitglieder eines ihrer zur Geschäftsführung oder zur Aufsicht berufene Organe bestimmt haben. Dazu gehören als juristische Personen des öffentlichen Rechts z. B. Hochschulen, berufsständische Vereinigungen wie Ärzte- und Architektenkammer, Wirtschaftsvereinigungen wie Handwerks- und Handelskammern, Sozialversicherungen u. ä. Als juristische Personen des Privatrechts fallen darunter Krankenhäuser, Museen, Bibliotheken, Kindergärten u. ä. Die in der beispielhaften Aufzählung erwähnten Institutionen sind jedoch nicht automatisch zur Anwendung der VOB/A verpflichtet. Vielmehr muß anhand der aufgeführten Kriterien des § 57a Abs. 1 Nr. 2 HGrG entschieden werden, ob diese Einrichtungen tatsächlich zu deren Anwendung verpflichtet sind.

Ziel des Wettbewerbs ist es, den geeigneten Auftragnehmer zu ermitteln, der das annehmbarste, nicht unbedingt das billigste Angebot abgegeben hat (§ 25 Nr. 2 und 3 VOB/A). Der Auftraggeber kann sich hierzu verschiedener Arten der Vergabe bedienen, nämlich der „Öffentlichen Ausschreibung", bei europaweiter Ausschreibung „Offenes Verfahren" genannt, bei dem die Bauleistung einer unbeschränkten Anzahl von Unternehmen angeboten wird (§ 3 Nr. 1 Abs. 1 VOB/A). Bei der „Beschränkten Ausschreibung", bei europaweiter Ausschreibung „Nicht offenes Verfahren" genannt, werden die Bauleistungen einer beschränkten Anzahl von Unternehmen angeboten (§ 3 Nr. 1 Abs. 2 VOB/A). Schließlich besteht die Möglichkeit der freihändigen Vergabe, europaweit „Verhandlungsverfahren" genannt, die keinem förmlichen Verfahren folgt (§ 3 Abs. 3 VOB/A). Das Regelverfahren ist die öffentliche Ausschreibung (§ 3 Nr. 2 VOB/A). Die übrigen Verfahren sind nur anzuwenden, wenn gewisse Anforderungen erfüllt sind (vgl. § 3 Nr. 3 und 4 VOB/A).

Die Bewerber um Bauleistungen haben keinen Anspruch darauf, daß die Regeln der VOB/A eingehalten werden; denn es handelt sich nicht um eine Rechtsnorm, sondern um eine Verwaltungsvorschrift im Innenverhältnis der öffentlichen Auftraggeber (BGH NJW 92, 827). Ihre Einhaltung kann daher auch nicht eingeklagt werden (BGH NJW 1997, 61). Dessen ungeachtet ist es jedoch möglich, bei Verstößen gegen das Vergabeverfahren das Verfahren überprüfen zu lassen. Für Vergabeverfahren von Bauleistungen unterhalb des Schwellenwertes existieren Vergabeprüfstellen (vgl. § 31 VOB/A). Für Wettbewerbe oberhalb des Schwellenwertes ist ein formalisierteres Verfahren gesetzlich vorgesehen. Zur Prüfung von eventuellen Verstößen sind die Vergabeprüfstellen (§ 57b HGrG) sowie als Berufungsinstanz die Vergabeüberwachungsausschüsse (§ 57c HGrG) eingerichtet worden. Die Vergabeprüfstelle wird von Amts wegen oder auf Antrag tätig, wenn sich Anhaltspunkte für einen Verstoß gegen die Vergabevorschriften ergeben (§ 57b Abs. 3 Satz 1 HGrG). Die Vergabeprüfstelle ermittelt die Tatsachen; sie hat dazu ein Auskunftsrecht gegenüber den Vergabestellen, die in § 57a Abs. 1 HGrG genannt sind (§ 57b Abs. 5 Satz 1 HGrG). Sie kann das Vergabeverfahren bis zu ihrer Entscheidung vorläufig einstellen (Abs. 4 Satz 4). Ergeben sich Verstöße gegen das Vergabeverfahren, kann die Vergabeprüfstelle die Vergabestelle verpflichten, rechtswidrige Maßnahmen oder Entscheidungen aufzuheben oder rechtmäßige Entscheidungen und Maßnahmen zu treffen (Abs. 4 Satz 2). Ist der Auftrag bereits vergeben, beschränkt sich die Entscheidung auf die Feststellung der Rechtmäßigkeit oder Rechtswidrigkeit des Verfahrens (Abs. 4 Satz 8). Die Entscheidung ergeht schriftlich und ist der Vergabestelle und – soweit vorhanden – dem Antragsteller zu übersenden (§ 2 Abs. 3 Nachprüfungsverordnung – NpV –). Dieser kann gegen die Entscheidung innerhalb von vier Wochen einen Antrag auf Entscheidung durch den Vergabeüberwachungsausschuß stellen (§ 57c Abs. 6 HGrG). Dessen Überprüfung beschränkt sich auf die Rechtsfragen; Tatsachenermittlungen nimmt er nicht vor. Ist der Ausschuß der Auffassung, daß die Entscheidung der Vergabeprüfstelle rechtswidrig ist, weist er diese an, unter Beachtung seiner Rechtsauffassung erneut zu entscheiden (§ 57c Abs. 5 HGrG).

Nach Auftragserteilung bleibt dem nicht berücksichtigten Bieter allein die Möglichkeit, Schadensersatzansprüche wegen Verschuldens bei Vertragsschluß vor einem ordentlichen Gericht geltend zu machen. Voraussetzung dafür ist, daß das bietende Unternehmen in seinem schutzwürdigen Vertrauen auf die Einhaltung der VOB/A enttäuscht wurde (BGH BauR 85, 75, 76). Grundsätzlich erhält der Bieter nur den Aufwand ersetzt, den er für die Beteiligung an dem Vergabeverfahren hatte. Den entgangenen Gewinn erhält er nur dann, wenn er beweisen kann, daß ihm nach den Regeln der VOB/A der Auftrag mit an Sicherheit grenzender Wahrscheinlichkeit hätte erteilt werden müssen (BGH NJW 93, 520 zu den Parallelvorschriften der VOL/A).

Soweit sich ein privater Auftraggeber den Regelungen der VOB/A unterstellt, sind die vorgenannten Ausführungen hinsichtlich des Schadensersatzes ebenfalls auf ihn anzuwenden (OLG Düsseldorf BauR 93, 597, 598).

1.2.3.
Vertretungsbefugnisse, insbesondere des Architekten

1.2.3.1
Allgemeine Regeln

Ein Vertrag kommt nur dann wirksam zustande, wenn derjenige, der den Vertrag unterschreibt, entweder der Vertragspartner selbst ist oder wirksam für diesen handeln kann. Bei natürlichen Personen ist das regelmäßig problemlos, da diese sich grundsätzlich selbst verpflichten können, soweit im Einzelfall nicht Einschränkungen bestehen, z. B. bei einem Minderjährigen.

Problematischer ist die Frage bei juristischen Personen. Insoweit kommt ein Vertrag nur zustande, wenn diese wirksam vertreten sind, entweder durch ein insoweit befugtes Organ, z. B. den allein vertretungsberechtigten Geschäftsführer einer GmbH oder einen durch Einzelvollmacht zum Vertragsabschluß Bevollmächtigten.

Werden die Vertretungsregeln nicht beachtet, so kommt ein Vertrag mit der angeblich vertretenen Vertragspartei nicht zustande; er ist schwebend unwirksam. Der Vertrag wird in diesem Fall nur dann wirksam, wenn die nicht ordnungsgemäß vertretene Partei den Vertragsabschluß genehmigt (§ 177 BGB). Wird die Genehmigung nicht erteilt, so bestehen nur Ansprüche gegen den Vertreter ohne Vertretungsmacht, es sei denn, der Vertragspartner habe das Fehlen der Vertretungsmacht gekannt bzw. hätte dieses kennen müssen (§ 179 BGB).

Der Vertragspartner einer juristischen Person hat daher erhebliches Interesse daran, die Vertretungsverhältnisse der juristischen Person genau zu kennen. Insoweit hat der Vertragspartner die Möglichkeit, z. B. das Handels- und Vereinsregister einzusehen (zur katholischen Kirche vgl. OLG Köln ZfBR 94, 18).

Ausnahmsweise kann auch ein Vertrag wirksam zustande kommen, wenn der Vertreter tatsächlich nicht vertretungsbefugt war. Dies wird von der Rechtsprechung dann angenommen, wenn der mutmaßlich Vertretene zurechenbar den Rechtsschein setzt, daß der Vertreter zur Vertretung befugt ist, entweder weil der Vertretene das Auftreten des Vertreters wissentlich duldet (sog. Duldungsvollmacht) oder der Vertreter das Handeln des Vertreters zwar nicht kennt, aber hätte kennen können (sog. Anscheinsvollmacht), und der Vertragspartner nach Treu und Glauben auf den Rechtsschein vertrauen darf.

Bei Vertretungsbefugnissen, die auf einer ausdrücklichen Bevollmächtigung beruhen, ist zudem zu berücksichtigen, daß der Bevollmächtigte seine Vertretungsmacht nicht überschreiten darf. Erkennt der Vertragspartner, daß der Bevollmächtigte seine Vertretungsmacht mißbraucht, so ist der Vertragspartner im Hinblick auf den Bestand der Vollmacht nicht geschützt (BGH NJW 1991, 1812, 1813).

Führt der Auftragnehmer aufgrund eines unwirksamen Vertrags Leistungen für den nicht wirksam Vertretenen aus, so stehen ihm nur eingeschränkt Zahlungsansprüche gegen diesen als Empfänger der Leistung zu. Liegt ein insgesamt unwirksames Vertragsverhältnis vor, so richten sich seine Ansprüche nach den Regeln der Geschäftsführung ohne Auftrag (§ 677 ff BGB) oder der ungerechtfertigten Bereicherung (§ 812 ff BGB). Liegen unwirksame Zusatzaufträge vor, so richten sich die Ansprüche des Auftragnehmers im Falle eines VOB-Vertrags nach § 2 Nr. 8 VOB sowie den Regeln der Geschäftsführung ohne Auftrag. Im Falle eines BGB-Vertrags kommen wiederum die allgemeinen Vorschriften der Geschäftsführung ohne Auftrag und der ungerechtfertigten Bereicherung zum Tragen.

Der ohne Vollmacht Handelnde haftet allerdings dem Auftragnehmer. Er haftet für das Erfüllungsinteresse, also den tatsächlichen Gegenwert der Leistung, wenn der Handelnde wußte, daß er keine Vollmacht hatte (§ 179 Abs. 1 BGB), bzw. auf den Vertrauensschaden, wenn er das Fehlen der Vollmacht nicht kannte (§ 179 Abs. 2 BGB). Der Ersatz des Vertrauensschadens führt dazu, daß der Auftragnehmer so zu stellen ist, als wenn der Auftrag nicht erteilt worden wäre. Die Haftung des vollmachtlos Handelnden scheidet allerdings aus, wenn der Auftragnehmer das Fehlen der Vollmacht positiv bzw. fahrlässig nicht kannte (§ 179 Abs. 3 BGB). Zwar wird eine allgemeine Erkundigungspflicht des Vertragspartners des Handelnden verneint. Eine solche Pflicht ergibt sich nur aus den Umständen des Einzelfalls (BGH NJW 90, 387, 388). Da der Architekt regelmäßig keine Vollmacht zur Auftragserteilung hat, wie nachfolgend gezeigt wird, dürfte in diesen Fällen grundsätzlich eine Erkundigungspflicht des Auftragnehmers zu bejahen sein.

1.2.3.2
Vertretungsbefugnisse des Architekten

Als Sachwalter des Bauherrn ist der insbesondere im Rahmen der Objektüberwachung (§ 15 Abs. 1 Nr. 8 HOAI) eingesetzte Architekt berufen, die Interessen des Auftraggebers zu wahren und ihn im gewissen Umfang im Rahmen des Baugeschehens zu vertreten.

Diese Vertretungsbefugnis führt grundsätzlich nicht dazu, daß der Architekt den Auftraggeber zu Verbindlichkeiten verpflichten kann. So kann er keine Aufträge im Namen des Auftraggebers an Dritte vergeben, es sei denn, es handelt sich um kleinere Zusatzaufträge (BGH BauR 78, 314, 316). Er ist weiterhin nicht befugt, die Leistung des Auftragnehmers rechtsgeschäftlich abzunehmen, Rechnungen des Auftragnehmers anzuerkennen (BGH NJW 60, 859) oder Vergleiche darüber zu schließen (BGH NJW 78, 994), Stundenlohnzettel anzuerkennen, ohne Auftrag ausgeführte Arbeiten nachträglich anzuerkennen oder Vertragsänderungen gleich welcher Art, insbesondere auch vereinbarter Fertigstellungstermine, zu vereinbaren (BGH BauR 78, 139, 140) oder eine Vorbehaltserklärung für eine verwirkte Vertragsstrafe abzugeben (OLG Stuttgart, BauR 75, 432, 433). Demgegenüber ist der Architekt grundsätzlich befugt, sämtliche von der VOB/B vorgesehenen Anzeigen im Namen des Bauherrn anzunehmen, Weisungen zu erteilen, Mängel zu rügen, technische Abnahme i. S. d. § 12 Nr. 2b VOB/B vorzunehmen, ein gemeinsames, den Auftraggeber bindendes Aufmaß aufzunehmen (so z. B. OLG Karlsruhe, BauR 72, 381).

Soll der Architekt über diesen Rahmen hinaus rechtswirksam für den Auftraggeber tätig werden, so muß er dazu gesondert bevollmächtigt werden.

1.3
Inhalt der vertraglichen Regelung

Nach welchen Regelungen sich der Bauvertrag tatsächlich richtet, hängt von den Vereinbarungen der Parteien ab. Es besteht sowohl die Möglichkeit, den Vertrag allein nach dem Gesetzesrecht auszurichten oder aber auch dieses durch speziell auf den Vertrag zugeschnittene Regelungen, durch allgemeine Geschäftsbedingungen oder die VOB/B abzuändern. Die gesetzliche Regelung kann weitgehend abgeändert werden, mit Ausnahme des § 648a BGB.

1.3.1
Vorschriften des Werkvertragsrechts (§§ 631–650 BGB)

Da der Bauvertrag Werkvertrag ist, gelten für ihn grundsätzlich die Vorschriften der §§ 631 ff BGB. Wird deshalb z. B. ein Bauvertrag mündlich unter alleiniger Regelung der Leistung des Auftragnehmers und der vom Auftraggeber zu zahlenden Vergütung geschlossen oder enthält der schriftliche Vertrag nur technische Vorgaben, finden auf den Vertrag die §§ 631 ff BGB ohne Abstriche Anwendung.

Da aber der Bauvertrag nur ein Anwendungsfall des Werkvertrags ist, enthält das BGB nur wenige Bestimmungen, die speziell für diesen Vertragstyp gelten, nämlich §§ 638, 648 und 648a BGB. In § 638 BGB ist die Verjährung von Gewährleistungsansprüchen bei Bauwerken geregelt. In §§ 648 und 648a BGB finden wir Vorschriften über die Sicherung des Vergütungsanspruches des Auftragnehmers für die Ausführung seiner Bauleistung, nämlich die Bauhandwerkersicherungshypothek und die Sicherheitsleistung. Die übrigen Vorschriften des Werkvertragsrechts sind hingegen nicht speziell auf den Bauvertrag zugeschnitten. Viele Probleme, die im Zusammenhang mit der Durchführung von Bauarbeiten auftreten, sind deshalb im BGB nicht gelöst. Zu empfehlen ist daher die Vereinbarung weiterer Regelungen bzw. der VOB/B, die aus diesem Grund schon bald nach Inkrafttreten des BGB geschaffen wurde, da das Bedürfnis nach einer ergänzenden Regelung für den Bauvertrag erkannt wurde.

1.3.2
Vertragliche Änderungen der gesetzlichen Regelung

1.3.2.1
Individualvertragliche Vereinbarungen

Die Parteien sind grundsätzlich frei, ihre vertraglichen Absprachen so zu gestalten, wie es ihnen richtig erscheint, da unsere Rechtsordnung den Grundsatz der Vertragsfreiheit vorsieht. Bestandteil eines Bauvertrags sind daher im Regelfall nicht nur die gesetzlichen Vorschriften des Werkvertragsrechts, die VOB/B oder

Allgemeine Geschäftsbedingungen einer Partei, sondern auch einzelvertraglich ausgehandelte Bedingungen. Das betrifft nicht lediglich den Umfang der Leistung des Auftragnehmers und die Höhe der Vergütung, die, weil allgemein verbindlich vorher nicht festlegbar, zwangsläufig durch Einzelabsprache vereinbart werden müssen. Auch sonstige Rechte und Pflichten einer Partei werden häufig von den Vertragspartnern im einzelnen ausgehandelt. So wird nicht selten die Dauer der Gewährleistungsfrist abweichend von § 638 BGB oder § 13 Nr. 4 VOB/B verlängert oder verkürzt oder es wird im Vertrag eine bestimmte Frist für die Fertigstellung der Bauarbeiten und für den Fall der Fristüberschreitung die Zahlung einer bestimmten Vertragsstrafe vorgesehen. Die einzelvertragliche Vereinbarung hat also neben der gesetzlichen Regelung, der VOB/B oder Allgemeinen Geschäftsbedingungen, erhebliche praktische Bedeutung.

Hinsichtlich der einzelvertraglichen Regelungen sind der Gestaltung durch die Parteien nur wenige Grenzen gesetzt. Gesetzliche Verbote müssen beachtet werden (§ 134 BGB). Sittenwidrige Geschäfte sind ebenfalls unzulässig (§ 138 BGB) und insoweit vor allem das Verbot des Wuchers. Wucher liegt nach der gesetzlichen Definition vor, wenn eine Vertragspartei „unter Ausbeutung der Zwangslage, der Unerfahrenheit, des Mangels an Urteilsvermögen oder der erheblichen Willensschwäche eines anderen sich oder einem Dritten für eine Leistung Vermögensvorteile versprechen oder gewähren läßt, die in einem auffälligen Mißverhältnis zur Leistung stehen". In der Praxis ist dies ein Ausnahmefall, der hier daher nicht weiter beschäftigen soll.

1.3.2.2
Allgemeine Geschäftsbedingungen

Nach der gesetzlichen Definition sind Allgemeine Geschäftsbedingungen (im folgenden: AGB): „alle für eine Vielzahl von Verträgen vorformulierten Vertragsbedingungen, die eine Vertragspartei (Verwender) der anderen Vertragspartei bei Vertragsabschluß stellt" (§ 1 Abs. 1 Satz 1 „Gesetz zur Regelung des Rechts der Allgemeinen Geschäftsbedingungen", im folgenden: AGBG). Derartige AGB finden sich in Bauverträgen häufig, insbesondere da auch die VOB/B als AGB angesehen werden.

Die Vereinbarung von AGB ist ebenfalls durch die Vertragsfreiheit gedeckt. Andererseits stellen die AGB für den Vertragspartner des Verwenders naturgemäß eine höhere Gefahr dar, da der Verwender in der Regel diese zu seinem Vorteil zu gestalten versucht. Der Gesetzgeber hat daher das AGBG verabschiedet, um Mißbräuchen entgegenzuwirken. Das AGBG stellt einen Kontrollmechanismus dar, anhand dessen überprüft wird, ob – wie das Gesetz in seiner Generalklausel (§ 9 Abs. 1) festhält – Klauseln in AGB „den Vertragspartner des Verwenders entgegen den Geboten von Treu und Glauben unangemessen benachteiligen".

Überprüft werden einzelne Klauseln, soweit diese als AGB anzusehen sind. Dazu gehört jedenfalls nicht die Leistungsbeschreibung. Im übrigen ist notwendige Voraussetzung, daß die Klauseln mehrfach für die Vertragsgestaltung verwendet werden sollen (BGH BauR 97, 123, 125). Die Rechtsprechung geht insoweit von einer beabsichtigten Verwendung von mindestens 3–5mal aus. Ist eine solche mehrfache Verwendung beabsichtigt, so führt allerdings schon die erste Verwendung der Klausel dazu, diese als AGB anzusehen und damit der Kontrolle durch das AGBG zu unterwerfen. Der Anwendungsbereich des AGBG ist allerdings insoweit durch eine Gesetzesänderung aus dem Jahr 1996 erheblich erweitert worden. Nach § 24a AGBG sind auch Regelungen, die nur einmalig verwendet werden sollen, am Maßstab des AGBG zu überprüfen, soweit diese von „einer Person, die in Ausübung ihrer gewerblichen oder beruflichen Tätigkeit handelt (Unternehmer)" „einer natürlichen Person, die den Vertrag zu einem Zweck abschließt, der weder einer gewerblichen noch einer selbständigen beruflichen Tätigkeit zugerechnet werden kann (Verbraucher)" gestellt werden und der Verbraucher auf ihre Formulierung keinen Einfluß nehmen kann.

Die vorgenannten Klauseln sind nur dann zu überprüfen, wenn sie wirksam in den Vertrag einbezogen werden und damit Vertragsbestandteil geworden sind. Dazu hat der Verwender bei Vertragsabschluß den anderen Vertragspartner ausdrücklich auf die AGB hinzuweisen und dem Vertragspartner die Möglichkeit zu verschaffen, von dem Inhalt der Regelungen, soweit sie Vertragsbestandteil werden sollen, Kenntnis zu nehmen, und der Vertragspartner mit der Geltung einverstanden ist (§ 2 Abs. 1 AGBG).

Der Hinweis auf die Geltung der Regelungen kann zwar auch in einem von dem Vertragspartner vorformulierten Vertragsangebot enthalten sein. Er muß dann aber, und das ist ganz wesentlich, so angeordnet und gestaltet sein, daß er auch bei flüchtiger Betrachtung nicht übersehen werden kann. Es genügt daher ein an versteckter Stelle in kleiner Schrift angebrachter Hinweis ebensowenig wie der Hinweis auf der Rückseite des Vertragsangebots. Die Möglichkeit für den anderen Vertragspartner, von dem Inhalt der Regelungen, soweit sie Geltung haben sollen, Kenntnis zu nehmen, ist dann gegeben, wenn dem Vertragspartner der Text der Regelungen ausgehändigt wird und er deshalb die einzelnen Vorschriften einsehen kann (BGH BauR 94, 617, 618). Keine Probleme bereitet die letzte Voraussetzung für eine wirksame Einbeziehung der AGB insgesamt oder teilweise, nämlich die des Einverständnisses mit ihrer Geltung. Weist eine Vertragspartei, wie es § 2 AGBG fordert, ausdrücklich darauf hin, daß die AGB Vertragsbestandteil werden sollen, und widerspricht die andere Partei dem nicht, sondern schließt den Vertrag ab, so hat sie damit ihr Einverständnis mit der Geltung der AGB zum Ausdruck gebracht.

Eine Ausnahme zu diesen Regelungen ergibt sich aus § 24 AGBG für den Fall, daß der Vertragspartner des Verwenders Kaufmann i. S. des Handelsgesetzbuches ist und der Vertrag zum Betrieb eines Handelsgewerbes gehört. Für sie gilt die strenge Regelung des § 2 AGBG für die Einbeziehung von AGB nicht, wenn sie den Vertrag im Rahmen ihres Geschäftsbetriebes abgeschlossen haben. Hier genügt für die Einbeziehung von AGB jede auch stillschweigend erklärte Übereinstimmung der Vertragspartner darüber. Nicht notwendig ist insbesondere, daß die AGB dem Vertragsangebot beigefügt sind. Der Vertragspartner hat allerdings Anspruch auf Einsicht in die AGB. Der Hauptanwendungsfall im Bauvertragsrecht ist insoweit der Vertrag zwischen Haupt- und Subunternehmer.

Versuchen beide Vertragspartner ihre jeweils eigenen AGB zum Vertragsbestandteil zu machen, so gelten diese, soweit sie übereinstimmen. Ansonsten sind sie unwirksam.

Auch wenn nach diesen Grundsätzen die AGB nicht Vertragsinhalt geworden ist, bleibt nach § 6 Abs. 1 und 2 AGBG der Vertrag im übrigen wirksam. Maßgebend sind dann die gesetzlichen Vorschriften, bei einem Bauvertrag des Werkvertragsrechts gemäß §§ 631 ff BGB.

Sind AGB Vertragsbestandteil geworden, stellt sich die weitere Frage, ob sie mit §§ 9 bis 11 AGBG vereinbar und damit wirksam sind. Eine Überprüfung findet allerdings nur zugunsten des Vertragspartners des Verwenders statt. Hat der Verwender in seinen AGB eine ihm nachteilige Klausel vorgesehen, die gegen das AGBG verstößt, kann er sich darauf nicht berufen, so z. B. dann, wenn der Auftraggeber einer Bauleistung isoliert die kurze Verjährungsfrist des § 13 Nr. 4 VOB/B vereinbart (BGH NJW 89, 1602, 1604).

§ 9 AGBG enthält eine Generalklausel, nach der Bestimmungen in AGB unwirksam sind, wenn sie den Vertragspartner des Verwenders entgegen den Geboten von Treu und Glauben unangemessen benachteiligen. Die Generalklausel wird durch §§ 10, 11 AGBG näher konkretisiert. Es handelt sich um einen umfangreichen Katalog, auf den im Zusammenhang mit einzelnen Klauseln der VOB/B näher eingegangen werden soll. Soweit §§ 10, 11 AGBG nicht einschlägig sind, bleibt jedoch § 9 AGBG weiter anwendbar. Zu berücksichtigen ist, daß nach § 24 AGBG die §§ 10 und 11 AGBG auf Verträgen mit einem Kaufmann im Rahmen seines Handelsgewerbes keine Anwendung finden. Wie jedoch zu zeigen sein wird, hat die Rechtsprechung den in den beiden Vorschriften genannten Regeln über die Generalklausel des § 9 AGBG weitgehend auch in diesen Fällen Geltung verschafft.

Verstößt eine Klausel in AGB gegen §§ 9–11 AGBG, so ist diese ohne weiteres vollständig unwirksam. Eine Rückführung auf den gerade noch erlaubten Inhalt, die sog. geltungserhaltende Reduktion, nimmt die Rechtsprechung grundsätzlich nicht vor (BGH NJW 96, 1407).

Die Ausarbeitung von wirksamen AGB ist daher mit erheblichen Schwierigkeiten und Risiken verbunden und sollte in Zusammenarbeit mit Rechtsanwälten erfolgen.

Wenn auch die gesetzlichen Vorschriften des Werkvertragsrechts und die VOB/B eine Regelung der Rechte und Pflichten des Auftraggebers und Auftragnehmers bei der Durchführung eines Bauvertrags bieten, erscheint insbesondere größeren Unternehmen, sei es, daß sie als Auftragnehmer, also Bauunternehmer tätig werden oder sei es, daß sie vielfach Aufträge zur Ausführung von Bauleistungen vergeben, diese Regelung allein nicht als ausreichend. Sie haben deshalb eigene Bedingungen entwickelt, die Inhalt des Bauvertrags werden sollen. Nicht selten handelt es sich dabei um ein umfangreiches, vollständiges Vertragswerk. Der Grund hierfür liegt in der Regel darin, daß derjenige, der die Vertragsbedingungen erarbeitet hat, versucht, auf diese Weise seine Rechtsposition gegenüber der gesetzlichen Regelung oder der Regelung der VOB/B zu verbessern, indem die eigenen Rechte verstärkt und die Pflichten zu Lasten der anderen Vertragsparteien vermindert werden. Da die Bedingungen grundsätzlich nicht nur auf den gerade abzuschließenden Bauvertrag anwendbar sein sollen (ansonsten handelt es sich nach dem Sprachgebrauch der VOB/B (§1 Nr. 2 b) um „Besondere Vertragsbedingungen"), sondern für alle Bauverträge des betreffenden Unternehmens gelten sollen, handelt es sich hierbei um AGB i. S. des § 1 AGBG (nach der Diktion der VOB/B „Zusätzliche Vertragsbedingungen", § 1 Nr. 2c VOB/B), so daß für die Frage ihrer Einbeziehung in den Vertrag und die Frage der Wirksamkeit des AGBG zu beachten ist.

1.3.2.3.
VOB/B

Die VOB besteht aus drei Teilen, Teil A, Teil B und Teil C und wurde ursprünglich für die Regelung der Vergabe und der Durchführung von Bauleistungen der öffentlichen Hand geschaffen. Dies ist nach wie vor ihr primärer Zweck.

Teil A enthält nach seiner Überschrift „Allgemeine Bestimmungen über die Vergabe von Bauleistungen". Dieser Teil bezieht sich auf den Geschehensablauf bis zum endgültigen Abschluß eines Bauvertrags und wurde bereits besprochen.

Teil C der VOB enthält die „Allgemeinen Technischen Vertragsbedingungen für Bauleistungen". Dieser Teil der VOB sagt also etwas darüber aus, in welcher Weise eine Bauleistung zu erbringen ist, damit sie den Regeln der Technik entspricht. Teil C richtet sich deshalb in erster Linie an den Baufachmann, nicht dagegen an den Baujuristen. Auch dieser Teil der VOB wird uns deshalb im folgenden nicht näher beschäftigen.

Anders ist es mit Teil B der VOB. Er regelt die „Allgemeinen Vertragsbedingungen für die Ausführung von Bauleistungen", behandelt also die rechtlichen Beziehungen der Beteiligten, ihre Rechte und Pflichten nach Vertragsschluß. Hierunter fällt alles, was für die Vertragspartner bis zur vollständigen Erfüllung von Bedeutung ist, d. h. bis der Auftragnehmer das geschuldete Werk ordnungsgemäß hergestellt hat, die Gewährleistungsfristen abgelaufen sind und der Auftraggeber die vereinbarte Vergütung voll bezahlt hat. Teil B enthält Regelungen für den Bauvertrag, die die insoweit ungenügenden gesetzlichen Vorschriften des Werkvertragsrechts modifizieren und ergänzen.
Die Erstfassung der VOB, und zwar in allen drei Teilen, wurde am 6. Mai 1926 durch den Reichsverdingungsausschuß, einen Zusammenschluß verschiedener Interessengruppen, beschlossen. Seit dem zweiten Weltkrieg ist für die Änderung der Deutsche Verdingungsausschuß für Bauleistungen zuständig. Wegen der sich naturgemäß fortsetzenden praktischen Erfahrungen hat die VOB/B im Laufe der Jahre vielfältige Änderungen erfahren. Sie gilt nunmehr in der Fassung von Dezember 1992, geändert durch den Ergänzungsband 1996.

Die für die Erarbeitung bzw. Modifikation der VOB zuständigen Gremien haben keine Gesetzgebungskompetenz. Daher ist die VOB weder ein Gesetz noch eine Rechtsverordnung. Sie kann auch noch nicht als Gewohnheitsrecht angesehen werden. Denn die Annahme von Gewohnheitsrecht setzt zum einen eine lang andauernde tatsächliche Übung und zum anderen die Überzeugung der beteiligten Verkehrskreise voraus, durch die Einhaltung der Übung bestehendes Recht zu befolgen. Im Fall der VOB fehlt es an dem letzteren Erfordernis, denn die VOB ist in den Kreisen der Auftragnehmer und Auftraggeber nicht bereits derart verbreitet, daß sie als allgemein anerkannte Regelung Allgemeingültigkeit besitzt. Zwar findet die VOB bei Bauvorhaben von öffentlichen Auftraggebern zwingend Anwendung, weil insofern bindende behördeninterne Vorschriften vorliegen. In den Kreisen der privaten Auftraggeber ist die VOB aber nicht überall bekannt, man denke nur an Privatpersonen, so daß sich bei ihnen auch nicht die Überzeugung herausgebildet haben kann, die Regeln der VOB/B stellten allgemein gültiges Recht dar. Die Vorschriften der VOB/B können deshalb nur als Vertragsbedingungen angesehen werden.

Auch die VOB/B gelten als AGB. Dem steht nicht entgegen, daß die VOB/B von keiner der vertragschließenden Parteien entworfen wurden. Die – auch nur einmalige – Verwendung eines von einem Dritten für eine Vielzahl von Verträgen angefertigten Formulars genügt, um dieses im Hinblick auf den Verwender als AGB anzusehen (BGH NJW 91, 843). Dies bedeutet, daß die Einbeziehungsvoraussetzungen der §§ 2, 24 AGBG zu beachten sind, um die VOB/B zu einem wirksamen Vertragsbestandteil zu machen.

Es besteht allerdings insoweit eine Einschränkung, daß jemandem, der beruflich häufig mit der VOB/B zu tun hat, z. B. einem Bauhandwerker, nicht die Möglichkeit der Einsicht in den Text der VOB/B verschafft werden braucht, da insoweit die Kenntnis unterstellt wird. Dies gilt auch für den von einem Architekten betreuten privaten Bauherrn. Der Architekt hat dann seinen Auftraggeber über die rechtliche Tragweite der VOB/B zu informieren. Eine wirksame Einbeziehung kann auch durch Verweisung auf die VOB/B in anderen AGB erfolgen, soweit die übrigen Voraussetzungen eingehalten sind (BGH ZfBR 90, 289).

Die wirksam in den Vertrag einbezogenen VOB/B unterliegen daher grundsätzlich den Kontrollmaßstäben des AGBG. Wird die Geltung der VOB/B „als Ganzes" vereinbart, so privilegiert § 23 Abs. 2 Nr. 5 AGBG die VOB/B und nimmt gewisse Regelungen von der Kontrolle durch das AGBG aus. Darüber hinaus ist heute allgemein anerkannt, daß in diesem Fall Bedenken gegen die Wirksamkeit einzelner Klauseln im Hinblick auf §§ 9–11 AGBG nicht bestehen. Die VOB/B stellt in ihrer Gesamtheit ein ausgewogenes Vertragswerk dar, das weder den Auftraggeber noch den Auftragnehmer ungerechtfertigt bevorzugt, sondern die beiderseitigen Rechte und Pflichten in angemessener Weise verteilt. Dies rechtfertigt es, von einer Kontrolle am Maßstab des AGBG insgesamt abzusehen (BGHZ 86, 135, 142).

Gilt die VOB/B dagegen nur teilweise, so sind sämtliche anwendbaren Regelungen am Maßstab des AGBG zu messen. Eine nur teilweise Geltung kann von den Vertragsparteien vereinbart werden. Dies bejaht die Rechtsprechung aber auch dann, wenn die VOB/B mit ins Gewicht fallenden Einschränkungen vereinbart wird (BGH a. a. O.), also weitere vertragliche Regelungen die VOB/B in ihrem Kernbereich ändern. In die Prüfung, ob Klauseln den Kernbereich der VOB/B ändern, werden auch solche Vertragsbedingungen einbezogen, die selbst gegen das AGBG verstoßen. Liegen solche Klauseln vor, ist regelmäßig von einem Eingriff in den Kernbereich auszugehen (BGH NJW 95, 926, 927). Die Rechtsprechung hat für diesen Fall im Hinblick auf verschiedene Klauseln festgestellt, daß ihre isolierte Vereinbarung den Vertragspartner des Verwenders unangemessen benachteiligen und sie soweit unwirksam sind. Dies gilt insbesondere für die isolierte Vereinbarung der Gewährleistungsvorschriften des § 13 VOB/B durch den Auftragnehmer (BGH NJW 86, 315). Weiterhin hat der BGH als unwirksam angesehen § 2 Nr. 8 Abs. 1 Satz 1 VOB/B in der bis 1996 geltenden Fassung (BauR 91, 331), § 16 Nr. 3 Abs. 2 VOB/B (NJW 95, 526, 527), § 16 Nr. 6 Satz 1 VOB/B (NJW 90, 2384). Auf diese Fragen wird im Zusammenhang mit den einzelnen Vorschriften noch im einzelnen eingegangen werden.

Abschließend bleibt festzustellen, daß die VOB/B im Bauvertragsrecht überragende Bedeutung erlangt hat. Werden Bauleistungen größeren Umfangs vergeben, so wird in den meisten Fällen die Geltung der VOB/B entweder insgesamt oder jedenfalls teilweise vereinbart. Deshalb ist es erforderlich, sich mit den einzelnen Regelungen der VOB/B ausführlich zu befassen.

1.3.3.
Verhältnis der Vertragsbestandteile zueinander

1.3.3.1
Gesetzliche Regelung

Das Problem, in welchem Verhältnis die Vertragsbestandteile zueinander stehen, tritt dann auf, wenn Bestimmungen, die Vertragsbestandteil geworden sind, widersprüchlich sind und deshalb zu einem unterschiedlichen Ergebnis führen. Das kann im Hinblick auf die gesetzlichen Vorschriften des Werkvertragsrechts und die Vorschriften der VOB/B der Fall sein. So sieht z. B. § 638 BGB für Bauwerke eine Gewährleistungsfrist von fünf Jahren, die VOB/B in § 13 Nr. 4 von nur zwei Jahren vor. Die Lösung des Problems ist einfach. Haben die Parteien die Geltung der VOB/B vereinbart, so geht sie bei Widersprüchen mit der gesetzlichen Regelung dieser grundsätzlich vor, soweit Klauseln nicht im Einzelfall gegen das AGBG verstoßen. Das gleiche gilt, wenn der Inhalt einer gesetzlichen Bestimmung durch wirksam einbezogene AGB einer Vertragspartei oder durch eine einzelvertragliche Abrede geändert wird, also z. B. statt der fünfjährigen Verjährungsfrist des § 638 BGB nur eine dreijährige Verjährungsfrist vorgesehen ist.

Das Problem des Widerspruchs einzelner Vertragsbestandteile kann aber nicht nur im Verhältnis zwischen der gesetzlichen Regelung einerseits und der VOB/B, Allgemeinen Geschäftsbedingungen oder einer einzelvertraglichen Vereinbarung andererseits auftreten. Möglich ist auch ein Widerspruch zwischen wirksam vereinbarten AGB eines Vertragspartners, der VOB/B und einer einzelvertraglichen Abrede. Bleiben wir bei dem Fall der Verjährungsfrist: in § 13 Nr. 4 VOB/B ist, wie bereits erwähnt, eine zweijährige Verjährungsfrist vorgesehen, in den Allgemeinen Vertragsbedingungen eine Verjährungsfrist von fünf Jahren und einzelvertraglich eine Verjährungsfrist von drei Jahren. Die Lösung des Problems ergibt sich aus § 4 AGBG: die Individualabrede hat Vorrang vor den AGB. Sie folgt auch aus den allgemeinen Erwägungen, die in § 1 Nr. 2 VOB/B ihren Niederschlag gefunden haben. Es geht jeweils die speziellere Regelung der allgemeinen Regelung vor, d. h., die einzelvertragliche Abrede ist vorrangig gegenüber einer zu ihr im Widerspruch stehenden Bestimmung in Allgemeinen Vertragsbedingungen oder der VOB/B, eine Bestimmung in Allgemeinen Vertragsbedingungen ist, weil die Vertragsbedingungen für eine beschränktere Zahl von Verträgen als die VOB/B gelten, gegenüber einer abweichenden Regelung in der VOB/B vorrangig.

Soweit Widersprüche zwischen den einzelnen Vertragsgrundlagen nicht bestehen, finden die Vertragsbestimmungen unbeschränkt Anwendung. Das ist insbesondere im Verhältnis der gesetzlichen Vorschriften der §§ 631 ff BGB einerseits und der VOB/B, Allgemeinen Vertragsbedingungen oder einzelvertraglichen Abreden andererseits von Bedeutung. So hat z. B. die Vereinbarung der VOB/B nicht zur Folge, daß hierdurch die gesetzliche Regelung insgesamt verdrängt wird. Sie bleibt vielmehr anwendbar, soweit die VOB/B sich zu einem gesetzlich geregelten Gegenstand nicht äußert. Das ist z. B. hinsichtlich § 648 BGB, der Bauhandwerkersicherungshypothek, der Fall. Der Auftragnehmer hat deshalb, auch wenn die VOB/B vereinbart ist, zur Sicherung seiner Vergütungsforderung einen Anspruch gegen den Bauherrn auf Eintragung einer Sicherungshypothek auf dessen Grundstück. Es handelt sich insoweit allerdings um einen Ausnahmefall, weil die VOB/B fast vollständig die gesetzliche Regelung ergänzt oder ändert, und damit an deren Stelle tritt. Bedeutsamer wird die Frage der Geltung der gesetzlichen Regelung, wenn die VOB/B nur teilweise vereinbart wird oder wenn Allgemeine Vertragsbedingungen einer Partei lediglich Einzelaspekte bei der Durchführung eines Bauvertrags berücksichtigen. Hier bleibt der Grundsatz festzuhalten, daß auf die gesetzliche Regelung zurückgegriffen werden muß, soweit durch die VOB/B, die Allgemeinen Vertragsbedingungen oder eine Einzelabrede kein Ausschluß oder eine Änderung der gesetzlichen Regelung erfolgt ist.

1.3.3.2
AGB

Eine unangemessene Benachteiligung des Auftragnehmers liegt in der folgenden von Auftraggeberseite verwendeten und vom BGH (BauR 97, 1036, 1037) beurteilten, unwirksamen Klausel:

„Stehen vertragliche Regelungen im Widerspruch zueinander, ist die für den AG günstigste anzuwenden.“

2 Die Pflichten des Auftragnehmers bis zur Abnahme der Bauleistung

2.1
Umfang der Leistung

2.1.1
Vertragliche Vereinbarung

Der Umfang der vom Auftragnehmer auszuführenden Leistung wird durch den Vertrag bestimmt. Das besagt § 1 Nr. 1 Satz 1 VOB/B ausdrücklich. Nichts anderes gilt, wenn auf den Vertrag lediglich die Vorschriften des BGB Anwendung finden. Denn die Parteien bestimmen, welche Leistung der Auftragnehmer auszuführen hat, und diese Festlegung erfolgt durch den Vertrag. Bei Bauverträgen größeren Umfangs wird die Leistungsverpflichtung des Auftragnehmers im Regelfall im sog. Leistungsverzeichnis festgelegt (vgl. § 9 VOB/A). Es besteht häufig aus einer Vielzahl von Positionen. Die Gesamtheit der Einzelpositionen ist das geschuldete und herzustellende Werk, wobei bei der Umsetzung der Leistung die jeweils entsprechenden technischen Regelwerke zu berücksichtigen sind. Die Tatsache, daß die Leistungsverpflichtung des Auftragnehmers im Vertrag bestimmt ist, führt zwangsläufig zu dem Umkehrschluß, daß alles, was nicht Inhalt des Bauvertrags ist, vom Auftragnehmer auch nicht geschuldet wird. Dieser Grundsatz gilt allerdings nicht ausnahmslos, wie im folgenden zu zeigen sein wird.

2.1.2
Abänderung des vereinbarten Leistungsumfangs

Zunächst sind die Parteien selbstverständlich berechtigt, einvernehmlich den Leistungsumfang zu ändern. Dies stellt eine Vertragsänderung dar, die vom Grundsatz der Vertragsfreiheit gedeckt ist. Demgegenüber ist die einseitige Änderung des Leistungsumfangs durch eine Partei grundsätzlich nicht möglich, soweit der Vertrag dies Recht nicht vorsieht. Die VOB/B enthält ausdrückliche Regelungen dieser Art, das BGB nicht.

2.1.2.1
VOB/B

Nach § 1 Nr. 3 VOB/B ist der Auftraggeber berechtigt, „Änderungen des Bauentwurfes anzuordnen"; denn die Praxis hat die Notwendigkeit gezeigt, daß beim

Bauen eine gewisse Flexibilität in der Planung erhalten bleiben muß. Als Folge der Änderung des Bauentwurfes kann sich natürlich auch der Umfang der Leistung des Auftragnehmers ändern. Zwar sagt § 1 Nr. 3 VOB/B nicht ausdrücklich, daß der Auftragnehmer diese Leistungsänderung hinnehmen muß und die geänderte Leistung Vertragsinhalt wird. Das aber ist eine zwangsläufige Folge des in § 1 Nr. 3 VOB/B vorgesehenen Rechts des Auftraggebers. Es handelt sich dementsprechend um das vertragliche Recht des Auftraggebers, den Leistungsumfang abweichend vom Vertrag zu bestimmen. Führt die Änderung zu einer Erweiterung des Umfangs der Leistungsverpflichtung des Auftragnehmers, steht ihm hierfür nach §§ 2 Nr. 5 oder 2 Nr. 7 Abs. 1 Satz 4 VOB/B unter bestimmten Voraussetzungen, die später erörtert werden, ein Anspruch auf zusätzliche Vergütung zu.

Wie weit reicht nun die Befugnis des Auftraggebers nach § 1 Nr. 3 VOB/B? Dazu ist zunächst einmal zu klären, was der Begriff „Bauentwurf" bedeutet. Der „Bauentwurf" beinhaltet die Darstellung der Bauaufgabe dergestalt, daß danach die Erstellung des Baues ohne weiteren planerischen Aufwand erfolgen kann, und umfaßt die endgültige zeichnerische Lösung der Bauaufgabe entsprechend § 15 Abs. 2 Nr. 3 und 5 HOAI, die Leistungsbeschreibung sowie Berechnungen, Proben etc.

Der Auftraggeber hat nur das Recht, den vorhandenen Bauentwurf zu ändern, wobei hierzu auch die Änderung der Ausführungszeit gehört (BGH BauR 85, 561); er darf nicht eine Leistung nach einem neuen Bauentwurf verlangen. Die Abgrenzung zwischen Änderung und Neuerstellung ist allerdings im Einzelfall schwierig zu ziehen. Sind Inhalt und Umfang des bisherigen Entwurfs nicht im wesentlichen gewahrt, ist § 1 Nr. 3 VOB/B jedenfalls nicht mehr anwendbar. Wann dies der Fall ist, ist aus der Sicht des Auftragnehmers als des Leistungsschuldners zu beurteilen. Er hat sich um eine bestimmte Bauleistung beworben und auf der Grundlage des bisherigen Bauentwurfs den Vertrag mit dem Auftraggeber abgeschlossen. Verlangt der Auftraggeber nach Vertragsabschluß eine neuartige, umgestaltete und die bisherige Vertragsgrundlage im Leistungsinhalt entscheidend verändernde Arbeit, läßt sich dies nicht mehr durch die Regelung des § 1 Nr. 3 VOB/B rechtfertigen. Vielmehr ist für eine derartige Leistungsänderung eine neue vertragliche Vereinbarung mit dem Auftragnehmer erforderlich. Der Auftraggeber kann insoweit einseitig den Leistungsinhalt nicht wirksam ändern.

Das Änderungsverlangen kann nur durch den Auftraggeber persönlich bzw. durch einen zur Vertragsänderung berechtigten Vertreter erfolgen. Der Architekt kann ohne eine besondere Vollmacht ein wirksames Änderungsverlangen nicht aussprechen (BGH BauR 94, 760). Wird der Auftragnehmer ohne ein wirksames Abänderungsverlangen tätig, kann er eine Vergütung für seine Leistungen nur im Rahmen des § 2 Nr. 8 VOB/B unter erschwerten Bedingungen erhalten.

Hält sich das Änderungsverlangen im vorgenannten Rahmen, ist der Auftragnehmer verpflichtet, die Änderung auszuführen. Eines Einverständnisses seinerseits bedarf es nicht, da er sich bereits durch die Vereinbarung der VOB/B vorab mit derartigen, durch den Auftraggeber ausgesprochenen Änderungen einverstanden erklärt hat. Eine unberechtigte Weigerung stellt eine Vertragsverletzung dar, die zu Schadensersatz und/oder Kündigung des Vertrags führen kann. Ist das

Änderungsverlangen demgegenüber durch den vorgenannten Rahmen nicht gedeckt, kann der Auftragnehmer die Ausführung verweigern, ohne daß daran Sanktionen geknüpft sind. Andererseits hat er selbstverständlich die Möglichkeit, den Wünschen des Auftraggebers nachzukommen.

2.1.2.2
BGB

Haben die Vertragspartner die Geltung der VOB/B bzw. des § 1 Nr. 3 VOB/B nicht vereinbart und richtet sich der Vertrag insoweit ausschließlich nach den Vorschriften des BGB, fehlt eine § 1 Nr. 3 VOB/B entsprechende Regelung. Die Befugnis des Auftraggebers, den Inhalt der Leistung einseitig zu ändern, richtet sich dann ausschließlich nach dem Grundsatz von Treu und Glauben (§ 242 BGB). Eine einseitige Änderungsbefugnis besteht dementsprechend grundsätzlich nicht, es sei denn, ein Widerspruch des Auftragnehmers gegen das Änderungsverlangen wäre treuwidrig.[2] Wann dies im Einzelfall anzunehmen ist, läßt sich nicht generell festlegen. Notwendig erscheint jedenfalls, daß die Änderung unvermeidlich ist, z. B. wegen einer Auflage der Baugenehmigungsbehörde, und daß die Tätigkeit dem Auftragnehmer zumutbar und er leistungsfähig ist. Eine § 1 Nr. 3 VOB/B entsprechende und dementsprechend weitgehende Änderungsbefugnis läßt sich aber aus § 242 BGB nicht herleiten. Liegt ausnahmsweise ein solches Änderungsrecht des Auftraggebers vor, ist der Auftragnehmer zur Ausführung nur gegen die übliche Vergütung (§ 632 Abs. 2 BGB) verpflichtet.

2.1.2.3
AGB

Die Regelung des § 1 Nr. 3 VOB/B ist mit den Regelungen des AGBG vereinbar, da insoweit nur der Realität des Baugeschehens Rechnung getragen wird, da Planung und Umsetzung regelmäßig von einander abweichen (vgl. BGH BauR 96, 378, 380). Klauseln, die einer Partei das Recht vorbehalten, die vereinbarte Leistung zu ändern, sind im übrigen nur im Rahmen des § 10 Nr. 4 AGBG wirksam, also dann, wenn sie für den Vertragspartner des Verwenders zumutbar sind. Dies gilt auch unter Kaufleuten.

2.1.3
Zusatzleistungen

2.1.3.1
VOB/B

Häufig stellt sich während der Bauarbeiten heraus, daß der Umfang der dem Auftragnehmer übertragenen Leistungen nicht ausreicht, um den Leistungszweck, z. B. die Erstellung des vorgesehenen Bauwerkes, zu erreichen. Hierfür sind vielmehr weitere, im Vertrag nicht vorgesehene Arbeiten erforderlich, ohne daß sie

---

[2] Heiermann u. a. B § 1 Rdnr. 30

durch eine Änderung des Bauentwurfs bedingt sind und damit § 1 Nr. 3 VOB/B eingreift. Die Frage ist, inwieweit der Auftragnehmer verpflichtet ist, die Zusatzarbeiten auszuführen. Die VOB/B hat in § 1 Nr. 4 Satz 1 hierfür eine Regelung vorgesehen. Danach hat der Auftragnehmer auch nicht vereinbarte Leistungen, die zur Ausführung der vertraglichen Leistung erforderlich werden, auf Verlangen des Auftraggebers zu erbringen, es sei denn, sein Betrieb ist auf derartige Leistungen nicht eingerichtet. Das Verlangen des Auftraggebers auf Ausführung der Zusatzleistung kann mündlich oder schriftlich erfolgen. Diesem Verlangen muß der Auftragnehmer aber nur dann entsprechen, wenn die Zusatzleistung zur Ausführung der Vertragsleistung tatsächlich erforderlich ist, d. h., wenn anderenfalls die Vertragsleistung nicht ordnungsgemäß erbracht, der Leistungserfolg also nicht auf anderem Wege ordnungsgemäß erreicht werden kann.[3]

Zu den Zusatzleistungen gehören bereits begrifflich nicht solche Leistungen, die ohnehin Teil der bisherigen vertraglichen Leistung sind. Dazu gehören insbesondere auch Alternativ- und Eventualpositionen. Die Abgrenzung zwischen vereinbarten und nicht vereinbarten Leistungen kann in der Praxis im Hinblick auf im Leistungsverzeichnis nicht ausdrücklich genannte, aber dennoch vereinbarte Leistungen zu Schwierigkeiten führen. Leistungsbeschreibungen haben häufig Lücken. Hier stellt sich die Frage, ob die vom Auftraggeber geforderte „Zusatzleistung" noch zum Umfang der vertraglich vereinbarten Leistung gehört oder ob es sich wirklich um eine zusätzliche, mithin auch zusätzlich nach § 2 Nr. 6 VOB/B bzw. Nr. 7 Abs. 1 Satz 4 VOB/B vergütungspflichtige Leistung handelt. Die vertraglichen Vereinbarungen sind dazu unter Berücksichtigung der VOB/C, die Hinweise für den Umfang der jeweils geschuldeten Leistung geben, auszulegen.

Ein Recht des Auftragnehmers, die verlangten, erforderlichen Zusatzleistungen zu verweigern, besteht nur, wenn der Auftragnehmer diese Leistung im Rahmen seines Betriebes nicht erbringen kann. Dabei kommt es auf die tatsächlichen Verhältnisse des betreffenden Auftragnehmers an, wobei das fehlende Leistungsvermögen sowohl auf nicht ausreichender sachlicher als auch auf nicht ausreichender personeller Ausstattung beruhen kann. Eine Verpflichtung, einen Subunternehmer einzuschalten, besteht nicht.[4] Liegen die Voraussetzungen des § 1 Nr. 4 Satz 1 VOB/B nicht vor, können dem Auftragnehmer Zusatzleistungen nur mit dessen Einverständnis übertragen werden (Nr. 4 Satz 2).

2.1.3.2
BGB

Haben die Parteien die Geltung der VOB/B nicht vereinbart, so beurteilt sich die Frage, ob der Auftragnehmer zur Ausführung von Zusatzarbeiten verpflichtet ist, ebenso wie im Fall der Änderung des Bauentwurfs nach § 242 BGB. Der Auftragnehmer muß also im Vertrag nicht vorgesehene Zusatzarbeiten nur erbringen, wenn seine Weigerung gegen Treu und Glauben verstieße (BGH BauR 96, 378,

---

[3] Ingenstau/Korbion B § 1 Rdnr. 45
[4] Ingenstau/Korbion B § 1 Rdnr. 47

380). Auch hier läßt sich nicht generell sagen, wann dies der Fall ist. Die Verpflichtung des Auftragnehmers geht aber jedenfalls nicht soweit wie im Rahmen des § 1 Nr. 4 VOB/B. Die Zusatzarbeiten sind ebenfalls nur gegen die übliche Vergütung (§ 632 Abs. 2 BGB) zu erbringen.

2.1.3.3
AGB

§ 1 Nr. 4 VOB/B ist mit dem AGBG vereinbar, da die Klausel nur dem Spannungsverhältnis zwischen Planung und Realität angemessen Rechnung trägt (BGH BauR 96, 378, 380).

Ein freies Leistungsbestimmungsrecht des Auftraggebers, daß die Beschränkungen des § 1 Nr. 4 Satz 1 VOB/B nicht vorsieht, ist nicht wirksam. Eine solche Klausel ist nur wirksam, wenn sie „schwerwiegende Änderungsgründe nennt und in ihren Voraussetzungen und Folgen erkennbar die Interessen des Vertragspartners angemessen berücksichtigt" (BGH NJW 1994, 1060, 1063). Diese Voraussetzungen dürften nur bei einer § 1 Nr. 4 VOB/B entsprechenden Regelung gewahrt sein.

2.2
Art der Leistungsausführung

2.2.1
Vertragliche Vereinbarung, insbesondere zugesicherte Eigenschaften

Ebenso wie der Umfang der Leistung bestimmt sich auch die Frage, wie die Leistung auszuführen ist, grundsätzlich nach dem Inhalt des Bauvertrags. Das besagt § 4 Nr. 2 Abs. 1 Satz 1 VOB/B ausdrücklich. Dabei handelt es sich aber um keine Besonderheit des VOB-Vertrags. Der Grundsatz gilt auch beim BGB-Vertrag. Ist also im Vertrag vorgeschrieben, in welcher Weise die Bauleistung auszuführen ist, z. B. wie die Abdichtung beschaffen sein soll, so hat der Auftragnehmer sich hiernach zu richten. Er darf nicht einseitig eine andere Art der Ausführung wählen, etwa, weil sie ihm zweckmäßiger erscheint. Eine solche Abweichung bedeutet deshalb keine vertragsgemäße Erfüllung durch den Auftragnehmer (z. B. BGH BauR 84, 510, 512).

Eine besondere Form der vertraglichen Vereinbarung sind die zugesicherten Eigenschaften, für deren Vorliegen der Auftragnehmer im Sinne einer Garantie einzustehen hat (§§ 633 Abs. 1 BGB; 13 Nr. 1 VOB/B).

Eine Zusicherung in diesem Sinne liegt vor, wenn der Auftragnehmer verspricht, die Leistung mit einer bestimmten Eigenschaft zu versehen, und der Auftraggeber dieses Versprechen annimmt. Nicht notwendig – anders als im Kaufrecht – ist, daß der Auftragnehmer zum Ausdruck bringt, er werde für alle Folgen einstehen, wenn die Eigenschaft nicht erreicht werde (BGH ZfBR 97, 295, 296).

Eine Zusicherung erfolgt grundsätzlich ausdrücklich. Allerdings hat die Rechtsprechung auch stillschweigende Zusicherungen angenommen, soweit die Umstände das Interesse des Auftraggebers an der Zusicherung erkennbar machen und der Auftragnehmer dem nicht widerspricht (vgl. BGH BauR 96, 278, 279).

Zusicherungsfähig sind Eigenschaften, also primär bestimmte physische Beschaffenheiten der Leistung, wie bestimmte Wärmedurchlaßwerte (BGH BauR 86, 93, 94) oder die Erzielung von Einsparungen von Heizenergie (BGH BauR 81, 575). Auch wertbildende Faktoren können Eigenschaften sein, soweit sie in der Leistung selbst ihren Grund haben und von gewisser Dauer sind. Als Beispiel ist die Bebaubarkeit von Grundstücken zu nennen (BGH ZfBR 87, 232). Die bloße Bezugnahme auf Marken, DIN-Normen, Gütezeichen etc. wird von der Rechtsprechung nicht als ausreichend angesehen, da diese primär nur die Leistung beschreiben (für DIN-Normen: BGH BauR 96, 278, 279).

Der Auftragnehmer kann wirksam auch Eigenschaften zusichern, die technisch nicht möglich sind. Insoweit wird nicht Unmöglichkeit und damit Nichtigkeit der Verpflichtung im Sinne des § 306 BGB angenommen. Der Auftragnehmer hat für das Fehlen der Eigenschaft einzustehen (BGH ZfBR 97, 295, 297).

2.2.2
Anerkannte Regeln der Technik und Fehlerfreiheit

In den Bauverträgen wird in der Regel die Art der Leistungsausführung nur im Umriß, nicht in allen Einzelheiten beschrieben, weil dies den Rahmen des Leistungsverzeichnisses sprengen würde. Daraus folgt aber nicht, daß die Art der Leistungsausführung, soweit sie nicht vertraglich festgelegt ist, im Belieben des Auftragnehmers steht. Er muß vielmehr die anerkannten Regeln der Technik und die gesetzlichen und behördlichen Bestimmungen beachten. Das bringt § 4 Nr. 2 Abs. 1 Satz 2 VOB/B deutlich zum Ausdruck. Es handelt sich dabei um ein allgemeines Gebot, das auch im Rahmen eines BGB-Vertrages gilt. Vom Auftragnehmer werden also besondere fachliche Kenntnisse erwartet.

Die anerkannten Regeln der Technik sind „solche bautechnischen Regeln, die in der Wissenschaft als theoretisch richtig anerkannt worden sind und die sich in der Praxis bewährt haben, und zwar dadurch, daß sie von der Gesamtheit der für die Anwendung der Regeln in Betracht kommenden Techniker, die die für die Beurteilung erforderliche Vorbildung besitzen, anerkannt und mit Erfolg praktisch angewandt worden sind"[5]. Dies bedeutet, daß der Auftragnehmer nicht nur die technischen Vorschriften der VOB Teil C, also die sein Gewerk betreffenden DIN-Normen kennen muß, sondern auch diejenigen im Bereich seiner beruflichen Betätigung einschlägigen, wenn auch ungeschriebenen Regeln, die in Teil C nicht oder nicht mehr auf dem neuesten Stand angegeben sind. Daraus folgt die Verpflichtung des Auftragnehmers, sich ständig über Fortschritte im technischen Bereich und über die Frage ihrer allgemeinen Anerkennung zu unterrichten.[6]

In diesem Zusammenhang ist zu berücksichtigen, daß der Ausdruck „anerkannte Regeln der Technik" nicht mit dem Begriff „Stand der Technik" verwech-

---

[5] Heiermann u. a. B § 4 Rdnr. 37
[6] Heiermann u. a. B § 4 Rdnr. 38

selt werden darf. Es handelt sich um einen höheren technischen Standard; es genügt der wissenschaftliche Nachweis der Richtigkeit sowie die Durchführung von bestätigenden experimentellen Tests.[7] Eine erfolgreiche Anwendung in der betrieblichen Praxis ist nicht notwendig. Wird der Stand der Technik als Leistungsinhalt gewünscht, so ist dieser ausdrücklich zu vereinbaren, da ansonsten nur Leistungen entsprechend den anerkannten Regeln der Technik geschuldet werden.

Zu den gesetzlichen und behördlichen Vorschriften, die der Auftragnehmer ebenfalls kennen muß, zählen alle Gesetze und Verordnungen des privaten und öffentlichen Rechts, die im Zusammenhang mit der Durchführung eines Bauvorhabens zu beachten sind, insbesondere die Bestimmungen des Straf- und Verwaltungsrechts, darunter die jeweilige Landesbauordnung, verkehrs-, straßen-, und gewerberechtliche Vorschriften, ferner vor allem auch die maßgeblichen Sicherheitsbestimmungen.

Neben der Einhaltung der anerkannten Regeln der Technik hat der Auftragnehmer selbstverständlich auch dafür Sorge zu tragen, daß seine Leistung keine Fehler aufweist. Das stellen § 633 Abs. 1 BGB und § 13 Nr. 1 VOB/B ausdrücklich klar. Das Werk darf nicht mit Fehlern behaftet sein, die den Wert oder die Tauglichkeit zu dem gewöhnlichen oder dem nach dem Vertrag vorausgesetzten Gebrauch aufheben oder mindern. Unter einem Fehler ist jede ungünstige Abweichung der Leistung von dem, was ein durchschnittlicher Auftraggeber erwarten darf, zu verstehen (gewöhnlicher Gebrauch). Darüber hinaus liegt ein Fehler aber auch vor, wenn die Leistung den Vorstellungen der Vertragspartner, die Vertragsinhalt geworden sind, nicht entspricht (nach dem Vertrag vorausgesetzter Gebrauch), z. B. soll der Auftragnehmer für den an einen Rollstuhl gefesselten Auftraggeber ein Haus errichten, plant aber einen Eingang, der mit einem Rollstuhl nicht zu benutzen ist. Eine Leistung kann auch fehlerhaft sein, obwohl der Auftragnehmer die anerkannten Regeln der Technik einhält, wenn dennoch die Leistung nicht mangelfrei und zweckgerecht ist (BGH BauR 95, 230). Allerdings führt nicht jeder Fehler zur Gewährleistung, sondern nur der, durch den der Wert oder die Tauglichkeit des Werkes aufgehoben oder gemindert wird. Ein solcher Fehler kann auch in einer optischen Unzulänglichkeit der Leistung liegen (z. B.: OLG Düsseldorf BauR 96, 712).

Während der Bauzeit entdeckte Mängel hat der Auftragnehmer zu beseitigen (§§ 634 Abs. 1 Satz 2 BGB, 4 Nr. 7 VOB/B).

---

[7] Heiermann u. a. B § 4 Rdnr. 37

2.3
Prüfungs- und Mitteilungspflicht

2.3.1
VOB/B

Die vorstehend dargestellten Leistungspflichten des Auftragnehmers werden durch Prüfungs- und Mitteilungspflichten vervollständigt, die in §§ 3 Nr. 3, 4 Nr. 1 Abs. 4, 4 Nr. 3 VOB/B ausdrücklich geregelt sind. Von besonderer Bedeutung ist insoweit § 4 Nr. 3 VOB/B. Nach dieser Vorschrift muß der Auftragnehmer Bedenken gegen die vorgesehene Art der Ausführung (auch wegen der Sicherung gegen Unfallgefahren), gegen die Güte der vom Auftraggeber gelieferten Stoffe oder Bauteile und gegen die Leistung anderer Unternehmer unverzüglich, und zwar möglichst schon vor Beginn der Ausführung, dem Auftraggeber schriftlich mitteilen. Kommt er seiner Pflicht nach, ist er in diesem Umfang von der Gewährleistung frei (§ 13 Nr. 3 VOB/B). Die Regelung beruht auf dem allgemeinen Grundsatz, daß der Auftragnehmer den Auftraggeber vor Schaden zu bewahren hat, so daß die Prüfungs- und Mitteilungspflicht nicht nur für VOB-Verträge, sondern auch für BGB-Verträge gilt (BGH BauR 96, 702, 704).

Zunächst also hat der Auftragnehmer, bevor er die vorgeschriebene Mitteilung machen kann, zu prüfen, ob gegen die vorgesehene Art der Ausführung, gegen die Güte der vom Auftraggeber gelieferten bzw. angeordneten Stoffe oder Bauteile oder gegen die Leistung anderer Unternehmer Bedenken bestehen. Die Prüfungspflicht besteht im Umfang des von dem Auftragnehmer zu erwartenden Fachwissens und erstreckt sich auf sämtliche Punkte, die Auswirkungen auf die Leistung des Auftragnehmers haben. So besteht eine Prüfungspflicht nicht etwa hinsichtlich der Leistungen der am Bau beteiligter Unternehmen, die mit der eigenen Leistung des Auftragnehmers nicht im Zusammenhang stehen. Vielmehr kann vom Auftragnehmer nur erwartet werden, daß er die Vorarbeiten anderer Unternehmer, auf denen seine Leistung aufbaut oder mit denen seine Leistung im Zusammenhang steht, daraufhin untersucht, ob diese Vorarbeiten ordnungsgemäß durchgeführt sind, weil er nur dann seine Leistung ebenfalls vertragsgemäß erfüllen kann.

Allein die Prüfungspflicht kann aber den Auftraggeber noch nicht vor etwaigen Schäden bewahren. Deshalb besteht für den Auftragnehmer die weitere Pflicht, den Auftraggeber auf festgestellte Bedenken hinzuweisen. Der Auftragnehmer ist von seiner Verantwortung nur dann frei, wenn er die Mitteilungspflicht, deren Umfang so weitgehend ist wie die Prüfungspflicht, tatsächlich erfüllt hat. Das setzt voraus, daß die Mitteilung in der richtigen Form erfolgt, den notwendigen Inhalt hat und an den richtigen Adressaten gerichtet ist. Inhaltlich ist von der Mitteilung zu erwarten, daß sie die Bedenken nicht nur verständlich, sondern fachgerecht ausdrückt, ferner inhaltlich richtig und erschöpfend ist. Adressat der Mitteilung ist grundsätzlich der Auftraggeber selbst. Jedoch wird daneben regelmäßig auch der bauleitende Architekt zur Entgegennahme derartiger Anzeigen befugt sein, soweit die Bedenken nicht die Leistungen des Architekten betreffen bzw. soweit dieser sich den vorgetragenen Bedenken verschließt (BGH BauR 97, 301). Um das Ziel einer zuverlässigen Information des Auftraggebers zu erreichen, schreibt § 4 Nr. 3 VOB/B für die Mitteilung Schriftform vor. Unterbleibt eine schriftliche Mitteilung, verletzt der Auftragnehmer den Vertrag, so daß er grundsätzlich schadenersatzpflichtig ist. Eine erfolgte mündliche Mitteilung kann unter dem Gesichtspunkt des mitwirkenden Verschuldens (§ 254 Abs. 1 BGB) des Auftraggebers schadensersatzmindernd wirken. Schließlich ist hinsichtlich des Zeitpunktes der Mitteilung zu beachten, daß sie unverzüglich zu erfolgen hat, d. h. der Auftragnehmer darf die Prüfung und Mitteilung nicht schuldhaft hinauszögern.

Trifft der Auftraggeber aufgrund des Hinweises Maßnahmen, so hat der Auftragnehmer auch diese im Umfang seiner Prüfungspflicht zu überprüfen. Verschließt sich der Auftraggeber berechtigten Hinweisen, so können dem Auftragnehmer je nach Sachlage Zurückbehaltungs- bzw. Kündigungsrechte gemäß § 9 Nr. 1 a VOB/B zustehen.

2.3.2
BGB

Beim BGB-Vertrag bzw. im Fall der Abbedingung des § 4 Nr. 3 VOB/B gelten die vorgenannten Grundsätze entsprechend mit Ausnahme des Erfordernisses der Schriftform der Mitteilung. Ein mündlicher Hinweis genügt. Aus Beweisgründen ist jedoch auch hier die Schriftform vorzuziehen.

2.3.3
AGB

Es bestehen keine Bedenken gegen eine isolierte Vereinbarung des § 4 Nr. 3 VOB/B, da diese Klausel weitgehend die gesetzliche Lage wiedergibt. Das Schriftformerfordernis kann auch in AGB vorgesehen werden (§ 11 Nr. 16 AGBG).

Unzulässig sind Klauseln von Auftraggeberseite, die dem Auftragnehmer die vollständige Verantwortung für die vom Auftraggeber erbrachten Vorleistungen, insbesondere Planungsleistungen, aufbürden. Nach den Grundsätzen des § 11 Nr. 7 AGBG, die auch im kaufmännischen Verkehr Anwendung finden, kann die Haftung für grobes Verschulden nicht ausgeschlossen werden. Aus demselben Grund sind Klauseln der Auftragnehmerseite unwirksam, die eine Freizeichnung von den Verpflichtungen des § 4 Nr. 3 VOB/B bewirken sollen.

2.4
Selbstausführung

2.4.1
VOB/B

Der Auftragnehmer hat seine Leistung unter eigener Verantwortung im eigenen Betrieb auszuführen. Das besagen eindeutig § 4 Nr. 2 Abs. 1 Satz 1 und Nr. 8 Abs. 1 Satz 1 VOB/B.

Die Eigenverantwortlichkeit des Auftragnehmers ist eine Folge des Grundsatzes, daß derjenige, welcher ein Gewerbe ausübt, dafür einzustehen hat, daß er die erforderlichen theoretischen und praktischen Kenntnisse besitzt. Die Verantwortung des Auftragnehmers beschränkt sich grundsätzlich auf seinen eigenen Leistungsbereich. Von dieser Verantwortung wird der Auftragnehmer nicht dadurch befreit, daß der Auftraggeber oder ein von ihm bestimmter Vertreter, regelmäßig der Architekt, Überwachungsaufgaben auf der Baustelle wahrnimmt. Zu einer solchen Überwachung ist der Auftraggeber gemäß § 4 Nr. 1 Abs. 2 VOB/B berechtigt. Der Auftragnehmer kann sich allerdings nicht darauf berufen, er sei bei der Ausführung seiner eigenen Leistung nicht ausreichend überwacht worden; denn der Auftragnehmer kann vom Auftraggeber nicht verlangen, daß dieser ihn bei den Bauarbeiten überwacht oder überwachen läßt, da dieser dazu nicht verpflichtet ist (BGH NJW 73, 518). Das Leistungsrecht des Auftragnehmers ist zudem durch das Recht des Auftraggeber beschränkt, Anordnungen unter Beachtung des Leitungsrechts des Auftragnehmers zu treffen (§ 4 Nr. 1 Abs. 3 VOB/B). Diese Anordnungen können sich nur auf die Modalitäten der Leistung beziehen, nicht auf den Leistungsumfang. Insoweit sind Eingriffe nur nach § 1 Nr. 3 und 4 VOB/B möglich.

Die Verpflichtung des Auftragnehmers, die Leistung im eigenen Betrieb auszuführen, beruht darauf, daß der Auftraggeber ein besonderes Interesse daran hat, den Vertrag durch denjenigen Auftragnehmer erfüllen zu lassen, den er mit den Arbeiten beauftragt hat. Daraus folgt selbstverständlich nicht, daß der Auftragnehmer die Leistung selbst, in eigener Person, zu erbringen hat. Er kann hiermit seine Mitarbeiter betrauen, für deren Verhalten er allerdings nach § 278 BGB grundsätzlich einzustehen hat, so daß er hierdurch von seiner eigenen Verantwortlichkeit nicht entlastet wird. Der Grundsatz der Selbstausführung der Leistung bedeutet lediglich, daß der Auftragnehmer die Leistungen nicht einem anderen Unternehmen übertragen darf. Hierzu ist vielmehr grundsätzlich die Zustimmung des Auftraggebers erforderlich, wie § 4 Nr. 8 Abs. 1 Satz 2 und 3 VOB/B klarstellt. Die Zustimmung berechtigt den Auftragnehmer allerdings nicht, den Vertrag insgesamt an einen Dritten zu übertragen.

2.4.2
BGB

Beim BGB-Vertrag gilt hinsichtlich der Eigenverantwortlichkeit des Auftragnehmers das zum VOB-Vertrag Ausgeführte entsprechend. Demgegenüber gilt der Grundsatz der Ausführung der Leistung im eigenen Betrieb nicht.

2.4.3
AGB

Ob die Verpflichtung des Auftragnehmers gemäß § 4 Nr. 8 VOB/B, die Leistung im eigenen Betrieb auszuführen, in AGB wirksam vereinbart werden kann oder nicht, ist strittig.[8] Eine derartige Bestimmung dürfte jedoch wirksam sein, da es regelmäßig dem Auftraggeber darum geht, den Auftragnehmer aufgrund seiner Fachkenntnis in das Vertragsverhältnis einzubinden. Eine unangemessene Benachteiligung des Auftragnehmers dürfte darin nicht zu sehen sein. Dies gilt um so eher, als nach § 4 Nr. 8 Abs. 1 Satz 3 VOB/B eine Zustimmung für den Subunternehmereinsatz nicht notwendig ist, wenn der Betrieb des Auftragnehmers auf bestimmte Leistungen nicht eingerichtet ist. Dem Schriftlichkeitserfordernis für die Zustimmung gemäß Nr. 8 Abs. 1 Satz 2 stehen keine Bedenken entgegen (vgl. § 11 Nr. 16 AGBG).

Strittig ist ebenfalls, ob eine generelle Zustimmungserklärung zum Subunternehmereinsatz in AGB des Auftragnehmers wirksam ist.[9]

Eine Klausel, wonach ein Vertragspartner den Vertrag insgesamt – nicht nur einzelne Leistungen – an einen Dritten übertragen darf, ist an § 11 Nr. 13 AGBG zu messen. Danach ist eine solche Klausel zulässig, wenn der Übernehmer namentlich bezeichnet oder dem anderen Vertragsteil das Recht eingeräumt wird, sich vom Vertrag zu lösen. Im kaufmännischen Verkehr ist diese Vorschrift nicht direkt anzuwenden. Insoweit ist darauf abzustellen, ob berechtigte Interessen des Vertragspartners des Verwenders beeinträchtigt werden (BGH NJW 85, 53, 54 f).

2.5
Zeit der Leistung

Ein wesentlicher Gesichtspunkt für die wirtschaftliche Abwicklung eines Bauvorhabens sowohl für den Auftraggeber als auch den Auftragnehmer ist die zeitliche Komponente. Während in der VOB eine relativ umfangreiche Regelung in den §§ 11 VOB/A, 5, 6 VOB/B enthalten ist, existieren im BGB nur zwei Vorschriften, §§ 271, 636 BGB, die den spezifischen Probleme des Bauvertrages nicht gerecht werden.

Unabhängig von der Frage, ob es sich um einen VOB- oder BGB-Vertrag handelt, sollten die Parteien dem zeitlichen Ablauf der Leistung bei der Vertragsge-

---

[8] für die Wirksamkeit: Ingenstau/Korbion B § 4 Rdnr. 406
[9] für die Wirksamkeit: Ingenstau/Korbion a. a. O. Rdnr. 414

staltung erhebliche Aufmerksamkeit zuwenden. Allgemein gültige Hinweise für die Gestaltung gibt § 11 Nr. 1–3 VOB/A: die Ausführungsfristen sollten jedenfalls ausreichend bemessen sein, um eine qualitativ gute Bauleistung zu ermöglichen; Jahreszeit und technische Schwierigkeiten müssen berücksichtigt werden. Ungeachtet dieser Hinweise, die auch dann vertraglich nicht verbindlich sind, wenn die VOB/A Anwendung findet, sind die Parteien bei der Gestaltung des Zeitablaufs vollkommen frei.

Sinnvoll erscheint jedenfalls, die Leistungsfristen möglichst genau zu definieren. Dies kann durch die Benennung von Anfangs- und Endzeitpunkten im Vertrag selbst oder durch einen zum Vertragsbestandteil gemachten Bauzeitenplan geschehen. Deutlich zu machen ist dabei, welche Fristen als verbindlich anzusehen sind, sog. Vertragsfristen (§ 5 Nr. 1 VOB/B), deren Verletzung also Sanktionen, wie Schadensersatz, nach sich ziehen sollen. Die übrigen Fristen haben demgegenüber nur orientierenden Charakter, d.h., die Parteien können daran ablesen, inwieweit sich die Leistungsabwicklung im Zeitplan hält. Dem Auftraggeber bietet dies Gelegenheit, Ablaufproblemen ggf. entgegenzuwirken (vgl. § 5 Nr. 3 VOB/B). In diesem Zusammenhang sollte auch die vom Auftragnehmer geschuldete Arbeitsintensität geregelt werden, d. h. Arbeitstage und -stunden, Personal- und Maschineneinsatz. Dies ist auch im Hinblick darauf nützlich festzustellen, ob u. U. vergütungspflichtige Mehrleistungen des Auftragnehmers vorliegen.

Neben den vom Auftragnehmer einzuhaltenden Fristen sind auch die Fristen für die Übergabe von Vorleistungen durch den Auftraggeber festzuhalten (vgl. § 11 Nr. 3 VOB/A).

Es kommt nicht selten vor, daß in Bauverträgen Vertragsfristen für die Ausführung einzelner Bauleistungen oder der Gesamtleistung nicht bestimmt sind. Innerhalb welcher Frist der Auftragnehmer seine Leistung in einem solchen Fall zu erbringen hat, läßt sich versteckt nur § 271 Abs. 1 BGB entnehmen. Danach hat der Schuldner die Leistung sofort zu bewirken, es sei denn, daß für die Leistung eine Zeit entweder bestimmt ist oder sich aus den Umständen ergibt. Das Gesetz sieht hier also drei Möglichkeiten der Leistungszeit vor, die vertragsmäßige Festlegung, die Ermittlung aus den Umständen und, wenn beides nicht eingreift, die sofortige Leistung.

Bei einem Bauvertrag, bei dem eine genaue Leistungszeit nicht festgelegt ist, ist klar, daß für die Vollendung der Ausführung der Umfang der Bauleistung von entscheidender Bedeutung ist, also die Leistungszeit den Umständen zu entnehmen ist. Danach die Leistungszeit festzustellen, ist allerdings häufig äußerst schwierig. Entscheidend kommt es darauf an, innerhalb welcher Zeit die Ausführung nach dem Inhalt und Umfang der geschuldeten Leistung unter Berücksichtigung der allgemein anerkannten Regeln der Gewerbeüblichkeit bei fortlaufend zügiger Arbeit vollendet werden kann. Diesen Zeitpunkt wird, wenn es zwischen den Parteien zu einem Streit hierüber kommt, im Regelfall nur ein Bausachverständiger ermitteln können.

Im Rahmen der vereinbarten bzw. üblichen Frist ist der Auftragnehmer verpflichtet, die Arbeiten zu beginnen, angemessen zu fördern und zu vollenden (vgl.

§ 5 Nr. 1 Satz 1 VOB/B). Für den Beginn der Leistungen reicht regelmäßig die Einrichtung der Baustelle aus. Der Auftragnehmer ist allerdings nur verpflichtet, seine Leistung zu beginnen, wenn der Auftraggeber seine Vorleistungen erbracht hat (BGH BauR 83, 73) und eine Baugenehmigung vorliegt. Liegt diese nicht vor, kommt der Auftragnehmer selbst dann nicht in Verzug mit dem Leistungsbeginn, wenn er vom Fehlen der Genehmigung nichts weiß (BGH NJW 74, 1080).

Vollendung bedeutet, die innerhalb der bestimmten Vertragsfrist zu erbringende Leistung bis zum Ablauf der Frist im wesentlichen fertigzustellen. Das Fehlen geringfügiger Leistungsteile bzw. das Vorhandensein geringfügiger Mängel schließt die Vollendung nicht aus.[10] Die Räumung der Baustelle gehört zur Vollendung grundsätzlich nicht, muß sich aber zügig an den Abschluß der Bauleistungen anschließen.

Die vertraglich vereinbarten Ausführungsfristen können im Einverständnis der Vertragspartner als Vertragsbestandteil jederzeit geändert werden, sich aber auch durch äußere Umstände verlängern. Gründe für eine auf äußeren Umständen beruhende Verlängerung benennt § 6 Nr. 2 VOB/B, der ebenfalls wiederum nur eine allgemeine Grundregel enthält, die auch für den BGB-Vertrag gilt. Danach verlängern sich Ausführungsfristen, wenn der Auftragnehmer in der Leistung durch einen vom Auftraggeber zu vertretenden Umstand, durch Streik oder eine von der Berufsvertretung der Arbeitgeber angeordnete Aussperrung im Betrieb des Auftragnehmers oder in einem unmittelbar für ihn arbeitenden Betrieb, durch höhere Gewalt oder andere für ihn unabwendbare Umstände behindert ist. Witterungseinflüsse, mit denen bei Abgabe des Angebots normalerweise gerechnet werden mußte, gelten nach § 6 Nr. 2 Abs. 2 VOB/B nicht als Behinderung. Die Fristverlängerung berechnet sich nach § 6 Nr. 4 VOB/B nach der Dauer der Behinderung mit einem Zuschlag für die Wiederaufnahme der Arbeiten und die etwaige Verschiebung in eine ungünstige Jahreszeit.

Eine Verkürzung der Fertigstellungsfrist aufgrund von geänderten äußeren Umständen erfolgt nicht. Selbst wenn der Leistungsumfang verringert wird, verbleibt es bei der vereinbarten Fertigstellungsfrist. Möglich ist allerdings eine vertraglich vereinbarte Verkürzung.

2.5.1
VOB/B

Hier ist insbesondere die Regelung des § 5 Nr. 2 VOB/B zu berücksichtigen, die den Baubeginn betrifft. Die Auskunftspflicht des Auftraggebers gemäß Satz 1 verpflichtet zu einer wahrheitsgemäßen Auskunft. Kann der Auftraggeber auf die Anfrage keinen Baubeginn mitteilen, so ist er verpflichtet, den Termin mitzuteilen, sobald er ihn kennt, ohne daß der Auftragnehmer ein weiteres Mal anfragen muß. Fordert der Auftraggeber den Auftragnehmer zum Leistungsbeginn auf, so hat dieser seine Leistungen innerhalb von 12 Werktagen aufzunehmen und dem Auftraggeber den Beginn anzuzeigen.

---

[10] Heiermann u. a. B § 5 Rdnr. 23

2.5.2
BGB

Gemäß § 271 BGB ist der Auftragnehmer verpflichtet, seine Leistung unverzüglich nach Vertragsschluß aufzunehmen, soweit keine anderweitige vertragliche Regelung besteht.

2.5.3
AGB

Einer isolierten Vereinbarung des §§ 5 Nrn. 1, 2 und 6 Nrn. 2 bis 4 VOB/B stehen keine Bedenken entgegen.

Bedenklich sind demgegenüber Klauseln, durch die der Auftraggeber versucht, verzögerte Leistungen auch ohne Inverzug- bzw. Nachfristsetzung mit Sanktionen zu belegen. So hat der BGH (BauR 97, 1036, 1037) für unangemessen und damit unwirksam angesehen:

„Bei Durchführung der Arbeiten hat der Auftragnehmer unaufgefordert darauf zu achten, daß bereits fertiggestellte Arbeiten bzw. eingebaute Teile, insbesondere auch solche anderer Auftragnehmer, nicht beschädigt oder verschmutzt werden. Bei dennoch verursachten Beschädigungen oder Verschmutzungen hat der Auftragnehmer diese auf seine Kosten zu beseitigen. Kommt der Auftragnehmer diesen Verpflichtungen nicht nach oder handelt es sich um einen von der örtlichen Bauleitung für dringend gehaltenen Fall, so ist die örtliche Bauaufsicht berechtigt, ohne vorherige Ankündigung alle von der Arbeit des Auftragnehmers, seiner Leute und Geräte herrührenden Schäden und Verschmutzungen auf Kosten des Auftragnehmers beseitigen zu lassen. "

Weiterhin können dem Auftragnehmer nicht die Folgen einer von ihm nicht zu vertretenden Behinderung oder Unterbrechung auferlegt werden. Aus diesem Grund sind folgende vom BGH (a. a. O.) beurteilte Klauseln unangemessen und damit unwirksam:

„Verlangt der Auftraggeber von dem Auftragnehmer über die vertragliche Leistung hinausgehende Leistungen oder führen sonstige vom Auftragnehmer nicht zu vertretende Umstände zu Behinderungen, Unterbrechungen oder einem verspäteten Beginn der Arbeiten, führt dies – unter Ausschluß weitergehender Ansprüche – nur zu einer angemessenen Fristverlängerung, wenn der Auftragnehmer nicht in der Lage ist, vereinbarte Fristen durch verstärkten Personal- und/ oder Geräteeinsatz einzuhalten und der Auftragnehmer den Anspruch auf Fristverlängerung dem Auftraggeber schriftlich ankündigt, bevor er mit der Ausführung der zusätzlichen Leistungen beginnt. Der Auftragnehmer kann im Falle der Behinderung oder Unterbrechung der Leistungen etwaige Ansprüche nur geltend machen, wenn eine von dem Auftraggeber zu vertretende Zeit der Unterbrechungen der von dem Auftragnehmer auf der Baustelle zu erbringenden Leistungen von mehr als 30 % der vereinbarten Gesamtfrist eintritt. "

„Sofern der AG oder dessen Sonderfachleute einzelne Ausführungs- oder Detailzeichnungen nicht rechtzeitig zur Verfügung stellen kann oder diese mangelhaft

sind, hat der AN diese Zeichnungen selbst zu erstellen. Der AN kann aus der nicht rechtzeitigen und/oder mangelhaften Vorlage der Pläne keine Rechte irgendwelcher Art herleiten. "

Klauseln des Auftragnehmers sind unwirksam, die fest vereinbarte Fristen relativieren bzw. den Auftraggeber zur Setzung unangemessen langer Nachfristen verpflichten. So hat der BGH (NJW 84, 2468) eine Klausel für unwirksam erklärt, die eine mögliche Verschiebung der Lieferung um 6 Wochen über den individuell vereinbarten Lieferzeitpunkt vorsah. Ebenfalls als unwirksam angesehen hat der BGH eine Klausel, wonach der Auftraggeber zu einer Nachfristsetzung von mindestens 6 Wochen verpflichtet wurde (BauR 85, 192, 194).

3 Die Pflichten des Auftraggebers bis zur Abnahme der Bauleistung

Wenn auch der Auftragnehmer die vertraglich vereinbarte Bauleistung in eigener Verantwortung auszuführen hat, bedeutet dies nicht, daß den Auftraggeber keinerlei Pflichten im Zusammenhang mit der Erstellung des Bauwerkes treffen. Der Auftraggeber hat also nicht nur, wie wir bereits gesehen haben, die versprochene Vergütung zu zahlen, sondern er hat bestimmte Mitwirkungspflichten, damit der Auftragnehmer seine Leistung erbringen kann, es sei denn, daß sich der Auftragnehmer vertraglich auch zu diesen Leistungen verpflichtet hat.

3.1 Übergabe der für die Bauleistung erforderlichen Ausführungsunterlagen

3.1.1 Regelung nach BGB und VOB/B

Für die Errichtung eines Bauwerkes ist eine Vielzahl von Unterlagen und Festlegungen tatsächlicher Art erforderlich. Sie dem Auftragnehmer zur Verfügung zu stellen, ist grundsätzlich Sache des Auftraggebers. Davon geht § 3 Nr. 1–4 VOB/B aus, der eine Konkretisierung der in § 642 BGB vorgesehenen Mitwirkungspflicht des Auftraggebers darstellt und dessen Regelungen daher auch für den BGB-Vertrag gelten. Die wichtigste Bestimmung ist § 3 Nr. 1 VOB/B. Der Auftraggeber hat danach dem Auftragnehmer die für die Ausführung nötigen Unterlagen unentgeltlich und rechtzeitig zu übergeben. Ausführungsunterlagen sind alle mündlichen und schriftlichen Angaben und Pläne etc., die notwendig sind, damit der Bau vertragsgemäß errichtet werden kann. Erfaßt werden also hiervon sämtliche Schriftstücke, Zeichnungen, Berechnungen, fachlichen Anleitungen, Gutachten, Proben, Modelle, kurz alles, was nach dem Inhalt des Auftrages zur Ausführung der Bauleistung erforderlich ist. Die Tatsache, daß der Auftraggeber aufgrund im Regelfall fehlender eigener Sachkenntnis nicht in der Lage ist, die Ausführungsunterlagen persönlich zu erstellen, ändert an seiner Verpflichtung nichts. Er muß geeignete Fachleute, z. B. Architekten, beauftragen, um seiner Verpflichtung nachzukommen. Der Auftraggeber hat aber nur die Unterlagen beizubringen, die wirklich zur Ausführung des Baues objektiv nötig sind. Der Auftragnehmer kann also eine Verzögerung seiner Leistung nicht damit entschuldigen, daß ihm der Auftraggeber Einzelunterlagen nicht übergeben hat, wenn diese bei objektiver Betrachtungsweise für die Errichtung des Bauwerkes nicht benötigt werden.

Die Ausführungsunterlagen sind, wie es § 3 Nr. 1 VOB/B ausdrücklich sagt, dem Auftraggeber unentgeltlich und rechtzeitig zu überlassen. Der Auftraggeber kann also vom Auftragnehmer weder für die Überlassung noch für die Anfertigung der Ausführungsunterlagen eine Entschädigung oder den Ersatz seiner Auslagen verlangen, es sei denn, vertraglich ist anderes vereinbart. Er muß weiterhin diese Unterlagen so rechtzeitig zur Verfügung stellen, daß der Auftragnehmer einen angemessenen Zeitraum für die gebotene sachgerechte Vorbereitung und Durchführung seiner Leistung hat. Der Auftragnehmer hat die ihm überlassenen Unterlagen auf Mängel zu untersuchen und diese dem Auftraggeber ggf. mitzuteilen (§ 3 Nr. 3 Satz 2 VOB/B).

Von der Verpflichtung zur Überlassung der Ausführungsunterlagen kann der Auftraggeber im Vertrag ganz oder teilweise befreit werden, wie § 3 Nr. 5 VOB/B zu entnehmen ist. Die Vertragspartner können also vereinbaren, daß der Auftragnehmer einzelne oder die gesamten Ausführungsunterlagen erstellt. In diesem Fall trägt der Auftragnehmer die volle Verantwortlichkeit für die Geeignetheit und Mangelfreiheit der von ihm erstellten Unterlagen (BGH ZfBR 97, 29). Diese Gestaltung kommt in der Praxis durchaus nicht selten vor, insbesondere bei größeren Baufirmen, die über eine eigene Planungsabteilung verfügen. In § 9 Nr. 10–12 VOB/A ist dieser Fall ebenfalls vorgesehen, nämlich im Rahmen der sog. Leistungsbeschreibung mit Leistungsprogramm. Bei einer derartigen Ausschreibung hat der Bieter sowohl den Entwurf als auch das Leistungsverzeichnis zu erstellen (Nr. 12).

3.1.2
AGB

Soweit der Bauvertrag die Arbeitsteilung vorsieht, nämlich daß der Auftraggeber für die Planung etc. zuständig ist, sind Klauseln unwirksam, die die Verantwortung für die Richtigkeit der Planung auf den Auftragnehmer abwälzen. Ist dagegen der Auftragnehmer auch für die Planung zuständig, bestehen hinsichtlich solcher Klauseln keine Bedenken.

3.2
Beschaffung der erforderlichen behördlichen Genehmigungen

Für die Errichtung eines Bauwerkes ist im Regelfall eine behördliche Baugenehmigung erforderlich.[11] Daneben bedarf es für bestimmte Bauwerke nach den Bauordnungen der Länder oder sonstigen gesetzlichen Vorschriften u. U. spezieller behördlicher Genehmigungen, z. B. der Gewerbeordnung, dem Bundesimmissionsschutzgesetz, dem Wasserrecht oder dem Straßenverkehrsrecht. Ihre Erteilung ist zwar nicht Wirksamkeitsvoraussetzung für den Bauvertrag, wohl aber für die Verwirklichung der Bauabsicht. Sie liegt deshalb grundsätzlich allein in der Sphäre des Auftraggebers, so daß es auch seine Aufgabe ist, die Genehmigungen ein-

---

[11] s. hierzu S. 228 ff

zuholen. Das besagt § 4 Nr. 1 Abs. 1 Satz 2 VOB/B ausdrücklich. Die Regelung gilt aber als allgemeiner Grundsatz auch für den BGB-Vertrag. Dabei ist es nicht nur Pflicht des Auftraggebers, die im Einzelfall notwendigen Genehmigungen überhaupt zu erwirken, sondern er muß das auch so rechtzeitig tun, daß der Auftragnehmer in der Lage ist, seine Bauleistung vertragsgetreu, insbesondere fristgerecht zu erfüllen. Liegt insbesondere die Baugenehmigung nicht vor, so ist der Auftragnehmer zur Leistung nicht verpflichtet (BGH BauR 74, 274). Eine verspätete Erteilung ist eine Behinderung im Sinne des § 6 Nr. 2 VOB/B.

Die in § 4 Nr. 1 Abs. 1 Satz 2 VOB/B beschriebene Verpflichtung erfaßt allerdings nicht die Fälle, in denen es sich um behördliche Genehmigungen handelt, die in den Bereich des Auftragnehmers fallen und deshalb nur von ihm erwirkt werden können. Dazu rechnen z. B. Genehmigungen über die Verwendung bestimmter Baustoffe, gewerbeaufsichtsrechtliche Genehmigungen für den Einsatz von Maschinen oder für die Tätigkeit ausländischer Arbeitnehmer.

3.3
Koordinierung der am Bau Beteiligten

Bei der Errichtung eines Bauwerkes sind häufig für die Ausführung der einzelnen Gewerke viele verschiedene Bauunternehmer tätig. Um ein reibungsloses Zusammenwirken zu gewährleisten, ist es erforderlich, daß jemand für die Koordinierung verantwortlich ist. Dies ist der Auftraggeber; denn es ist sein Bauvorhaben, um das es geht. Diese Koordinierungspflicht wird in § 4 Nr. 1 Abs. 1 Satz 1 VOB/B ausdrücklich geregelt. Sie gilt aber als allgemeiner Grundsatz auch für den BGB-Vertrag.

Der Auftraggeber hat die Verpflichtung, dafür zu sorgen, daß auf der Baustelle geordnete Verhältnisse herrschen. Die Baustelle muß in ihrer Gesamtheit mit ihrer Einrichtung und im Hinblick auf den zu erwartenden Bauablauf so beschaffen sein, daß es während der Bauausführung nicht zu Unzuträglichkeiten für die dort tätigen Auftragnehmer und deren Personal kommt.

Weiter ist es Aufgabe des Auftraggebers, das Zusammenwirken der verschiedenen am Bau beteiligten Unternehmer zu koordinieren, damit Behinderungen oder Störungen eines Unternehmers durch andere Auftragnehmer oder sonstige Dritte nicht eintreten. Dazu gehört die Regelung des räumlichen, zeitlichen und technisch sachgerechten Einsatzes der mehreren Auftragnehmer hinsichtlich des Beginns und der Dauer ihrer Leistung.

In der Regel wird der Auftraggeber seine Koordinierungspflichten nicht in eigener Person wahrnehmen, sondern hiermit einen Architekten beauftragen. Dieser wird aber dadurch nicht Vertragspartner des Auftragnehmers, sondern ist lediglich Erfüllungsgehilfe des Auftraggebers, für den der Auftraggeber gemäß §§ 276, 278 BGB, § 10 Nr. 1 VOB/B einzustehen hat (BGH NJW 72, 447).

Soll der Auftraggeber die dargelegten Verpflichtungen erfüllen können, ist es erforderlich, daß ihm auf der anderen Seite gewisse Überwachungs- und Anordnungsrechte eingeräumt werden. Sie sind in § 4 Nr. 1 Abs. 2 und 3 VOB/B ausdrücklich geregelt, gelten aber als allgemeine Grundsätze auch für den BGB-Vertrag.

§ 4 Nr. 1 Abs. 2 Satz 1 VOB/B gibt dem Auftraggeber generell das Recht, die vertragsgemäße Ausführung der Leistung zu überwachen. Zu diesem Zweck hat er Zutritt zu den Arbeitsplätzen, Werkstätten und Lagerräumen, wo die vertragliche Leistung oder Teile von ihr hergestellt oder die hierfür bestimmten Stoffe und Bauteile gelagert werden. Auch sind ihm nach § 4 Nr. 1 Abs. 2 Satz 2 VOB/B auf Verlangen die Werkzeichnungen oder andere Ausführungsunterlagen sowie die Ergebnisse von Güteprüfungen zur Einsicht vorzulegen und die erforderlichen Auskünfte zu erteilen. Nach § 4 Nr. 1 Abs. 3 VOB/B ist der Auftraggeber befugt, Anordnungen zu treffen, die zur vertragsgemäßen Ausführung der Leistung notwendig sind, wobei er zu beachten hat, daß grundsätzlich der Auftragnehmer die Leistung in eigener Verantwortung auszuführen hat. Der Auftraggeber darf also nicht die Leitung der Leistungsdurchführung selbst übernehmen wollen, indem er z. B. den Arbeitnehmern oder den Subunternehmern des Auftragnehmers unmittelbar Anordnungen erteilt. Vielmehr muß er sich, wie sich auch aus § 4 Nr. 1 Abs. 3 Satz 2 VOB/B ergibt, grundsätzlich an den Auftragnehmer oder einen von diesem bestellten Vertreter wenden, wenn die Notwendigkeit besteht, Anordnungen zu treffen, um die Ausführung einer vertraglich nicht vereinbarten Leistung zu verhindern. Andererseits darf der Auftragnehmer die Anordnungen des Auftraggebers nicht einfach hinnehmen. Er ist vielmehr verpflichtet, Bedenken geltend zu machen, wenn er eine Anordnung für unberechtigt oder unzweckmäßig hält. Gleichwohl muß er die Anordnung ausführen, wenn der Auftragnehmer auf ihr trotz der Bedenken besteht, es sei denn, daß gesetzliche oder behördliche Bestimmungen entgegenstehen. Dies ist in § 4 Nr. 1 Abs. 4 Satz 1 VOB/B geregelt.

Andererseits ist der Auftraggeber nicht verpflichtet, den Auftragnehmer zu überwachen. Dies gilt auch dann, wenn der Auftraggeber tatsächlich einen Architekten mit der Bauüberwachung eingeschaltet hat. Der Auftragnehmer kann dementsprechend weder aus der Nichtausübung noch aus einer mangelhaften Ausübung der Überwachung Ansprüche gegen den Auftraggeber ableiten, insbesondere auch nicht den Einwand des Mitverschuldens (BGH NJW 73, 518, 519). Erkennt der Auftraggeber jedoch ein Problem, so ist er nach Treu und Glauben verpflichtet, den Auftragnehmer darauf hinzuweisen. Ansonsten besteht die Möglichkeit, daß er gemäß § 254 BGB eine Mitverantwortung für eine etwaige Vertragswidrigkeit trägt.

3.4
Abnahme der Bauleistung

Vorstehend sind die Pflichten, z. T. auch damit korrespondierende Rechte des Auftraggebers im Zusammenhang mit der Errichtung des vertraglich vorgesehenen Bauwerkes dargestellt worden. Darin erschöpfen sich aber die Rechte und Pflichten des Auftraggebers in bezug auf das Bauwerk nicht. Hat der Auftragnehmer seine Leistung fertiggestellt, so hat nicht nur er, sondern auch der Auftraggeber ein Interesse daran festzustellen, ob die Leistung von ihm, dem Auftraggeber, als vertragsgerechte Erfüllung angesehen wird und damit der Auftragnehmer seine Verpflichtung ordnungsgemäß bewirkt hat. Diesem Zweck dient die sog. Abnahme durch den Auftraggeber. Sie soll Klarheit darüber schaffen, ob der

Auftraggeber die Leistung des Auftragnehmers für vertragsgerecht beendet ansieht oder ob er die Ausführung weiterer Arbeiten verlangt.

3.4.1
Begriff der Abnahme

§ 640 Abs. 1 BGB bestimmt, daß der Auftraggeber verpflichtet ist, das vertragsgemäß hergestellte Werk abzunehmen. Diese Vorschrift gilt auch für den VOB-Vertrag, da die VOB/B keine Definition der Abnahme enthält. Die Abnahme ist eine Hauptpflicht des Auftraggebers. Der Auftragnehmer kann den Auftraggeber deshalb auf Abnahme verklagen. Dies kann auch isoliert geschehen; der Auftragnehmer braucht diese Klage nicht mit der Zahlungsklage zu verbinden (BGH BauR 96, 386, 387).

§ 640 Abs. 1 BGB sagt ebensowenig wie die VOB/B, was unter der Abnahme zu verstehen ist. Geht man allein von der Wortbedeutung aus, könnte man meinen, daß die Abnahme die Entgegennahme des vertraglich versprochenen Werkes durch den Auftraggeber darstellt. Das würde aber dem Wesen des Werk- bzw. Bauvertrags nicht gerecht. Während z. B. beim Kauf der vom Verkäufer zu leistende Gegenstand in der Regel bei Vertragsabschluß fertig vorliegt und daher zu diesem Zeitpunkt festgestellt werden kann, ob er dem vertraglichen Willen des Leistungsempfängers entspricht, wird nach der Rechtsnatur des Werk- bzw. Bauvertrags die Leistung erst nach Vertragsschluß hergestellt. Der Auftraggeber weiß also bei Vertragsschluß noch nicht, ob das nach dem Vertrag vom Auftragnehmer geschuldete Werk vertragsgemäß fertiggestellt werden wird. Da der Auftraggeber nach § 640 Abs. 1 BGB nur verpflichtet ist, ein vertragsgemäßes Werk abzunehmen, er insoweit aber erst eine Prüfung vornehmen muß, kann die bloße Entgegennahme der Bauleistung oder des Bauwerkes allein die Abnahme nicht sein. Deshalb ist für die Abnahme begriffsnotwendig neben der Entgegennahme der Leistung zugleich auch die Billigung erforderlich, daß es sich um eine vertragsgemäße Erfüllung handelt. Diese Billigung ist eine einseitige Willenserklärung des Auftraggebers. Ausdrücklich muß sie nicht erklärt werden. Es genügt jede konkludente Handlung, die den Schluß zuläßt, der Auftraggeber erkenne das Werk zumindest im wesentlichen als vertragsgerecht an, nehme also das hergestellte Werk als die vertraglich geschuldete Leistung hin (BGH a. a. O.). Das geschieht in der Praxis häufig dadurch, daß der Auftraggeber das Werk, ohne Beanstandungen zu äußern, in Benutzung nimmt. Auch die Tatsache, daß der Auftraggeber bestimmte Mängel des fertiggestellten Werkes rügt, schließt eine Abnahme nicht aus, es sei denn, daß er zu erkennen gibt, er betrachte das Werk wegen der Mängel nicht als vertragsgemäße Erfüllung.

Diese – zivilrechtliche – Abnahme ist von der öffentlich-rechtlichen Abnahme zu unterscheiden, durch die die Baubehörden die Erfüllung von öffentlich-rechtlichen Vorschriften prüfen. Diese Abnahme beeinflußt die zivilrechtliche Abnahme nicht; beide Abnahmen können jedoch zeitlich zusammenfallen, wenn ihre jeweiligen Voraussetzungen erfüllt sind.

3.4.2
Formen der Abnahme

3.4.2.1
VOB/B

Die VOB/B enthält in § 12 eine detaillierte Regelung der Abnahme. Es wird unterschieden zwischen der ausdrücklichen, der förmlichen, der stillschweigenden und der fiktiven Abnahme. Nach dem Umfang der Abnahme wird zudem zwischen der Abnahme der gesamten Leistung, einer Teilleistung sowie der technischen Abnahme unterschieden.

Der Regelfall der Abnahme, die ausdrückliche Abnahme, ist in § 12 Nr. 1 VOB/B geregelt. Danach ist auf Verlangen des Auftragnehmers binnen 12 Tagen nach Fertigstellung der Leistung die Abnahme durchzuführen. Die Abnahme kann nur beim Vorliegen wesentlicher Mängel (§ 12 Nr. 3 VOB/B) verweigert werden. Nicht notwendig ist, daß sich der Auftraggeber mündlich oder schriftlich äußert. Es genügt ein schlüssiges Verhalten seinerseits, aus dem sich sein Wille zur Abnahme entnehmen läßt, also insbesondere, daß der Auftraggeber die vereinbarte Vergütung zahlt (BGH NJW 70, 421, 422) oder die Leistung bestimmungsgemäß in Gebrauch nimmt. Allerdings ist nicht jede Ingebrauchnahme als Abnahme anzusehen, so wenn dies probeweise oder aus einer Zwangslage heraus geschieht oder die Leistung offensichtlich schwere Mängel aufweist (BGH BauR 94, 242, 244).

Eine besondere Form der ausdrücklichen Abnahme sieht § 12 Nr. 4 VOB/B vor, die sog. förmliche Abnahme. Diese kann von beiden Parteien verlangt werden. Wesentlich ist hier, daß beide Parteien das Ergebnis der Abnahmebegehung schriftlich festhalten, indem sie ein Abnahmeprotokoll erstellen, daß beide Parteien unterschreiben. Nicht notwendig ist, daß das Protokoll am Tag der Abnahme erstellt wird. Eine enger zeitlicher Zusammenhang muß jedoch gewahrt werden. Ein Abstand von einer Woche ist jedenfalls noch hinnehmbar (BGH BauR 87, 92). Das Protokoll hat insbesondere sämtliche Vorbehalte zu enthalten, also wegen bekannter Mängel und wegen der Vertragsstrafe (Nr. 4 Abs. 1 Satz 3). Die förmliche Abnahme kann auch stattfinden, wenn der Auftragnehmer nicht anwesend ist, sofern ein Termin vereinbart bzw. der Auftraggeber mit ausreichender Frist geladen hat (Nr. 4 Abs. 2 Satz 1). Ob dies auch bei Abwesenheit des Auftraggebers möglich ist, ist strittig.[12]

Die VOB/B bestimmt, daß unter gewissen Voraussetzungen das Bauwerk durch den Auftraggeber als abgenommen gilt, auch wenn an sich die Voraussetzungen für eine rechtsgeschäftliche Abnahme nicht vorliegen. Es handelt sich um die Fiktion der Abnahme.

Nach § 12 Nr. 5 Abs. 1 VOB/B gilt die Leistung mit Ablauf von 12 Werktagen nach schriftlicher Mitteilung über die Fertigstellung der Leistung als abgenommen, sofern keine Partei eine Abnahme ausdrücklich verlangt hat oder eine förmliche Abnahme im Vertrag nicht vorgesehen ist. Voraussetzung ist dabei eine abnahmereife Leistung. Der Auftragnehmer kann also nicht etwa die Wirkungen

---

[12] dagegen: Heiermann u. a. B § 12 Rdnr. 44

einer Abnahme dadurch herbeiführen, daß er dem Auftraggeber vor Vollendung des Bauwerkes wahrheitswidrig mitteilt, die Leistung sei fertiggestellt. Andererseits bedarf es, liegt eine abnahmereife Leistung vor, keiner schriftlichen Mitteilung, die auf die Fertigstellung ausdrücklich hinweist. Es genügt vielmehr, daß sich einem dem Auftraggeber zugeleiteten Schriftstück die Fertigstellung inhaltlich zweifelsfrei entnehmen läßt. Dafür reicht z. B. die Übersendung der Schlußrechnung (BGH BauR 71, 126, 127) oder die schriftliche Erklärung, daß die Baustelle geräumt ist, aus.

Die zweite Form der fiktiven Abnahme ergibt sich aus § 12 Nr. 5 Abs. 2 VOB/B. Danach gilt eine Leistung, die der Auftraggeber in Benutzung genommen hat, nach Ablauf von sechs Werktagen nach Beginn der Benutzung als abgenommen, wenn die Parteien nichts anderes vereinbart haben, es sei denn, daß es sich um die Benutzung von Teilen einer baulichen Anlage zur Weiterführung der Arbeiten handelt. Auch hier tritt wie im Fall des § 12 Nr. 5 Abs. 1 VOB/B die Abnahmewirkung nicht ein, wenn die Parteien eine förmliche Abnahme im Bauvertrag vereinbart haben oder später vereinbaren oder ein Vertragspartner ausdrücklich eine Abnahme verlangt hat. Ist dies nicht der Fall und handelt es sich auch nicht um die Benutzung von Teilen einer baulichen Anlage zur Weiterführung der Arbeiten, so greift die Abnahmefiktion ohne Rücksicht darauf ein, ob der Auftraggeber den Willen hatte, das Bauwerk als vertragsgemäße Erfüllung hinzunehmen, es sei denn, er bringt innerhalb der Frist von sechs Werktagen deutlich zum Ausdruck, daß die Benutzung keine Abnahme darstellt (BGH BauR 75, 344). Der Unterschied zwischen der Abnahme gemäß § 12 Nr. 5 Abs. 2 VOB/B und der konkludenten Abnahme durch Benutzung, die nach außen in gleicher Weise zu Tage tritt, liegt also darin, daß die konkludente Abnahme den Willen des Auftraggebers voraussetzt, das Bauwerk als vertragsgemäße Erfüllung gelten zu lassen, während dieser Wille im Fall des § 12 Nr. 5 Abs. 2 VOB/B nicht erforderlich ist. In der Praxis ist die Unterscheidung allerdings nicht bedeutsam; denn widerspricht der Auftraggeber innerhalb der Frist von 6 Werktagen der Abnahme, so treten im Regelfall die Abnahmewirkungen nicht ein, gleichgültig, ob er einen Abnahmewillen hatte oder nicht. Andererseits ist eine Abnahme der Leistung anzunehmen, wenn der Auftraggeber die Sechs-Tagesfrist verstreichen läßt, wiederum unabhängig davon, ob er einen Abnahmewillen hat oder nicht.

Die Verpflichtung zur Abnahme entsteht grundsätzlich nach dem Leitbild des BGB erst nach Fertigstellung des vertraglich geschuldeten Werkes. Anders ist es beim VOB-Vertrag. Hier bestimmt § 12 Nr. 2 a, daß auf Verlangen des Auftragnehmers in sich abgeschlossene Teile der Leistung abzunehmen sind. Ein Anspruch auf Teilabnahme besteht z. B., wenn der Auftragnehmer Sanitär- und Elektroeinrichtungen zu installieren und er einen der beiden Leistungsteile abgeschlossen hat (vgl. BGH BauR 75, 423).

Eine andere Funktion und andere Rechtsfolgen hat demgegenüber die sog. technische Abnahme gemäß § 12 Nr. 2 b VOB/B. Danach sind andere Teile der Leistung, also nicht in sich abgeschlossene Leistungsteile, auf Verlangen des Auftragnehmers vom Auftraggeber abzunehmen, wenn sie durch die weitere Ausführung des Bauwerkes der Prüfung und Feststellung entzogen werden. Das ist beispielsweise der Fall, wenn ein Auftragnehmer verpflichtet ist, Rohre unter Putz zu verlegen. Dann kann er, bevor der Putz aufgebracht wird, verlangen, daß der

Auftraggeber die ordnungsgemäße Verlegung der Rohre durch eine technische Abnahme anerkennt. Dies dient jedoch nur zur technischen Vorbereitung für eine – später durchzuführende – rechtsgeschäftliche Abnahme. Die technische Abnahme hat demgegenüber keine rechtsgeschäftlichen Wirkungen.

3.4.2.2
BGB

Das BGB sieht in § 640 BGB keine besondere Abnahmearten vor. In § 641 Abs. 1 Satz 2 BGB ist allerdings von der Möglichkeit der Teilabnahme die Rede.

Für den Bereich des BGB wird davon ausgegangen, daß die Abnahme ausdrücklich oder stillschweigend erfolgen kann (BGH BauR 96, 386, 388). Letztere setzt voraus, daß der Auftraggeber die Leistung hinnimmt und zu erkennen gibt, daß er die Leistung als in der Hauptsache dem Vertrag entsprechend ansieht (BGH aaO). Demgegenüber sind weder eine förmliche noch eine fiktive Abnahme vorgesehen.

Rechtsgeschäftliche Teilabnahmen sind nur möglich, wenn dies vertraglich vorgesehen ist. Nach der Gesetzeslage gibt es dazu weder ein Recht noch eine Pflicht. Auch die technische Teilabnahme ist nicht vorgesehen.

3.4.3
Abnahmeverweigerung

3.4.3.1
VOB/B

Nach § 12 Nr. 3 VOB/B kann der Auftraggeber die Abnahme nur wegen wesentlicher Mängel verweigern. Was ein „wesentlicher Mangel" ist, ist in der VOB/B nicht definiert. Der BGH (BauR 81, 284, 286) hebt auf den Einzelfall ab und stellt weiter fest:

„Wenn nun § 12 Nr. 3 VOB/B (1973) die Abnahmeverweigerung daran knüpft, daß der vorher noch zu beseitigende Mangel wesentlich sein muß, so wird damit letztlich auf den Gesichtspunkt der Zumutbarkeit abgehoben. Tritt der Mangel an Bedeutung soweit zurück, daß es unter Abwägung der beiderseitigen Interessen für den Auftraggeber zumutbar ist, eine zügige Abwicklung des gesamten Vertragsverhältnisses nicht länger aufzuhalten und deshalb nicht mehr auf Vorteilen bestehen, die sich ihm vor vollzogener Abnahme bieten, dann darf er die Abnahme nicht verweigern."

In der Regel ist ein solcher Mangel anzunehmen, wenn die Bauleistung die vertraglich zugesicherten Eigenschaften nicht hat. Maßgebliche Kriterien sind darüber hinaus u. a. der Umfang und die Höhe der Kosten der Mangelbeseitigung, Auswirkung des Mangels auf die Funktion der Leistung.

3.4.3.2
BGB

Ist der Auftraggeber nach § 640 Abs. 1 BGB verpflichtet, das vertragsgemäße Werk abzunehmen, so folgt daraus im Umkehrschluß, daß er die Abnahme verweigern darf, wenn das Werk nicht entsprechend den vertraglichen Vereinbarungen hergestellt worden ist. Der Auftraggeber braucht also ein Werk nicht abzunehmen, das Mängel, welcher Art auch immer, aufweist. Auch kleinere und wenig bedeutsame Mängel rechtfertigen die Abnahmeverweigerung (BGH NJW 96, 1280, 1281). Der Auftraggeber kann vielmehr zunächst verlangen, daß auch solche Mängel beseitigt werden, bevor er das Werk abnimmt. Eine Ausnahme besteht nur dann, wenn der Mangel so unbedeutend ist, daß dem Auftraggeber kein schützenswertes Interesse an einer Beseitigung vor Abnahme zugebilligt werden kann und seine Weigerung daher einen Verstoß gegen Treu und Glauben darstellt. Wann das der Fall ist, hängt vom Einzelfall ab (BGH a. a. O.). Nach der zitierten Entscheidung des BGH ist das Verhältnis der Nachbesserungskosten zum vereinbarten Werklohn zu berücksichtigen, aber auch das Verhalten des Auftraggebers im Zusammenhang mit der Mangelbeseitigung. Im Streitfall hatte der Auftraggeber offensichtlich nur geringes Interesse daran.

3.4.4
Die Bedeutung der Abnahme

Da die Abnahme begrifflich die Anerkennung des fertiggestellten Werkes als vertragsgemäße Erfüllung durch den Auftraggeber darstellt, sind hiermit einschneidende, den Auftragnehmer begünstigende Wirkungen verbunden.

3.4.4.1
Erlöschen des Anspruchs auf Herstellung des versprochenen Werkes

Mit der Abnahme erlischt der Anspruch des Auftraggebers auf Herstellung des versprochenen Werkes. Der Auftragnehmer bleibt aber auch nach der Abnahme verpflichtet, seine Werkleistung in einen vertragsgemäßen Zustand zu bringen, d. h. das Werk nachzubessern, wenn es Mängel aufweist.

3.4.4.2
Übergang der Gefahr des zufälligen Untergangs
oder der Verschlechterung des Bauwerks
vom Auftragnehmer auf den Auftraggeber

Sowohl das BGB als auch die VOB/B enthalten verschiedene Regelungen zur Frage der Gefahrtragung. Beim BGB handelt es sich im Werkvertragsrecht um die §§ 644, 645 BGB, bei der VOB/B um §§ 7, 12 Nr. 6. Was unter „Gefahr" zu verstehen ist, definieren weder die BGB- noch die VOB-Regelungen. Es wird zwischen der Leistungs- und der Vergütungsgefahr unterschieden.

Die Leistungsgefahr betrifft die Frage, ob der Auftragnehmer zur Neuherstellung verpflichtet bleibt, wenn das von ihm begonnene Werk ohne Verschulden der

Vertragsparteien untergeht, z. B. weil es durch Naturereignisse oder Dritte zerstört wird. Bei der Vergütungsgefahr geht es um die Frage, ob der Auftragnehmer in einem solchen Fall Vergütung für seine bisher geleistete Arbeit beanspruchen kann. Das BGB hat die Frage der grundsätzlichen Verteilung der Leistungs- und Vergütungsgefahr im allgemeinen Teil des Schuldrechts geregelt. Hiervon ist grundsätzlich auch für den Bauvertrag auszugehen.

Nach § 275 BGB wird der Schuldner, also der Auftragnehmer, von der Verpflichtung zur Herstellung des versprochenen Werkes, also der Leistungsgefahr, nur dann frei, wenn ihm die Leistung nach Abschluß des Bauvertrags aufgrund eines Umstandes unmöglich wird, den er nicht zu vertreten hat, d. h. nicht verschuldet hat. Daraus folgt, daß der Auftragnehmer bei einer Zerstörung des Bauwerkes vor der Abnahme in der Regel zur Neuerstellung verpflichtet ist, weil kaum Fälle denkbar sind, in denen ihm dies unmöglich ist. Die Leistungsgefahr trägt also im Regelfall der Auftragnehmer. Wie bereits gesehen, endet die Leistungsgefahr jedenfalls mit der Abnahme der Bauleistung; denn der Auftragnehmer hat dann seine Leistungsverpflichtung erfüllt.

Die Vergütungsgefahr fällt regelmäßig mit der Leistungsgefahr zusammen. Hat der Auftraggeber den Untergang oder die Verschlechterung der Leistung zu vertreten, so hat er die Leistung zu bezahlen, aber keinen Anspruch auf Neuerstellung. Hat der Auftragnehmer dies zu vertreten, so bleibt er zur erneuten Erstellung verpflichtet, ohne daß er Anspruch auf erneute Bezahlung hätte. Hat keine der Vertragsparteien den Untergang oder die Verschlechterung zu vertreten, verbleibt es bei der letzten Regel, es sei denn, die Leistung wird unmöglich. Dann verlieren beide Parteien ihren Leistungsanspruch (§ 323 Abs. 1 BGB).

Diese grundsätzliche Regelung spiegelt sich in § 644 Abs. 1 Satz 1 BGB sowie in § 12 Nr. 6 VOB/B wider: die Vergütungsgefahr geht erst mit der Abnahme auf den Auftraggeber über. Da diese Regel zu teilweise unerwünschten Ergebnissen führt, sieht das BGB Modifikationen vor, die auch beim VOB/B-Vertrag gelten.

Kommt der Auftraggeber in Annahmeverzug gemäß §§ 293 ff BGB, d. h., nimmt er ein vertragsgemäß vom Auftragnehmer fertiggestelltes Werk trotz Aufforderung nicht ab, so geht nach § 644 Abs. 1 Satz 2 BGB ab diesem Zeitpunkt die Vergütungsgefahr auf ihn über. Der Grund für diese Regelung besteht darin, daß der Auftraggeber verpflichtet war, das Werk abzunehmen, und der Auftragnehmer dadurch, daß der Auftraggeber seine Verpflichtung nicht erfüllt hat, nicht benachteiligt werden darf.

Eine weitere Ausnahme enthält § 645 Abs. 1 Satz 1 BGB. Ist das Werk vor der Abnahme infolge eines Mangels des vom Auftraggeber gelieferten Materials oder infolge einer vom Auftraggeber für die Ausführung erteilten Anweisung untergegangen, verschlechtert oder unausführbar geworden, ohne daß ein Umstand mitgewirkt hat, den der Auftragnehmer zu vertreten hat, so kann der Auftragnehmer einen der geleisteten Arbeit entsprechenden Teil der Vergütung verlangen. Der BGH hat den Anwendungsbereich der Vorschrift erweitert, indem er festgestellt hat, daß die Vorschrift auch Anwendung findet, wenn der Auftraggeber dem Umstand, der zur Verschlechterung oder zum Untergang der Leistung geführt hat, näher steht als der Auftragnehmer, insbesondere wenn der Auftraggeber Schutzmaßnahmen gegen das sich dann realisierende Risiko übernommen hat, auf die der Auftragnehmer keinen Einfluß hat (NJW 97, 3018, 3019). Zu ersetzen sind die

Vergütung für die erbrachten Leistungen, nicht jedoch die auf die Baustelle verbrachten Materialien, die aufgrund des dem Auftraggeber zuzurechnenden Umstands zerstört wurden. Zu den zu ersetzenden Auslagen zählen nur die Kosten, die dem Auftragnehmer für die Vorbereitung der von ihm zu erbringenden Leistung entstanden sind und die Teil der vereinbarten Vertragspreise sind, wie z. B. Kosten für beschaffte Materialien, Transporte und für die Beschaffung und Nutzung von Geräten und Maschinen. Kosten, die aufgrund des die Leistung verhindernden Umstands entstanden sind, sind nach dieser Vorschrift nicht zu ersetzen (BGH BauR 97, 1021, 1023 f).

Eine weitere Ausnahme gilt nach § 12 Nr. 6 VOB/B für den VOB-Vertrag, aber auch nur für ihn. Wird die Bauleistung gemäß § 7 Nr. 1 VOB/B vor der Abnahme durch höhere Gewalt, Krieg, Aufruhr oder andere unabwendbare vom Auftragnehmer nicht zu vertretende Umstände beschädigt oder zerstört, so hat der Auftragnehmer für die ausgeführten Teile der Leistung einen entsprechenden Vergütungsanspruch. Im Sinne der Regelung unabwendbare Ereignisse liegen nur dann vor, wenn sie „nach menschlicher Einsicht und Erfahrung in dem Sinne unvorhersehbar sind, daß sie oder ihre Auswirkungen trotz Anwendung wirtschaftlich erträglicher Mittel durch die äußerste nach der Sachlage zu erwartende Sorgfalt nicht verhütet oder in ihren Wirkungen bis auf ein erträgliches Maß unschädlich gemacht werden können" (BGHZ 61, 144, 145). Es kommt insoweit daher nicht allein auf die Person des Auftragnehmers an. § 7 Nr. 1 VOB/B ist nur dann anwendbar, wenn das Ereignis auch für den Auftraggeber unabwendbar war (BGH NJW 97, 3018, 3019).

Liegt im Sinn der vorgenannten Regelungen die Vergütungsgefahr beim Auftraggeber, so hat der Auftragnehmer Anspruch auf die Vergütung für die erbrachte Leistung und die in ihr nicht enthaltenen, aber bereits entstandenen Auslagen (§ 645 Abs. 1 Satz 1 BGB, § 7 Nr. 1 i. V. m. § 6 Nr. 5 VOB/B). Was zur ausgeführten Leistung gehört, definiert § 7 Nr. 2 und 3 VOB/B, dessen Regelungen auch auf den BGB-Vertrag anwendbar sind.

3.4.4.3
Fälligkeit der Vergütung

Nach § 641 Abs. 1 Satz 1 BGB wird die Vergütung bei der Abnahme fällig. Dieser Grundsatz gilt auch für den VOB-Vertrag. Dennoch bestehen zwischen BGB und VOB/B nicht unerhebliche Unterschiede.

Nach dem BGB hat der Auftragnehmer vor Abnahme des Werkes keinen Anspruch auf Vergütung für die bereits von ihm erbrachten Leistungen. Er kann also keinerlei Abschlagszahlungen beanspruchen. Er ist in vollem Umfange vorleistungspflichtig, d. h., er muß das geschuldete Werk zunächst fertigstellen, bevor der Auftraggeber zur Zahlung der Vergütung verpflichtet ist. Auftraggeber und Auftragnehmer können hiervon im Vertrag jedoch abweichende Regelungen vorsehen (vgl. § 641 Abs. 1 Satz 2 BGB). Nach der Abnahme ist die Vergütung aber ohne weiteres fällig; der Erteilung einer Rechnung bedarf es nicht.

Die Abnahme ist allerdings nicht, wie man § 641 Abs. 1 Satz 1 BGB entnehmen könnte, unbedingte Voraussetzung für die Fälligkeit des Vergütungsanspruches. Es genügt, daß der Auftragnehmer ein abnahmereifes Werk errichtet hat,

d. h. ein Werk, das keine Mängel aufweist und deshalb vom Auftraggeber abgenommen werden muß. Ist dies der Fall, so kann der Auftragnehmer den Vergütungsanspruch geltend machen, ohne daß zuvor eine Abnahme durchgeführt sein muß (BGH NJW 96, 1280, 1281). Allerdings trifft dann den Auftragnehmer die Beweislast dafür, daß der Werk mangelfrei und vertragsgerecht erstellt worden ist, wenn der Auftraggeber dies bestreitet.

Beim VOB-Vertrag kann der Auftragnehmer nach § 16 Nr. 1 VOB/B in Höhe des Wertes der jeweils nachgewiesenen vertragsgemäßen Leistung Abschlagszahlungen verlangen. Der Grundsatz der Vorleistungspflicht des Auftragnehmers ist also modifiziert. Die Abnahme des Werkes behält aber für die Zahlung des noch offenen Restwerklohnes Bedeutung. Sie ist hierfür Fälligkeitsvoraussetzung, allerdings mit der Maßgabe, daß bereits die Errichtung eines abnahmereifen Werkes genügt. Zu beachten sind die weiteren Voraussetzungen gemäß § 16 Nr. 3 VOB/B: Schlußrechnung sowie der Ablauf der zweimonatigen Prüfungsfrist.

Verweigert der Auftraggeber die Abnahme der Leistung wegen bestehender Mängel, so hindert dies den Anspruch des Auftragnehmers nicht, wenn der Auftraggeber zur Verweigerung der Abnahme nicht berechtigt war. Der Auftraggeber ist dann zur Zahlung des Werklohns Zug um Zug gegen Beseitigung der Mängel zu verurteilen (BGHZ 55, 354, 357 f). Der Auftragnehmer ist dann zunächst zur Mangelbeseitigung verpflichtet.

3.4.4.4
Ansprüche auf Mängelbeseitigung gemäß §§ 633–635 BGB und § 13 Nr. 5–7 VOB/B

Wie bereits auf S. 48 festgestellt, hat der Auftragnehmer mit der Abnahme des Werkes seine Leistungspflicht, die Errichtung des versprochenen Werkes, erfüllt. Dies bedeutet aber nicht, daß er für Mängel des Werkes, die sich erst nach der Abnahme zeigen, nicht einzustehen hat. Solche Mängel begründen Gewährleistungsansprüche des Auftraggebers gegen den Auftragnehmer, die in §§ 633 bis 635 BGB und § 13 Nr. 5 bis 7 VOB/B geregelt sind. Allerdings ändert sich mit der Abnahme die Beweislast. Vor der Abnahme, im Fall einer berechtigten Abnahmeverweigerung und für die vorbehaltenen Mängel gemäß § 640 Abs. 2 BGB trägt der Auftragnehmer die Beweislast für die Mangelfreiheit seiner Leistung (BGH BauR 97, 129), ansonsten der Auftraggeber.

Mit der Abnahme beginnt zugleich die Verjährung für die Ansprüche gemäß §§ 633 bis 635 BGB und § 13 Nr. 5 bis 7 VOB/B zu laufen. Das ergibt sich für den BGB-Vertrag aus § 638 Abs. 1 Satz 2 und für den VOB-Vertrag aus § 13 Nr. 4 Satz 2.

Eine Besonderheit gilt bei der Abnahme von Gemeinschaftseigentum bei einer Wohnungseigentumsanlage. Nach der Rechtsprechung beginnt für jeden Erwerber die Verjährung der Gewährleistungsansprüche gesondert in dem Moment, in dem dieser die Abnahme erklärt (BGH BauR 85, 314). Dies kann zu unterschiedlich laufenden Gewährleistungsfristen führen, wenn die Erwerbsvorgänge zeitlich gestreckt erfolgen.

3.4.4.5
Verlust nicht vorbehaltener Ansprüche
wegen mangelhafter Bauleistung

Nach § 640 Abs. 2 BGB hat der Auftraggeber, wenn er ein mangelhaftes Werk abnimmt, obwohl er den Mangel kennt, die Ansprüche nach §§ 633, 634 BGB, also auf Nachbesserung, Wandelung oder Minderung nur, wenn er sich seine Rechte wegen des Mangels bei der Abnahme vorbehält. Kenntnis des Mangels setzt das positive Wissen des Auftraggebers oder seines bevollmächtigten Vertreters voraus, daß das Werk nicht vertragsgemäß oder mit einem Fehler errichtet worden ist und hierdurch der Wert oder die Tauglichkeit des Werkes aufgehoben oder gemindert ist. Kennen müssen und damit auch grob fahrlässige Unkenntnis dieser Tatsachen reicht für den Ausschluß der genannten Gewährleistungsansprüche nicht aus. Der Ausschluß erfaßt lediglich Ansprüche auf Nachbesserung, Wandelung oder Minderung gemäß §§ 633, 634 BGB, nicht jedoch Schadensersatzansprüche nach § 635 BGB.

Die Regelung des § 640 Abs. 2 BGB gilt auch für den VOB-Vertrag (BGHZ 77, 134, 136). Für den Fall, daß die Leistung fiktiv gemäß § 12 Nr. 5 Abs. 1, 2 VOB/B abgenommen wurde, bestimmt Abs. 3 dieser Vorschrift, daß der Vorbehalt innerhalb der in Abs. 1 und 2 genannten Fristen geltend gemacht werden muß. Fehlt der Vorbehalt, so sind Ansprüche auf Nachbesserung und Minderung gemäß § 13 Nr. 5 und 6 VOB/B ausgeschlossen.[13] Schadensersatzansprüche nach § 13 Nr. 7 VOB/B bleiben dagegen unberührt.

Ein Vorbehalt bei der Abnahme ist auch erforderlich, wenn der Auftraggeber eine im Vertrag vorgesehen Vertragsstrafe in Anspruch nehmen will (§§ 341 Abs. 3 BGB, 11 Nr. 4 VOB/B). Für den Fall der fiktiven Abnahme sind insoweit wiederum die in § 12 Nr. 5 Abs. 1, 2 VOB/B vorgesehenen Zeitpunkte maßgeblich (§ 12 Nr. 5 Abs. 3 VOB/B). Die Tatsache, daß der Auftraggeber von der mangelhaften Erfüllung durch den Auftragnehmer bei Abnahme keine Kenntnis hatte, steht dem Ausschluß des Anspruchs auf Vertragsstrafe nicht entgegen (BGHZ 97, 224, 227).

3.4.5
AGB

Eine isolierte Vereinbarung des § 12 VOB/B ist im Hinblick auf Nr. 5 problematisch, da diese Regelung gegen § 10 Nr. 5 AGBG verstößt. Die Privilegierung durch § 23 Abs. 2 Nr. 5 AGBG findet insoweit keine Anwendung, da diese nur gilt, wenn die VOB/B als Ganzes vereinbart wurden (BGHZ BauR 86, 89, 90).

Demgegenüber sieht der BGH die Festlegung auf eine förmliche Abnahme unter Ausschluß der Abnahme durch die Ingebrauchnahme als wirksam an. Dies stellt allerdings einen Eingriff in den Kernbereich der VOB/B dar, so daß diese nicht mehr als Ganzes vereinbart anzusehen sind (BGH NJW 96, 1346). Auch der formularmäßige Ausschluß der fiktiven Abnahme (§ 12 Nr. 5 VOB/B) stößt auf keine Bedenken (BGH NJW 97, 394).

---

[13] Die Wandelung ist im VOB-Vertrag nicht vorgesehen.

Nach dem gesetzlichen Leitbild hat die Abnahme im unmittelbaren zeitlichen Anschluß an die Fertigstellung der Leistung zu erfolgen. Es ist daher unangemessen und ein Verstoß gegen das AGBG, wenn der Zeitpunkt weit über das Ende der Fertigstellung der Bauleistung hinaus verschoben wird und insbesondere von Ereignissen abhängt, auf die der Auftragnehmer keinen Einfluß hat. So hat der BGH folgende Klausel als unwirksam angesehen (NJW 95, 526):

„Die vertragsgemäß fertiggestellte Leistung des NU gilt als abgenommen, wenn diese im Rahmen der Abnahme des Gesamtbauwerkes durch den AG des HU abgenommen ist."

Aus den gleichen Gründen ist auch eine Klausel unwirksam, wonach die Abnahmewirkung an den Eingang einer Mängelfreiheitsbescheinigung oder Bestätigung des Erwerbers oder einer anderen dritten Stelle geknüpft wird (BGH NJW 89, 1602, 1603).

Andererseits kann im Verhältnis Hauptunternehmer/Subunternehmer der Hauptunternehmer Interesse daran haben, den Abnahmezeitpunkt zu verschieben, etwa weil die Mangelfreiheit der erstellten Leistung erst nach der Fertigstellung der Leistung eines anderen Subunternehmers beurteilt werden kann oder wenn dies zu einem Gleichlauf der Gewährleistungsfrist des Hauptunternehmers mit der des Subunternehmers führt. Die Wirksamkeit einer solchen Klausel hängt jedoch von der Gestaltung im einzelnen ab. Gebilligt hat der BGH auch eine Abnahmeverschiebung um 4 bis 6 Wochen, da eine solche Frist noch zur Vorbereitung auf die Abnahme dienen könne. Beträgt der Zeitraum jedoch 2 Monate oder länger, so ist dies mit dem AGBG nicht mehr zu vereinbaren (BGH a. a. O.)

4 Die Vergütung des Auftragnehmers

4.1
Formen der Vergütung

Der Herstellungspflicht des Auftragnehmers entspricht in ihrer Bedeutung auf seiten des Auftraggebers die Vergütungspflicht; denn sie ist die Gegenleistung für die Herstellung des vereinbarten Werkes.

Das BGB behandelt die Vergütung in zwei Bestimmungen: nach § 631 Abs. 1, 2. Halbsatz BGB ist der Auftraggeber zur Entrichtung der vereinbarten Vergütung verpflichtet. Dieser Grundsatz gilt auch für den VOB-Vertrag. Wenn das Gesetz von der „vereinbarten Vergütung" spricht, so geht es damit für den Regelfall davon aus, daß zwischen den Parteien eine bestimmte Vergütung vertraglich festgelegt ist. Haben die Parteien zwar eine bestimmte Vergütung für die Erstellung des Werkes nicht festgelegt, aber für die einzelnen Positionen der Leistung Einheitspreise ermittelt, so ist nach § 2 Nr. 2 VOB/B die Vergütung nach den vertraglichen Einheitspreisen und den tatsächlich ausgeführten Leistungen zu berechnen, sofern keine andere Berechnungsart (z. B. durch Pauschalsumme, nach Stundenlohnsätzen oder Selbstkosten) vereinbart ist. Die VOB enthält also hier eine Auslegungsregel für die Ermittlung der Vergütung des Auftragnehmers, die auch für den BGB-Vertrag gilt.

Ist eine Vergütung ausnahmsweise nicht vereinbart, greift § 632 BGB ein. Nach Abs. 1 dieser Bestimmung gilt eine Vergütung als stillschweigend vereinbart, wenn die Herstellung des Werkes den Umständen nach nur gegen eine Vergütung zu erwarten ist. Davon ist beim Bauvertrag grundsätzlich auszugehen. Bauleistungen werden in der Regel vom Auftragnehmer im Rahmen seines gewerblichen Betriebes erbracht. Daß derartige Leistungen ohne Vergütung erfolgen sollen, kann weder beim BGB-Vertrag noch beim VOB-Vertrag angenommen werden.

Sagt § 632 Abs. 1 BGB etwas darüber aus, ob überhaupt eine Vergütung geschuldet ist, so enthält Abs. 2 eine Regelung über ihre Höhe. Danach ist die übliche Vergütung als vereinbart anzusehen, wenn eine Taxe, also eine hoheitliche Preisfestsetzung, die es im Bauvertragswesen nicht gibt, nicht besteht. Eine der Höhe nach feststehende übliche Vergütung für die Ausführung von Bauleistungen existiert allerdings vielfach nicht, sondern die Preise der einzelnen Bauunternehmer sind durchaus unterschiedlich. Es ist dann, falls sich die Parteien nicht einigen können, ggf. durch das Gericht diejenige Vergütung zu ermitteln, die für Bauleistungen gleicher Art und Güte und gleichen Umfangs am Ort der Leistung nach allgemeiner Auffassung der beteiligten Kreise gezahlt werden müssen. In § 2

Nr. 1 VOB/A wird von einer Vergabe zu angemessenen Preisen gesprochen. Hierunter wird der marktübliche Preis verstanden, der allerdings regelmäßig der üblichen Vergütung entspricht.[14]

Der Regelfall im Bauwesen ist der, daß die Parteien die Höhe der an den Auftragnehmer zu zahlenden Vergütung festlegen oder die Art und Weise regeln, wie die Vergütung zu ermitteln ist. Die Festlegung der Höhe der Vergütung ist Verhandlungssache zwischen den Parteien; gesetzliche Preisvorschriften, die die Höhe der Vergütung für bestimmte Leistungen festlegen, existieren nicht. Der Auftragnehmer wird seine Leistungen auf Grundlage seiner Kalkulation anbieten. Elemente der Kalkulation sind die Direkten Kosten, also die Material- und Personalkosten, die Baustellengemeinkosten, also die Kosten, die für Einrichtung und Unterhaltung der Baustelle anfallen, die Allgemeinen Geschäftskosten, die die Kosten umfassen, die für Leistungen entstehen, die nicht unmittelbar auf der Baustelle zum Einsatz kommen, z. B. Schreibkräfte und Büros, das Wagnis, ein Vorsorgebetrag, z. B. für Gewährleistungspflichten, sowie der Gewinn.

Anders als das gesetzliche Werkvertragsrecht, das nur den Begriff der vereinbarten Vergütung ohne nähere Differenzierung verwendet, kennt die VOB entsprechend den im Bauwesen gängigen Vergütungsvereinbarungen mehrere Vergütungsarten, die sich zum Teil erheblich unterscheiden. In § 2 Nr. 2 VOB/B sind die Vergütungsarten erwähnt. Es sind dies der Einheitspreisvertrag, der Pauschalvertrag, der Stundenlohnvertrag und der Selbstkostenerstattungsvertrag. In der Praxis wird außerdem nicht selten auch der Begriff des Festpreisvertrags benutzt. Hierbei handelt es sich aber nicht um einen zusätzlichen Vergütungs- bzw. Vertragstyp. Auch die VOB verwendet den Ausdruck „Festpreis" nicht. Mit Begriff „Festpreis" wird lediglich zum Ausdruck gebracht, daß der vereinbarte Einheitspreis, Pauschalpreis oder Stundenlohn unabänderlich sein soll. Dies entspricht dem Regelfall. Änderungen des Vertragspreises sind nur dann möglich, wenn sich die Parteien dies bei Vertragsabschluß vorbehalten haben, etwa in Form von Preisgleitklauseln. Es ist demgegenüber unzutreffend, den Festpreisvertrag mit dem Pauschalvertrag gleichzusetzen, wie es vielfach im Bauwesen geschieht. Das Wort „Festpreisvertrag" sollte überhaupt als eigenständiger Begriff nicht verwendet werden. Allerdings ist nicht zu verkennen, daß vor allem mit fortschreitender Verbreitung des schlüsselfertigen Bauens Gesamtwerkleistungen „zum Festpreis" zunehmend häufig angeboten werden. Was in diesen Fällen mit dem Begriff „Festpreis" gemeint ist, kann nur eine Prüfung der vertraglichen Vereinbarungen ergeben. Damit wird häufig ein Pauschalvertrag gemeint sein. Das läßt sich jedoch nur aus dem Gesamtinhalt des Vertrags und nicht schon allein aus der Verwendung des Begriffes „Festpreis" ableiten.

---

[14] Heiermann u. a. A § 2 Rdnrn. 12–15

4.1.1
Einheitspreis

Der Einheitspreisvertrag ist ein Leistungsvertrag. Das bedeutet, wie auch § 2 Nr. 2 VOB/B zum Ausdruck bringt, daß die Vergütung auf der Grundlage der erbrachten Leistung berechnet wird. Im Vertrag wird dazu der Einheitspreis vereinbart, d. h., der Preis je Einheit einer technisch und wirtschaftlich einheitlichen Teilleistung (§ 5 Nr. 1a VOB/A). Kalkulationsgrundlage für den Auftragnehmer ist daher die nach Maß, Gewicht oder Stückzahl vom Auftraggeber angegebene Menge der Teilleistung in der Leistungsbeschreibung.

Die Leistungsbeschreibung sieht im Normalfall folgendermaßen aus: in der ersten Spalte von links finden sich untereinander sog. Ordnungs- oder Positionszahlen in fortlaufenden Nummern. Sie kennzeichnen für die von ihnen eingeleitete waagerechte Reihe jeweils die betreffende Leistungsposition, die in einer weiteren Spalte nach den sog. Vordersätzen, d. h. nach den Angaben der Menge, also nach Maß, Gewicht oder Stückzahl der Teilleistung beschrieben wird. In der nächsten Spalte ist dann der sog. Einheitspreis bezogen auf die aufgeführte Maß- oder Gewichtseinheit oder Stückzahl, also z. B. pro m^2, m^3 oder Stück, angegeben. In der letzten Spalte findet sich schließlich der Positionspreis, der sich aus der Multiplikation des Einheitspreises mit der angenommenen auszuführenden Menge ergibt. Da das Leistungsverzeichnis in der Regel eine Vielzahl von Positionen enthält, ergibt sich aus der Addition der Positionspreise der Gesamtpreis oder der Angebotsendpreis.

Für die Feststellung der Höhe der Vergütung ist hervorzuheben, daß weder der Gesamtpreis noch der Positionspreis die vertraglich vereinbarte Vergütung darstellen. Vertragspreis ist vielmehr stets nur der Einheitspreis. Daraus folgt für die spätere Abrechnung in der Schlußrechnung, daß zu jeder Position des Leistungsverzeichnisses die Vergütung nach der tatsächlich ausgeführten, durch Aufmaß (§ 14 VOB/B) ermittelten Leistung und Multiplikation mit dem vereinbarten Einheitspreis zu berechnen ist. Nur diese Vergütung schuldet der Auftraggeber, nicht dagegen einen abweichenden im Leistungsverzeichnis angegebenen Positions- oder Angebotsendpreis.

4.1.2
Pauschalpreis

Der Pauschalpreisvertrag zählt ebenso wie der Einheitspreisvertrag zu den Leistungsverträgen. Auch hier ist die geschuldete Leistung Grundlage für die Bemessung der Vergütung. Der Unterschied zum Einheitspreisvertrag besteht darin, daß Vertragspreis nicht der Einheitspreis ist, sondern ausschließlich der in dem vom Auftraggeber angenommenen Angebot des Auftragnehmers enthaltene Angebotsendpreis, also die Summe, die unter dem Angebot steht. Der Auftragnehmer erhält für seine Leistungen eine bestimmte festgelegte Vergütung, die grundsätzlich unabänderlich ist. Dadurch wird beiden Vertragspartnern ein gewisses Risiko aufgebürdet. Es kann sich z. B. herausstellen, daß das vom Auftragnehmer übernommene Gesamtwerk mit geringeren oder größeren Massen herzustellen ist als ursprünglich angenommen. Im ersten Fall trägt der Auftraggeber das Risiko, daß die Vergütung für die tatsächlich auszuführende Leistung nicht angemessen ist, im zweiten Fall der Auftragnehmer. Eine Änderung der Vergütung kann grundsätzlich weder der Auftragnehmer noch der Auftraggeber verlangen (vgl. OLG Düsseldorf NJW-RR 97, 1378).

Ungeachtet der vorgenannten Beschreibung des Pauschalvertrags besteht ein einheitliches Bild eines solchen Vertrags nicht. Zu unterscheiden sind vielmehr auf der einen Seite Vereinbarungen, denen ein detailliertes Leistungsverzeichnis zugrunde liegt, ebenso wie beim Einheitspreisvertrag, bei dem der Pauschalpreis dann abschließend auf Grundlage des vorliegenden Leistungsverzeichnisses vereinbart wird. Ein solcher Pauschalvertrag wird allgemein als Detail-Pauschalvertrag[15] bezeichnet. Demgegenüber steht die pauschale Vereinbarung eines Leistungsinhaltes, der ebenfalls zu einem Pauschalpreis vergeben wird. Diese Art der Vereinbarung wird Global-Pauschalvertrag[16] genannt. Während es bei den Verträgen der zweiten Kategorie eindeutig ist, daß es sich um einen Pauschalvertrag handelt, ist dies bei der ersten Kategorie nicht unbedingt eindeutig. Die vorgenommene Pauschalierung, etwa in Form einer Abrundung, kann ebensogut die Vereinbarung eines prozentualen Nachlasses auf die Einheitspreise bedeuten. Hier muß aus den Umständen abgeleitet werden, welcher Art die Vereinbarung zwischen den Parteien sein soll.

Der Pauschalvertrag ist in der VOB nur in Ansätzen, im BGB überhaupt nicht geregelt. In § 5 Nr. 1 b VOB/A ist ausgeführt, daß ein Pauschalvertrag nur dann abgeschlossen werden soll, „wenn die Leistung nach Ausführungsart und Umfang genau bestimmt ist und mit einer Änderung bei der Ausführung nicht zu rechnen ist". Diese, im übrigen wie die anderen VOB/A-Vorschriften, nicht bindende Regelung hat allein den Detail-Pauschalvertrag im Auge. Hinsichtlich der Vergütung des Pauschalvertrags ergibt sich aus § 2 Nr. 7 VOB/B die grundsätzliche Unabänderlichkeit der Pauschalsumme. Diese Regelungen sind im Hinblick auf die häufig sehr komplexen Probleme des Pauschalvertrags nicht ausreichend.

Probleme ergeben sich insbesondere bei dem, aus welchem Grunde auch immer, vorzeitig beendeten Pauschalvertrag sowie bei Leistungsänderungen. Letzteres ist insbesondere problematisch beim Global-Pauschalvertrag, da sich aus der globalen Leistungsbeschreibung nur mit Schwierigkeit das ursprünglich vereinbarte Leistungssoll ableiten läßt. Beim vorzeitigen Vertragsende ist demgegenüber die Abrechnung problematisch. Die ursprünglich zur Abrechnungserleichterung vorgesehene Pauschalsumme ist dann nicht mehr anwendbar. Der Auftragnehmer steht dann vor der Schwierigkeit, die von ihm erbrachten und nicht erbrachten Leistungen im Rahmen des Pauschalvertrags zu bewerten (s. dazu S. 81).

Neben der umfassenden Pauschalierung ist es zudem möglich und auch nicht unüblich, Teilpauschalen zu bilden, indem z. B. die „Wasserhaltung" ohne nähere Beschreibung des Leistungsinhaltes für einen bestimmten Preis vergeben wird. Dies ist ebenso zulässig wie die Möglichkeit, innerhalb eines Pauschalvertrags bestimmte Leistungen nach Massen abzurechnen.

---

[15] Kapellmann/Schiffers Bd. 2, Rdnrn. 2 ff
[16] Kapellmann/Schiffers a. a. O., Rdnrn. 11 ff

4.1.3
Stundenlohn

Eine Vergütung nach Stundenlohn sieht § 5 Nr. 2 VOB/A für Bauleistungen geringeren Umfanges vor, die überwiegend Lohnkosten verursachen. Der Stundenlohnvertrag gehört nicht zu der Kategorie der Leistungsverträge; denn bei ihm ist nicht – jedenfalls nicht entscheidend – wie beim Leistungsvertrag der Wert der erbrachten Leistung Bemessungsgrundlage für die Vergütung. Diese wird vielmehr nach dem vom Auftragnehmer erbrachten Aufwand, nämlich den erbrachten Stunden, berechnet.

Der Stundenlohnvertrag ist eine Ausnahmeerscheinung im Bauwesen, weil es angemessener ist, die Vergütung für eine Bauleistung nach deren Wert zu bemessen. In der Praxis haben Stundenlohnverträge vor allem Bedeutung im Rahmen eines Gesamtauftrags, wobei dessen Hauptbestandteile nach Einheits- oder Pauschalpreis abgerechnet werden, während Nebenarbeiten mit überwiegenden Lohnkosten, wie das Stemmen von Schlitzen in Neubauten, nach Lohnstunden vergütet werden. Außerdem werden z. T. vertraglich übernommene kleinere Zusatzarbeiten, wie Reparaturleistungen, häufig zur Abrechnung im Stundenlohn vergeben.

Aus der Natur des Stundenlohnvertrags, die Vergütung nach dem vom Auftragnehmer erbrachten Lohnaufwand, unabhängig vom wirklichen Leistungswert für den Auftraggeber zu errechnen, ergibt sich für diesen ein nicht zu unterschätzendes Risiko: die von ihm zu entrichtende Vergütung steht nicht fest und sie läßt sich weitgehend auch von vornherein der Höhe nach nicht hinreichend genau bestimmen, sondern hängt erheblich vom Fleiß und der Arbeitslust sowie vom Können und der Geschicklichkeit der vom Auftragnehmer eingesetzten Kräfte ab. Um die Nachteile für den Auftraggeber einzuschränken, sind in § 15 VOB/B gewisse Kontrollmöglichkeiten des Auftraggebers für die Abrechnung vorgesehen, die im Zusammenhang mit der Erstellung der Schlußrechnung noch näher behandelt werden.

4.1.4.
Selbstkosten

Noch größere Risiken als beim Stundenlohnvertrag sind für den Auftraggeber mit dem Abschluß eines Selbstkostenerstattungsvertrags verbunden. Bei diesem Vertrag verpflichtet sich der Auftraggeber, dem Auftragnehmer die bei der Durchführung der Bauleistung entstandenen Selbstkosten zu erstatten. Sie umfassen Löhne, Stoffe, Gerätevorhaltung und andere Kosten einschließlich der Gemeinkosten sowie den Gewinn. Es liegt auf der Hand, daß, weil jeder Auftragnehmer unterschiedlich rentabel in Abhängigkeit von der Gestaltung des Betriebes und seiner Wirtschaftlichkeit arbeitet, hier die schließlich vom Auftraggeber zu entrichtende Vergütung vorab nicht mehr zu überschauen ist. Daher sind Selbstkostenerstattungsverträge der absolute Ausnahmefall. Die VOB/A läßt sie in § 5 Nr. 3 für Bauleistungen größeren Umfangs zu, wenn sie vor der Vergabe nicht eindeutig und so erschöpfend bestimmt werden können, daß eine einwandfreie Preisermittlung möglich ist. Um das Risiko für den Auftraggeber wenigstens etwas einzuschränken, bestimmt § 5 Nr. 3 Abs. 2 VOB/A, daß bei der Vergabe festzulegen ist, wie Löhne, Stoffe, Gerätevorhaltung und andere Kosten einschließlich der Gemeinkosten zu vergüten sind und der Gewinn zu bemessen ist. Diese Regelung sollte auch dann, wenn die Vergabe nicht nach VOB/A erfolgt, von jedem Auftraggeber beachtet werden, weil er anderenfalls bei der Bemessung der Vergütung durch den Auftragnehmer Manipulationen ausgesetzt ist.

4.2
Geltung der unterschiedlichen Vergütungsformen

Häufig kommt es, wenn klare vertragliche Vereinbarungen über die Höhe der Vergütung oder die Art ihrer Berechnung fehlen, zwischen den Parteien darüber zu einem Streit. Für die Feststellung der Vergütung des Auftraggebers gelten dann folgende Grundsätze der Beweislast: Behauptet der Auftragnehmer die Vereinbarung einer bestimmten Vergütung, also eines Pauschalpreises für die Leistung, so hat er die Vereinbarung, wenn sie der Auftraggeber bestreitet, zu beweisen (BGH BauR 83, 366, 367). Den Beweis kann er durch Vorlage des schriftlichen Vertrags oder durch Zeugen führen. Die gleiche Beweislastregelung gilt, wenn der Auftragnehmer den Abschluß eines Einheitspreisvertrags, eines Selbstkostenerstattungsvertrags oder eines Stundenlohnvertrags behauptet und der Auftraggeber dies bestreitet.

Kann der Auftragnehmer den ihm obliegenden Beweis nicht erbringen, hat er nur Anspruch auf die vom Auftraggeber zugestandene Vergütung (BGHZ 80, 257). Steht allerdings fest, daß die Parteien Einheitspreise für die einzelnen Leistungsteile vereinbart haben, greift die Auslegungsregel des § 2 Nr. 2 VOB/B ein, nach der in einem solchen Fall von einem Einheitspreisvertrag auszugehen ist, wenn keine andere Berechnungsart bewiesen wird. Die Regelung des § 2 Nr. 2 VOB/B gilt als allgemeiner Grundsatz auch für den BGB-Vertrag.

Verlangt der Auftragnehmer nach § 632 Abs. 2 BGB die übliche Vergütung, weil er meint, es sei weder eine bestimmte, der Höhe nach feststehende Vergütung oder eine bestimmte Berechnungsart für die Vergütung vereinbart, so muß er, wenn der Auftraggeber die Vereinbarung einer bestimmten Vergütung oder einer bestimmten Berechnungsart behauptet, beweisen, daß die Behauptungen des Auftraggebers nicht zutreffen (BGH BauR 83, 366). An diesen Negativbeweis dürfen aber keine unerfüllbaren Anforderungen gestellt werden. Der Auftraggeber hat die Vereinbarung nach Art, Zeit, Höhe oder Berechnungsart im einzelnen darzulegen, der Auftragnehmer muß dann lediglich die Unrichtigkeit dieser Darlegung nachweisen (BGH BauR 75, 281).

Die Vereinbarung eines bestimmten Vertragspreises (Einheitspreis, Pauschalpreis, Stundenlohn) schließt grundsätzlich die Mehrwertsteuer mit ein. Sie kann deshalb dem Vertragspreis nicht hinzugerechnet werden, es sei denn, die Bauvertragspartner haben eine abweichende Regelung getroffen (BGHZ 103, 284, 287). Das gilt auch dann, wenn beide Vertragspartner zum Vorsteuerabzug berechtigt sind. Ein Handelsbrauch, daß in einem solchen Fall die Preise Netto-Preise sind, hat sich nicht herausgebildet.

4.3
Änderung der vereinbarten Vergütung

4.3.1
Nach dem Vertrag geschuldeter Leistungsumfang

4.3.1.1
Grundsatz

Bevor die Frage, inwieweit Änderungen der vereinbarten Leistung oder Mehr-
bzw. Minderleistungen des Auftragnehmers zu einer Änderung der vereinbarten
Vergütung führen, erörtert wird, muß klargestellt werden, welche Leistungen von
der vertraglich bestimmten Vergütung erfaßt und durch sie abgegolten sind. Dies
besagt § 2 Nr. 1 VOB/B ausdrücklich, stellt jedoch nur einen allgemeinen Grundgedanken dar, der auch für den BGB-Vertrag gilt. Danach werden durch die vereinbarten Preise alle Leistungen abgegolten, die nach der Leistungsbeschreibung,
den Besonderen Vertragsbedingungen, den Zusätzlichen Vertragsbedingungen,
den Zusätzlichen Technischen Vertragsbedingungen, den Allgemeinen Technischen Vertragsbedingungen für Bauleistungen und der gewerblichen Verkehrssitte
zur vertraglichen Leistung gehören.

In erster Linie ist also die Leistungsbeschreibung maßgeblich. Daher sollte sie
die geschuldeten Leistungen eindeutig beschreiben. Um Unklarheiten zu vermeiden, sollten insoweit die Vorgaben berücksichtigt werden, die die VOB/A für die
Aufstellung der Leistungsbeschreibung macht. Die Leistung soll dementsprechend
so eindeutig und erschöpfend beschrieben werden, daß der potentielle Auftragnehmer die gewünschte Leistung eindeutig versteht und dementsprechend seine
Preise problemlos kalkulieren kann (§ 9 Nr. 1 VOB/A). Weiterhin sollte ihm kein
ungewöhnliches Wagnis aufgebürdet werden für Umstände und Ereignisse, auf die
er keinen Einfluß hat (§ 9 Nr. 2 VOB/A). Der Auftragnehmer darf grundsätzlich
darauf vertrauen, daß die vorgenannten Grundsätze der VOB/A eingehalten werden (BGH NJW 94, 850). Dies besagt allerdings nicht, daß die geforderten Leistungen bis in die Details beschrieben sein müssen. Es genügt, wenn sie aufgrund
des Vertrags bestimmbar sind (BGH NJW 97, 61). Dies gilt auch für den BGB-
Vertrag, da es sich insoweit um allgemeine Grundsätze für die Aufstellung von
Leistungsbeschreibungen handelt (BGH VersR 66, 488).

Ist die Leistungsbeschreibung nicht zweifelsfrei, so ist ihr Inhalt möglichst im
Wege der Auslegung zu ermitteln. Dabei sind sämtliche vertraglichen Umstände
zur Interpretation heranzuziehen. Maßgeblich für die Auslegung der Beschreibung
ist allerdings der objektivierte Horizont des Erklärungsempfängers. Dies heißt, daß
maßgeblich ist, was der Auftragnehmer unter der ihm vorgegebenen Leistungsbeschreibung verstehen konnte (BGH BauR 95, 538, 539).

Der Auftragnehmer ist bereits im Vorfeld des Vertragsschlusses, insbesondere
bei den formalisierten Vergabeverfahren der VOB/A, verpflichtet, die Leistungsbeschreibung zu überprüfen und den Auftraggeber auf eventuelle Lücken und
Widersprüche in der Beschreibung hinzuweisen. Der Umfang der Prüfungspflicht

hängt immer vom Einzelfall ab. Der BGH (NJW-RR 87, 1306, 1307) verlangt jedoch, daß eine Person „mit den für die Errichtung eines Gebäudes der vorliegenden Art erforderlichen besonderen Fachkenntnissen" das Angebot prüfen muß; die Prüfung durch den Kalkulator allein reicht nicht aus. Erkennt der Auftragnehmer Fehler und gibt er dennoch dem Auftraggeber keinen Hinweis, so hat er keinen Anspruch auf Vergütungsnachforderungen für Mehrleistungen, die auf dem Fehler in der Leistungsbeschreibung beruhen (BGH BauR 88, 338, 340). Erfolgt ein Hinweis wegen fahrlässig falscher Überprüfung nicht, so verbleibt dem Auftragnehmer zwar grundsätzlich das Recht auf Nachforderungen. Der Auftraggeber hat jedoch einen Schadensersatzanspruch gegen den Auftragnehmer wegen eventueller Mehrkosten, die darauf beruhen, daß der Hinweis nicht erfolgt ist.

Das Leistungsverzeichnis ist regelmäßig nicht die einzige Grundlage für die Beschreibung der vom Auftragnehmer geschuldeten Leistung. Vielmehr finden sich nicht selten in Besonderen oder Zusätzlichen Vertragsbedingungen hierüber ins einzelne gehende Regelungen. Auf ihre Bedeutung für den Umfang der vertraglichen Leistung weist § 2 Nr. 1 VOB/B hin. Das gleiche gilt für die Allgemeinen Technischen Vorschriften des Teils C der VOB und für von den Vertragspartnern vereinbarte, sonstige Zusätzliche Technische Vorschriften. Gerade die Allgemeinen Technischen Vorschriften des Teils C enthalten wichtige Bestimmungen über den Leistungsumfang, der durch die vereinbarte Vergütung abgegolten wird. Jeweils in Abschnitt 4 sind hier die sog. „Nebenleistungen" aufgeführt. Dabei handelt es sich um Leistungen, die auch ohne Erwähnung in der Leistungsbeschreibung oder in sonstigen Vertragsunterlagen zu den vertraglichen Leistungen gehören und nicht gesondert zu vergüten sind. Sie sind von den „Besonderen Leistungen" im Sinne des genannten Abschnitts 4 und den Nebenarbeiten zu unterscheiden, die im Leistungsverzeichnis anzugeben sind, wenn sie ausgeführt werden sollen, und gesondert vergütet werden.

Abschließend verweist § 2 Nr. 1 VOB/B auf Leistungen, die aufgrund der „gewerblichen Verkehrssitte" geschuldet sind. Damit sind Leistungen gemeint, die nach Auffassung der beteiligten Kreise am Ort der Bauleistung im Rahmen bestimmter Leistungen auszuführen sind, selbst wenn sie nicht ausdrücklich im Vertrag vorgesehen sind.

Die in § 2 Nr. 1 VOB/B vorgesehene Regelung gilt für alle Preisarten, also nicht nur für den Einheitspreisvertrag und den Pauschalvertrag, sondern auch für Stundenlohn- und Selbstkostenerstattungsverträge. Deshalb sind zu dem vereinbarten Stundenlohn oder der Berechnungsbasis beim Selbstkostenerstattungsvertrag alle von § 2 Nr. 1 VOB/B erfaßten Leistungen auszuführen und der Auftragnehmer kann nicht etwa besondere, vertraglich nicht versprochene Zuschläge verlangen.

4.3.1.2
AGB

Durch AGB kann nicht wirksam vereinbart werden, daß der Auftragnehmer zu einem unbestimmten Leistungsumfang verpflichtet wird, insbesondere ohne hierfür eine Gegenleistung zu erhalten. So ist folgende Klausel unangemessen (BGH BauR 97, 1036, 1037 f):

„Auf Wünsche des AG oder der zuständigen Behörde zurückzuführende Ände-rungen der statischen Berechnungen sind vom AN ohne Anspruch auf eine zusätz-liche Vergütung zu fertigen ... "

Unwirksam sind weiterhin Klauseln, die den Auftragnehmer zu kostenlosen Leistungen verpflichten sollen, die nicht in der Leistungsbeschreibung erwähnt sind, aber tatsächlich – oder vom Auftraggeber nur behauptet – zur vollständigen und mangelfreien Erstellung der Bauleistung notwendig sind. Dies verstößt gegen den Grundsatz, daß die Leistung zumindest bestimmbar sein muß (vgl. BGH NJW 97, 61).

Dies gilt auch für den Leistungsumfang von Nebenleistungen. Unzulässig sind auch in diesem Zusammenhang Regelungen, die zu einem unbestimmbaren Lei-stungsinhalt führen, wie z. B. (OLG München, NJW-RR 87, 661):

„Gestellung, Vorhaltung – auch länger als 3 Wochen über die eigene Benüt-zungsdauer hinaus – sowie gegebenenfalls erforderliche Umbauten aller erforder-lichen Gerüste, auch für andere Gewerke ... "

Andererseits ist es dem Auftragnehmer verwehrt, Kosten ohne Begrenzung ein-seitig anzuheben und Kostensteigerungen damit auf den Auftraggeber abzuwälzen. So hat der BGH (NJW 85, 855, 856) folgende Klausel als im Sinne des § 9 AGBG unangemessen angesehen:

„Die Preise sind freibleibend. Bei einer Steigerung von Material- und Rohstoff-preisen, Löhnen und Gehältern, Herstellungs- und Transportkosten ist der Lieferer berechtigt, die vom Tage der Lieferung gültigen Preise zu berechnen. "

In Pauschalverträgen sind Klauseln des Auftragnehmers unwirksam, die den Pauschalpreis entwerten, wie etwa die vom BGH (BauR 84, 61) beurteilte:

„Zusätzlich zum Pauschalpreis werden die nachstehenden ‚Aufschließungs-kosten’ nach Aufwand abgerechnet. "

4.3.2
Änderung des Leistungsumfangs

Erbringt der Auftragnehmer Leistungen, die gemäß den Grundsätzen des § 2 Nr. 1 VOB/B nicht durch die vereinbarte Vergütung abgegolten sind, kann dies auf verschiedenen Gründen beruhen. So können z. B. infolge der Änderung des Bau-entwurfs, zu der der Auftraggeber, wie dargelegt, berechtigt ist, eine mengen- und stückzahlmäßige Erweiterung der vertraglich vereinbarten Leistung, eine Ände-rung des Leistungsgegenstands oder im Vertrag nicht vorgesehene Zusatzleistun-gen erforderlich werden. Dies kann auch ohne Änderung des Bauentwurfes der Fall sein. Möglich ist auch, daß sich der Umfang der Leistung des Auftragneh-mers aus bestimmten Gründen vermindert. Welchen Einfluß dies auf die verein-barte Vergütung hat, ist in der VOB in § 2 Nr. 3 bis 9 geregelt, während das BGB für diese Fälle keine Bestimmungen enthält, so daß es zu erheblich abweichenden Rechtsfolgen kommt.

4.3.3
Mengenmehrung

4.3.3.1
VOB/B

Im Leistungsverzeichnis wird in der Regel bei den einzelnen Positionen die auszuführende Menge nach Maß, Stückzahl oder Gewicht angegeben. Stellt sich heraus, daß der Auftraggeber für die Herstellung des Werkes größere Mengen als vorgesehen ausführen muß, so regelt § 2 Nr. 3 Abs. 1 und 2 VOB/B, wie sich dies auf den Einheitspreisvertrag auswirkt. Diese Vorschrift gilt nur für den Fall, daß der Auftraggeber nicht in den Bauentwurf eingreift; in den letztgenannten Fällen sind § 2 Nr. 5 und 6 VOB/B maßgeblich.

Nach § 2 Nr. 3 Abs. 1 und 2 VOB/B bleibt der vertraglich festgelegte Einheitspreis bestehen, wenn die ausgeführte Menge der unter dem Einheitspreis erfaßten Leistung oder Teilleistung um nicht mehr als 10 % von dem im Vertrag vorgesehenen Umfang abweicht. Für die über 10 % hinausgehende Überschreitung des Mengenansatzes „ist auf Verlangen ein neuer Preis unter Berücksichtigung der Mehr- oder Minderkosten zu vereinbaren". Diese Regelungen beruhen auf folgender Überlegung: die vertraglich vereinbarten Einheitspreise gehen nach der Kalkulation des Auftragnehmers von einem bestimmten, durch das Leistungsverzeichnis vorgegebenen Rahmen des Leistungsumfangs bei den einzelnen Positionen aus und berücksichtigen dabei durch entsprechende Umlegung die Baustellengemeinkosten sowie die sonstigen Allgemeinen Geschäftskosten des Auftragnehmers. Sie werden unter Zugrundelegung der vorgesehenen zu leistenden Gesamtmenge bei den einzelnen Positionen in den jeweiligen Einheitspreis eingerechnet. Wird die Ausführung größerer Mengen als im Leistungsverzeichnis angegeben erforderlich, so stimmt die Kalkulation des Auftragnehmers nicht mehr. Die auf die Einheitspreise zu verteilenden Kosten sind bei größeren Mengen regelmäßig geringer als bei kleineren Mengen. Die Regelung des § 2 Nr. 3 Abs. 1 und 2 VOB/B soll eine Anpassung des Preises, für den sich die Kalkulationsgrundlagen geändert haben, ermöglichen. Die Toleranzgrenze, die die VOB/B hier zieht, liegt bei 10 %. Eine Überschreitung der ausgeführten Menge bis 10 % gegenüber der im Leistungsverzeichnis vorgesehenen läßt den vereinbarten Einheitspreis unberührt. Für die über 10 % hinausgehende Überschreitung des Mengenansatzes ist dagegen auf Verlangen ein neuer Preis unter Berücksichtigung der Mehr- und Minderkosten zu vereinbaren. Es ist sowohl ein höherer als auch ein niedrigerer Einheitspreis denkbar.

Für die Ermittlung der 10 % kommt es nicht auf die Mengenansätze der Gesamtleistung, sondern auf die Mengenansätze der einzelnen von dem Einheitspreis erfaßten Positionen im Leistungsverzeichnis an. Überschreitet die ausgeführte Menge einer einzelnen Position 10 %, so ist auf Verlangen für diese Position ein neuer Einheitspreis festzusetzen, auch wenn sich die Menge der Gesamtleistung um weniger als 10 % ändern. Eine Überschreitung des Mengenansatzes von mehr als 10 % macht aber den ursprünglich vereinbarten Einheitspreis für diese Position nicht gegenstandslos. Nach dem klaren Wortlaut des § 2 Nr. 3 Abs. 2 VOB/B ist ein neuer (Einheits-)Preis nur für die „über 10 % hinausgehende Überschreitung des Mengenansatzes", also nur für denjenigen Teil der Gesamtmenge der jeweiligen Position zu vereinbaren, der die ursprünglich vorgesehene Menge zuzüglich 10 % überschreitet. Für die Mengen bis zu 110 % des ursprünglichen Ansatzes verbleibt es mithin beim vertraglich vereinbarten Einheitspreis.

Für den neu zu vereinbarenden Einheitspreis bezüglich der über 110 % hinausgehenden Menge sind die Preisermittlungsgrundlagen des bisherigen Einheitspreises heranzuziehen. Das folgt bereits aus § 2 Nr. 3 Abs. 2 VOB/B, der die Festsetzung des neuen Preises „unter Berücksichtigung der Mehr- und Minderkosten" vorsieht, wodurch begrifflich ein Bezug zum ursprünglich vereinbarten Einheitspreis hergestellt wird. Für den Regelfall bedeutet dies, daß die auf den Einheitspreis entfallenden Anteile der Allgemeinen Geschäftsunkosten, des Wagnisses und des Gewinns unverändert bleiben, während die Baustellengemeinkosten außer Ansatz bleiben, da diese bereits durch die ursprünglich vorgesehene Menge abgedeckt sind. Ob die Direkten Kosten unverändert bleiben, oder Preissteigerungen bzw. -senkungen zu berücksichtigen sind, ist streitig und von der Rechtsprechung nicht abschließend entschieden. Mehrheitlich wird die Auffassung vertreten, daß diese Kosten unverändert bleiben, da der Auftragnehmer das Risiko von Preissteigerungen trage.[17] In dieser Allgemeinheit ist dem nicht zuzustimmen. Waren die Vordersätze vom Auftraggeber vorgegeben, wie dies regelmäßig der Fall ist, und ihre Fehlerhaftigkeit für den Auftragnehmer nicht erkennbar, so darf dem Auftragnehmer hieraus kein Nachteil erwachsen. Ausgehend von der Kalkulation, die zu diesem Einheitspreis geführt hat, sind die Mehr- oder Minderkosten so zu erfassen, als wären zur Zeit der Angebotsabgabe die tatsächlich auszuführenden Massen bekannt gewesen und der Preis auf dieser Grundlage gebildet worden. Zu berücksichtigen sind zudem im Vertrag vorgesehene Nachlässe und Skonti. Der Bezug auf den ursprünglich vereinbarten Einheitspreis führt dazu, daß der Auftragnehmer eine Fehlkalkulation nicht auf dem Umweg über Mehrmengen korrigieren kann. Die Gewinnspanne bleibt nach den Regeln der VOB/B unverändert.

Eine Änderung des Einheitspreises findet aber nicht automatisch statt. Hierfür ist vielmehr ein Verlangen des Auftragnehmers oder Auftraggebers Voraussetzung, das spätestens bei der Abrechnung gestellt werden muß. Sonst gilt auch für die über 110 % hinausgehende Menge der vertraglich vereinbarte Einheitspreis.

Für den Pauschalpreisvertrag enthält § 2 Nr. 7 VOB/B eine Regelung über die Änderung der Vergütung. Nr. 7 Abs. 1 Satz 2 hebt zunächst den Grundsatz hervor, daß die Vergütung unverändert bleibt, wenn eine Pauschalsumme vereinbart worden ist. Das entspricht dem Wesen des Pauschalpreisvertrags, bei dem ein bestimmter Leistungserfolg gegen eine pauschale Vergütung versprochen wird. Durch die Pauschalierung soll gerade ausgeschlossen werden, daß größere oder geringere Einzelleistungen auf die Höhe der Vergütung einen Einfluß haben. Im Hinblick auf die unterschiedlichen Vergütungsfolgen ist daher ggf. eine Klärung notwendig, ob ein Einheits- oder ein Pauschalpreisvertrag vorliegt.

---

[17] so Heiermann u. a. B § 2 Rdnr. 87, Ingenstau/Korbion B § 2, 3 Rdnr. 217

Eine Ausnahme von der Unveränderlichkeit des Preises beim Pauschalvertrag macht allerdings § 2 Nr. 7 Abs. 1 Satz 2 für den Fall, daß die ausgeführte Leistung von der vertraglich vorgesehenen so erheblich abweicht, daß ein Festhalten an der Pauschalsumme nicht zumutbar ist. Dies ist ein für alle vertraglichen Schuldverhältnisse geltender, auf § 242 BGB beruhender Grundsatz, der besagt, daß ein Vertrag an die tatsächlich eingetretenen Verhältnisse anzupassen ist, wenn die Geschäftsgrundlage weggefallen ist. Unter Geschäftsgrundlage versteht man die bei Abschluß des Vertrags zu Tage getretenen, dem anderen Teil erkennbar gewordenen und von ihm nicht beanstandeten Vorstellungen einer Partei oder die gemeinsamen Vorstellungen der Vertragspartner von dem Vorhandensein oder künftigen Eintritt bestimmter Umstände, sofern der Geschäftswille der Parteien darauf aufbaut (BGH NJW 93, 1856, 1859).

Geschäftsgrundlage können also auch die Vorstellungen der Vertragspartner über den Umfang der Leistungen des Auftragnehmers beim Pauschalvertrag sein. Stellt sich im Laufe der Durchführung des Vertrags heraus, daß die Vorstellungen der Parteien insoweit unzutreffend waren, weil der Auftragnehmer tatsächlich umfangreichere Leistungen als vorgesehen zu erbringen hat, so kann dadurch die Geschäftsgrundlage entfallen. Das führt aber nur dann zu einer Anpassung der vereinbarten Vergütung, wenn das Festhalten des Auftragnehmers an dem ursprünglich vereinbarten Preis einen Verstoß gegen Treu und Glauben darstellen würde. Das setzt wiederum voraus, daß die Anpassung notwendig ist, um untragbare, mit Recht und Gerechtigkeit unvereinbare Ergebnisse zu vermeiden, wenn also dem Auftragnehmer die Erfüllung des Vertrags zu den ursprünglichen Bedingungen nicht mehr zugemutet werden kann. Wann dies anzunehmen ist, ist eine Frage des Einzelfalles. Zu berücksichtigen ist vor allem, ob der Auftragnehmer vertraglich nicht das Risiko für die Mengenmehrung übernommen hat. Dies gilt insbesondere bei der pauschalen Übernahme von Leistungen: hat der Auftragnehmer pauschal z. B. die „Wasserhaltung" übernommen, so kann er sich nicht darauf berufen, daß er sich hinsichtlich des vorzunehmenden Aufwandes falsche Vorstellungen gemacht hat. Hat er die Angaben in der Leistungsbeschreibung ungeprüft seiner Kalkulation zu Grunde gelegt und hätte er bei einer Prüfung Mängel in der Mengenermittlung erkennen können, so ist ihm ebenfalls regelmäßig ein Rückgriff auf den Grundsatz von Treu und Glauben verwehrt.

Eine Preisanpassung gemäß § 2 Nr. 7 Abs.1 Nr. 2 VOB/B kommt bei einer Überschreitung der Mengenansätze allerdings auch nur dann in Betracht, wenn die Überschreitung gegenüber dem vorgesehenen Leistungsumfang erheblich ist. Keinesfalls trifft dies schon bei einer Abweichung der Leistung von der vereinbarten um 10 % zu. Andererseits lassen sich feste Regeln nicht aufstellen, weil es hier im Gegensatz zum Einheitspreisvertrag nicht auf die einzelne Position, sondern auf den Umfang der gesamten Leistung ankommt.[18] Von der Rechtsprechung wird insoweit eine Abweichung vom Umfang der Gesamtleistung in Höhe von mindestens 20 % genannt (z. B. OLG Stuttgart BauR 92, 639). Der BGH hat einer

---

[18] Ingenstau/Korbion B § 2 Rdnr. 331

starren Grenze jedoch eine Absage erteilt und auf die Umstände des Einzelfalls verwiesen (BGH BauR 96, 250).

Ist der Ausnahmefall einer Anpassung der Vergütung gegeben, so ist hier wiederum nur auf Verlangen eines Vertragspartners ein Ausgleich unter Berücksichtigung der Mehr- oder Minderkosten zu gewähren, wobei für die Bemessung des Ausgleichs von den Grundlagen der Preisermittlung, d. h. der Preisermittlung für die vertraglich vorgesehene Gesamtleistung, auszugehen und dann der Preis für die tatsächlich zur Ausführung gelangte Gesamtleistung zu bilden ist.

Daneben können dem Auftragnehmer unter Umständen auch Ansprüche zustehen, wenn eine vom Auftraggeber stammende Leistungsbeschreibung für den Auftragnehmer nicht erkennbar lückenhaft oder unrichtig ist (vgl. OLG Düsseldorf NJW-RR 97, 1378, 1379) bzw. wenn der Auftraggeber relevante Informationen, über die er vor Vertragsschluß verfügte, nicht an den späteren Auftragnehmer weiterleitete (vgl. OLG Stuttgart NJW-RR 97, 1241). In beiden Fällen können Ansprüche des Auftragnehmers auf Schadensersatz wegen Verschuldens bei Vertragsschluß bestehen, sofern der Auftragnehmer auf die Richtigkeit der Angaben des Auftragnehmers vertrauen konnte und vertraut hat. Er hat dann Anspruch darauf, so gestellt zu werden, als wenn ihm beim Vertragsschluß sämtliche Informationen bekannt gewesen wären und er seine Kalkulation darauf aufgebaut hätte (OLG Düsseldorf a. a. O.).

Auch ohne die Voraussetzungen des § 2 Nr. 7 Abs. 1 Satz 2 VOB/B ist ein Pauschalpreis im Falle des § 2 Nr. 3 Abs. 4 VOB/B zu ändern. Es handelt sich hier um den Fall, daß bestimmte Leistungen vereinbarungsgemäß nach Einheitspreisen, andere nach einer Pauschalsumme abgerechnet werden sollen. Wenn die Leistungen, für die eine pauschale Vergütung vereinbart ist, von den nach Einheitspreisen abzurechnenden Leistungen abhängig sind, kann eine Überschreitung der nach Einheitspreisen abzurechnenden Leistung auf die vereinbarte Pauschalsumme nicht ohne Einfluß bleiben, sofern es sich um eine Überschreitung von mehr als 10 % handelt. Für diesen Fall ordnet § 2 Nr. 3 Abs. 4 VOB/B an, daß auch eine angemessene Änderung der Pauschalsumme durch Anpassung oder Neufestsetzung auf Verlangen zu vereinbaren ist.

4.3.3.2
BGB

Für den BGB-Vertrag gilt die in § 2 Nr. 3 Abs. 1 und 2 VOB/B vorgesehene Regelung nicht. Es handelt sich hier um besondere Vorschriften, die nicht Ausdruck eines allgemeinen Grundsatzes sind. Eine Änderung des vereinbarten Preises kommt beim BGB-Vertrag, und zwar sowohl beim Einheits- als auch beim Pauschalvertrag, nur unter den Voraussetzungen in Betracht, wie sie die VOB/B in § 2 Nr. 7 Abs. 1 Satz 2 für den Pauschalvertrag beschreibt.

4.3.3.3
AGB

Die isolierte Vereinbarung von § 2 Nr. 3 VOB/B unterliegt keinen Bedenken. Keinen Bedenken unterliegt bei einem VOB/B-Vertrag allerdings auch, diese Klausel abzubedingen. Denn dies führt nur zur gesetzlichen Lage und damit zu einer teilweisen Pauschalierung der Werklohnansprüche, was ohne weiteres zulässig ist. Dies führt allerdings dazu, daß die VOB/B nicht mehr als Ganzes vereinbart ist (BGH BauR 93, 723, 726).

4.3.4
Mengenminderung

4.3.4.1
VOB/B

Ebenso wie eine Erhöhung der Mengen der vertraglich vorgesehenen Leistung möglich ist, kann auch der umgekehrte Fall einer Verminderung eintreten, ohne daß dies auf einem Eingriff des Auftraggebers in den Leistungsumfang beruht. Die VOB/B regelt diesen Fall in § 2 Nr. 3 Abs. 3 für den Einheitsvertrag. Danach ist auf Verlangen der Einheitspreis zu erhöhen, wenn der Mengenansatz über 10 % hinaus unterschritten wird. Diese Regelung gilt allerdings nicht, wenn eine Leistungsposition vollständig wegfällt, die Menge sich also auf Null verringert. Dieser Fall wird regelmäßig wie eine Teilkündigung behandelt und abgerechnet.[19]

Nach Nr. 3 Abs. 3 gilt, daß eine Unterschreitung bis zu 10 % unberücksichtigt bleibt; der Einheitspreis bleibt unverändert. Anders als bei einer Mengenüberschreitung, bei der bis zu 110 % des ursprünglich vorgesehenen Mengenansatzes der ursprünglich vereinbarte Preis bindend bleibt und nur für die darüber hinausgehende Menge ein neuer Preis zu ermitteln ist, wird bei einer über 10 % hinausgehenden Mengenunterschreitung ein neuer Preis für die gesamte Position gebildet. Hintergrund der Regelung ist, daß der Auftragnehmer wegen der geringeren Menge keine finanzielle Einbuße erleiden soll, insbesondere im Hinblick auf die aufzuwendenden fixen Kosten.

Die Bildung eines neuen Preises erfolgt nur, wenn eine Partei dies verlangt; eine automatische Preisanpassung erfolgt nicht. Dies Verlangen wird regelmäßig vom Auftragnehmer ausgehen, da die Anpassung nur bei einer Erhöhung des Einheitspreises erfolgt, wie in Abs. 3 Satz 1 eindeutig geregelt ist. Eine Verminderung des Preises ist nicht zulässig. Das Recht, eine Preisanpassung in diesem Sinn zu verlangen, entfällt allerdings dann, wenn der Auftragnehmer durch Erhöhung der Mengen bei anderen Positionen oder in anderer Weise einen Ausgleich erhält. Ein Ausgleich in anderer Weise liegt z. B. in der Beauftragung zusätzlicher Leistungen. Ein Ausgleich durch Mehrmengen anderer Positionen ist nur dann möglich, wenn diese mehr als 10 % einer anderen Position ausmachen und nicht bereits über die Mehrmengenregelung des § 2 Nr. 3 Abs. 2 abgerechnet wurden

---

[19] Kapellmann/Schiffers Bd. 1 Rdnr. 339

(BGH BauR 87, 217). Dieser Ausgleich muß sich im Rahmen desselben Vertragsverhältnisses ergeben; Vorteile in anderen Vertragsverhältnissen sind nicht zu berücksichtigen.[20]

Die Erhöhung des Einheitspreises soll im wesentlichen dem Mehrbetrag entsprechen, der sich durch die Verteilung der Baustelleneinrichtungs- und Baustellengemeinkosten und der allgemeinen Geschäftskosten auf die verringerte Menge ergibt (Nr. 3 Abs. 3 Satz 2). Hinsichtlich der übrigen Preisbildungsfaktoren gilt, daß der Gewinn unverändert bleibt, während das Wagnis grundsätzlich entsprechend der verminderten Leistung sinkt. Grundsätzlich sinken ebenfalls die Direkten Kosten, allerdings nur soweit diese abbaubar sind. Hat der Auftragnehmer im Hinblick auf den Vertrag Material angeschafft, das er anderweitig nicht verwerten kann, so kann er diese Kosten bei der neuen Preisbildung voll in Ansatz bringen.[21]

Beim Pauschalvertrag führt eine Mengenunter- sowie eine Mengenüberschreitung nur dann zu einer Änderung des Pauschalpreises, wenn ein Festhalten an der Pauschalsumme nicht zumutbar ist (§ 2 Nr. 7 Abs. 1 Satz 2 VOB/B). Wann die Mengenunterschreitung das Festhalten am Pauschalpreis unzumutbar macht, läßt sich ebensowenig wie bei einer Mengenüberschreitung allgemein bestimmen. Es kommt stets auf den Einzelfall an, wobei festzuhalten ist, daß Maßstab auch hier die Gesamtleistung, nicht die einzelne Position ist.

4.3.4.2
BGB

Bei dem BGB-Vertrag gelten die Ausführungen zur Mengenüberschreitung für die Mengenunterschreitung entsprechend (s. S. 66). Eine Anpassung des Preises findet beim Einheitspreis- und Pauschalpreisvertrag nur nach den Grundsätzen des Wegfalles der Geschäftsgrundlage statt, also wenn die Mengenunterschreitung so erheblich ist, daß es beim Pauschalpreis für den Auftraggeber unzumutbar ist, die vertraglich vereinbarte Vergütung zu zahlen, und beim Einheitspreis für den Auftragnehmer unzumutbar ist, die Leistung zu dem vereinbarten Preis auszuführen.

Vertraglich kann allerdings Abweichendes vereinbart und Mindermengenzuschläge können vorgesehen werden (OLG Düsseldorf NJW-RR 97, 1004).

4.3.4.3
AGB

Insoweit kann auf die Ausführungen zu den Massenmehrungen, S. 67, verwiesen werden, die hier entsprechend anwendbar sind.

---

[20] allg. Meinung, z. B. Heiermann u. a. B § 2 Rdnr. 91 am Ende
[21] Kapellmann/Schiffers Bd. 1 Rdnr. 330

4.3.5
Entziehung von Teilleistungen durch den Auftraggeber

Eine Minderung des Leistungsumfangs kann nicht nur durch eine Mengenunterschreitung eintreten, sondern auch dadurch, daß der Auftraggeber dem Auftragnehmer Teile der vertraglich vorgesehenen Leistung entzieht. Ursache hierfür wird häufig die Tatsache sein, daß der Auftraggeber mit den bisherigen Leistungen des Auftragnehmers nicht zufrieden ist und er deshalb bestimmte Leistungen im eigenen Betrieb oder durch andere Bauunternehmer ausführen lassen will.

4.3.5.1
VOB/B

Die VOB/B regelt in § 2 Nr. 4, welche Vergütung der Auftragnehmer verlangen kann, wenn der Auftraggeber die entzogenen Leistungen selbst übernimmt. Danach gilt für die Vergütung die in § 8 Nr. 1 Abs. 2 VOB/B getroffene Regelung für (Teil-)Kündigungen entsprechend, d. h. dem Auftragnehmer steht auch für die entzogenen Leistungsteile die volle vereinbarte Vergütung zu. Er muß sich lediglich anrechnen lassen, was er infolge der Leistungsübernahme durch den Auftraggeber an Kosten erspart oder durch anderweitige Verwendung seiner Arbeitskraft oder der Arbeitskraft seiner Mitarbeiter erwirbt oder zu erwerben böswillig unterläßt. Diese Regelung gilt nach § 2 Nr. 7 Abs. 1 Satz 4 VOB/B auch für den Pauschalvertrag.

Übernimmt der Auftraggeber die Ausführung der dem Auftragnehmer entzogenen Leistungsteile nicht selbst, sondern beauftragt hiermit einen anderen Bauunternehmer, gilt für die Frage der Vergütung § 8 Nr. 1 Abs. 2 VOB/B unmittelbar. Der teilweise Leistungsentzug stellt dann eine Teilkündigung dar, zu der der Auftraggeber allerdings nach § 8 Nr. 1 Abs. 1 VOB/B jederzeit berechtigt ist. Er muß jedoch dem Auftragnehmer nach § 8 Nr. 1 Abs. 2 VOB/B die gleiche Vergütung wie im Fall des § 2 Nr. 4 VOB/B zahlen. Der Unterschied zwischen der Leistungsübernahme nach § 2 Nr. 4 VOB/B und der Teilkündigung nach § 8 Nr. 1 Abs. 1 VOB/B besteht darin, daß die Teilkündigung nach § 8 Nr. 5 VOB/B schriftlich zu erfolgen hat. Das ist für die Leistungsübernahme nach § 2 Nr. 4 VOB/B nicht Voraussetzung. Bei Nichtbeachtung der Form des § 8 Nr. 5 VOB/B bleibt der Vertrag im vollen Umfang mit der Folge bestehen, daß der Auftragnehmer vollständige Vertragserfüllung und, falls dies dem Auftragnehmer dadurch unmöglich wird, daß bereits andere Bauunternehmer die entzogenen Leistungen ausgeführt haben, Schadensersatz verlangen kann.

4.3.5.2
BGB

Das BGB sieht keine gesonderte Regelung für die Leistungsübernahme vor; sie wird vielmehr als Teilkündigung des Vertrags behandelt. Im BGB ist ebenso wie in § 8 Nr. 1 VOB/B in § 649 BGB die Möglichkeit jederzeitiger Kündigung des Werkvertrags durch den Auftraggeber vorgesehen, ohne daß allerdings die Kündigung schriftlich erfolgen muß. Wenn auch § 649 BGB nicht ausdrücklich die Möglichkeit einer Teilkündigung vorsieht, so ist sie doch ebenso wie im Fall des § 8 Nr. 1 VOB/B zulässig. Denn kann der Auftraggeber den Vertrag insgesamt kündigen, so muß er auch berechtigt sein, die Kündigung nur wegen einzelner Teilleistungen auszusprechen. Für den Vergütungsanspruch des Auftragnehmers ergeben sich die gleichen Folgen wie nach § 2 Nr. 4 oder § 8 Nr. 1 Abs. 2 VOB/B. Der Auftragnehmer behält grundsätzlich nach § 649 Satz 2 BGB den vollen Vergütungsanspruch, muß sich jedoch dasjenige anrechnen lassen, was er infolge der Aufhebung des Vertrags an Aufwendungen erspart oder durch anderweitige Verwendung seiner Arbeitskraft oder der Arbeitskraft seiner Mitarbeiter erwirbt oder zu erwerben böswillig unterläßt.

4.3.5.3
AGB

Sinn der gesetzlichen als auch der VOB/B-Regelung ist es, den Auftragnehmer vor folgenlosen Teilkündigungen zu schützen. Klauseln, die ein derartiges Ergebnis vorsehen sind unangemessen und unwirksam, wie folgende vom BGH (BauR 97, 1036) beurteilte Klausel:

„Der Auftragnehmer hat keinen Anspruch auf Vergütung oder entgangenen Gewinn für Leistungen, die z. B. aufgrund einer Kündigung seitens des Auftraggebers nicht zur Ausführung gelangen, aus dem Auftrag genommen oder anderweitig vergeben werden. In solchen Fällen beschränkt sich der Vergütungsanspruch des Auftragnehmers unter Ausschluß weitergehender Ansprüche auf die am Erfüllungsort erbrachten mängelfreien Leistungen."

Eine solche Klausel berührt auch den Kernbereich der VOB/B und führt dazu, daß diese nicht mehr als Ganzes vereinbart anzusehen ist (BGH NJW 88, 55).

4.3.6
Änderung der vertraglich vorgesehenen Leistung

4.3.6.1
VOB/B

Wie bereits dargelegt, hat der Auftraggeber nach § 1 Nr. 3 VOB/B das Recht, den Bauentwurf einseitig zu ändern. Er kann auch nach § 4 Nr. 1 Abs. 3 und 4 VOB/B bestimmte Anordnungen treffen, die vom Auftragnehmer zu befolgen sind.

Eine Änderung des Bauentwurfs i. S. d. § 1 Nr. 3 VOB/B kann eine Änderung der vertraglich vorgesehenen Leistung zur Folge haben. Für diesen Fall sieht § 2 Nr. 5 Satz 1 VOB/B einen Anspruch des Auftragnehmers auf Vereinbarung eines neuen Preises unter Berücksichtigung der Mehr- und Minderkosten vor, wenn sich die Grundlagen des Preises für die ursprünglich vertraglich vorgesehene Leistung ändern. Diese Regelung gilt auch dann, wenn die Änderung nur zu einer Vermehrung oder Verminderung der Massen einer bereits in dem ursprünglichen Vertrag vorgesehenen Position führt. Damit stellt sich die Frage nach der Abgrenzung von § 2 Nr. 5 VOB/B zu § 2 Nr. 3 VOB/B. Der Unterschied zwischen beiden Vorschriften besteht darin, daß § 2 Nr. 3 VOB/B nur Mengenänderungen erfaßt, die sich unabhängig vom späteren Verhalten des Auftraggebers ergeben, z. B. durch nicht hinreichend genaue Mengenangaben im Leistungsverzeichnis, während § 2 Nr. 5 VOB/B Mengenänderungen betrifft, die Folge eines Eingriffs des Auftraggebers in den Bauentwurf sind.

Ein Abgrenzungsproblem kann sich auch gegenüber § 2 Nr. 6 VOB/B ergeben, der die Vergütungsfolge für eine zusätzliche Leistung regelt. Der Unterschied zwischen § 2 Nr. 5 und § 2 Nr. 6 VOB/B besteht grundsätzlich darin, daß Nr. 6 nur neue, vom bisherigen Vertragsinhalt überhaupt noch nicht erfaßte, zusätzliche Leistungen meint, die der Auftraggeber vom Auftragnehmer fordert. Soll dagegen eine vertraglich vorgesehene Leistung auf Anordnung des Auftraggebers anders ausgeführt werden, so greift Nr. 5 und nicht Nr. 6 ein. Die Abgrenzung ist im Einzelfall schwierig.

Andererseits ist der Anwendungsbereich des § 2 Nr. 5 VOB/B nur dann eröffnet, wenn es sich tatsächlich um eine Leistungsänderung handelt. Die Tatsache, daß der Auftraggeber die Leistung aufgrund einer pauschalen oder funktionalen Beschreibung vergibt und der Auftragnehmer sich zum Umfang der Leistung bestimmte Vorstellungen macht, die sich in der Folge nicht realisieren, führen jedenfalls nicht zu einer Leistungsänderung. Denn in einem solchen Fall übernimmt der Auftragnehmer das Risiko einer riskanten Leistung (BGH BauR 97, 126, 127).

In dem entschiedenen Fall hatte der Auftraggeber Sanierungsarbeiten an einer Schleuse vergeben. Die für die Bewehrung notwendige Statik einer Schleusenwand sollte die Auftragnehmerin erst im Rahmen der Leistungserbringung selbst aufstellen. Sie machte einen Mehraufwand geltend, da sie erst nach Vorlage der Statik ihre Leistung genau definieren konnte. Das Berufungsgericht ist dem gefolgt und hat § 2 Nr. 5 VOB/B analog angewendet. Der BGH hat eine gesonderte Vergütung mit der vorgenannten Argumentation verneint.

Der neue Preis gemäß § 2 Nr. 5 VOB/B ist auf Verlangen zu vereinbaren. Die Vorschrift will also keinen Vertragspartner hierzu zwingend veranlassen. Obwohl nach § 2 Nr. 5 Satz 2 VOB/B der neue Preis vor der Ausführung vereinbart werden soll, ist dies nicht Voraussetzung für die Geltung eines neuen Preises (BGHZ 50, 25, 30). Vielmehr ist, wenn ein Vertragspartner später berechtigterweise die Bildung eines neuen Preises verlangt, der alte Preis nicht mehr wirksam. Im Streitfall hat das Gericht den Preis festzusetzen. Verweigert der Auftraggeber die Preisanpassung entgegen den Grundsätzen von Treu und Glauben, so kann dies den Auftragnehmer trotz der Regelung des § 18 Nr. 4 VOB/B in Ausnahmefällen zur Einstellung seiner Arbeiten berechtigen. Ein zur Einstellung der Arbeiten berechtigender Verstoß gegen Treu und Glauben wurde angenommen, wenn die neue Vergütung im Verhältnis zur ursprünglichen Vergütung sehr hoch ist, etwa 25 % (OLG Zweibrücken BauR 95, 251) oder die Preisanpassung bereits vor Leistungsbeginn notwendig wird (OLG Düsseldorf BauR 95, 706).

Die Regelung des § 2 Nr. 5 VOB/B gilt nicht nur für den Einheitspreisvertrag, sondern nach § 2 Nr. 7 Abs. 1 Satz 4 VOB/B auch für den Pauschalpreisvertrag.

Anordnungen i. S. d. § 4 Nr. 1 Abs. 3 und 4 VOB/B betreffen nur die Art der Leistungsdurchführung, ändern jedoch nicht den Vertragsinhalt,[22] Mehrkosten sind unter den Bedingungen des § 4 Nr. 1 Abs. 4 Satz 2 VOB/B zu ersetzen, wenn die Anordnung ungerechtfertigte Erschwerungen verursacht. Es sind die entstehenden Mehrkosten zu ersetzen, ohne daß es eines Rückgriffs auf die Vertragspreise bedarf.[23]

4.3.6.2
BGB

Das BGB sieht keine § 2 Nr. 5 VOB/B vergleichbare Regelung vor. § 2 Nr. 5 VOB/B enthält auch keinen allgemein gültigen Grundgedanken, der auf den BGB-Vertrag ohne weiteres übertragbar ist. Vielmehr gilt folgendes: der Auftraggeber, der durch eine Änderung des Bauentwurfs oder sonstige Anordnungen die Art und Weise der Leistungsausführung oder der Mengenansätze ändert, greift in den Vertrag mit dem Auftragnehmer ein. Dieser Eingriff ist im BGB-Vertrag nur in engen Grenzen einseitig durch den Auftraggeber möglich.[24] Er stellt zugleich eine Vertragsänderung dar und führt dazu, daß der ursprünglich vereinbarte Preis nicht mehr verbindlich ist, sondern die Festsetzung eines neuen Preises verlangt werden kann. Für diesen neuen Preis ist aber anders als nach § 2 Nr. 5 VOB/B nicht von den Grundlagen der bisherigen Preisbemessung auszugehen, sondern es besteht nach § 632 Abs. 2 BGB Anspruch auf die übliche Vergütung, die mit dem nach § 2 Nr. 5 VOB/B zu ermittelnden Preis nicht identisch sein muß. Abgrenzungsprobleme ergeben sich nicht.

Hinsichtlich der die Leistung modifizierenden Anordnungen gilt die VOB/B-Regelung entsprechend.[25]

4.3.6.3
AGB

Die Regelungen des § 4 Nr. 1 Abs. 3 und 4 VOB/B sind auch isoliert vereinbar, da sie der Gesetzeslage entsprechen.

Auch § 2 Nr. 5 Satz 1 VOB/B ist isoliert wirksam (BGH BauR 96, 378, 381). Insbesondere ist es nicht zu beanstanden, daß die Vertragspartner an die Kalkulationsgrundlagen des ursprünglichen Vertrags gebunden werden. Es bestehen auch keine Bedenken gegen eine Klausel, die eine – auch schriftliche – Ankündigung der veränderten Vergütung verlangen, soweit ein Verstoß gegen diese Verpflichtung als vertragliche Pflichtverletzung und nicht als Ausschlußgrund für die Nachforderung anzusehen ist.

---

[22] Ingenstau/Korbion B § 4 Rdnr. 87
[23] Ingenstau/Korbion B § 4 Rdnr. 97
[24] Ingenstau/Korbion B § 1 Rdnr. 31
[25] Ingenstau/Korbion B § 4 Rdnr. 67

Nach OLG Zweibrücken (BauR 94, 509, 511) bestehen gegen folgende Klausel bei einem Pauschalvertrag keine Bedenken, weil hier entgegen der Regel des § 2 Nr. 7 VOB/B eine angemessene Anpassungsklausel vorliegt:

„Bei einer Pauschalpreisvergabe werden Mehr- oder Minderleistungen gegenüber den ausgeschriebenen Mengen bei Änderungen von Bauentwurf oder Ausführung entsprechend dem Aufmaß zu den angebotenen Einheitspreisen abgerechnet. "

Demgegenüber ist folgende Klausel unwirksam, da sie dem Auftraggeber die Beauftragung erheblicher Mehrleistungen ermöglicht, ohne daß er diese vergüten muß (BGH BauR 97, 1036, 1038):

„Änderungen im Entwurf und in der Ausführungsart der beauftragten Leistungen bleiben vorbehalten. ... Ein Anspruch auf zusätzliche Vergütung entsteht dadurch nicht. "

4.3.7
Vertraglich nicht vorgesehene, vom Auftraggeber geforderte Zusatzleistungen

Von der Frage zu trennen, ob und in welchen Fällen der Auftraggeber eine Leistung zusätzlich zu der vertraglich vorgesehenen verlangen kann, ist die Frage, ob und unter welchen Voraussetzungen der Auftragnehmer in diesem Fall eine zusätzliche Vergütung verlangen kann.

Voraussetzung ist allerdings auch hier die Feststellung, daß tatsächlich eine Leistung gefordert wird, die nicht bereits zum Umfang des Ursprungsvertrags gehört, und setzt daher wiederum eine Analyse des Leistungsumfangs voraus.[26]

4.3.7.1
VOB/B

Die VOB/B sieht zwei unterschiedliche Kategorien der zusätzlichen Leistung vor: Leistungen, die zur Ausführung der vertraglichen Leistung erforderlich werden und auf die der Betrieb des Auftragnehmers eingerichtet ist (§ 1 Nr. 4 Satz 1 VOB/B) einerseits und andere Zusatzleistungen (Nr. 4 Satz 2) andererseits.

§ 2 Nr. 6 VOB/B sieht eine Regelung für die Vergütung von Zusatzleistungen gemäß § 1 Nr. 4 Satz 1 VOB/B vor.[27] Danach hat der Auftragnehmer einen Anspruch auf eine besondere Vergütung für die geforderte Zusatzleistung. Er muß jedoch den Anspruch dem Auftraggeber ankündigen, bevor er mit der Ausführung dieser Leistung beginnt. Soweit es sich um zusätzliche Leistungen handelt, die nicht die Bedingungen des § 1 Nr. 4 Satz 1 VOB/B erfüllen, ist der Auftragnehmer nur mit seiner Zustimmung zur Ausführung verpflichtet (Nr. 4 Satz 2). Die Vergütung kann in diesem Fall frei vereinbart werden, ohne daß die Vorgaben des § 2 Nr. 6 VOB/B zu beachten sind.

---

[26] s. dazu S. 29 ff
[27] s. dazu S. 27 f

Der Anwendungsbereich des § 2 Nr. 6 VOB/B ist im übrigen nur eröffnet, wenn der Auftraggeber in den vertraglichen Leistungsumfang eingreift, nicht dagegen wenn sich lediglich die Massen ändern, ohne daß der Auftraggeber eingreift – hier gilt § 2 Nr. 3 oder Nr. 7 VOB/B. Da auch die Leistungsänderung gemäß § 1 Nr. 3 VOB/B einen Eingriff in den ursprünglich vereinbarten Leistungsumfang darstellt und dieser Eingriff gemäß § 2 Nr. 5 VOB/B nach anderen Voraussetzungen vergütet wird, ist hierzu jedenfalls eine Unterscheidung zu treffen. Eine einheitliche Rechtsprechung hierzu hat sich noch nicht herausgebildet.

Die Zusatzleistung muß vom Auftraggeber gefordert werden, d. h., sie muß aufgrund eines entsprechenden verbindlichen Verlangens des Auftraggebers ausgeführt werden; Wünsche oder Anregungen reichen nicht aus.

Einen Anspruch auf besondere Vergütung hat der Auftragnehmer regelmäßig aber nur, wenn er seinen Anspruch dem Auftraggeber vor Ausführung der zusätzlichen Leistung ankündigt. Die Anforderungen, die insoweit an die Erfüllung des Merkmals zu stellen sind, hat der BGH in einer jüngeren Entscheidung präzisiert (BauR 96, 542): es handelt sich um eine echte Anspruchsvoraussetzung. Die Ankündigung soll den Auftraggeber vor Überraschungen schützen, ihm finanzielle Dispositionsmöglichkeiten erhalten und ihm ermöglichen zu überprüfen, ob es sich tatsächlich um eine Zusatzleistung im Sinn des § 1 Nr. 4 VOB/B handelt. Ist dieser Schutzzweck erfüllt, ohne daß es der Ankündigung bedurfte, gibt es keinen Anlaß, dem Auftragnehmer eine zusätzliche Vergütung abzuschneiden, da er, wie auch dem Auftraggeber bekannt, grundsätzlich seine Tätigkeit nur gegen Vergütung ausführt. Dies ist insbesondere der Fall, wenn der Auftraggeber sich nicht im unklaren darüber sein konnte, daß die zusätzliche Leistung gegen Vergütung ausgeführt wird oder wenn die Vertragspartner bei Erteilung des Zusatzauftrags von der Entgeltlichkeit der Leistung ausgehen. Auch wenn dem Auftraggeber keine Alternative zu der konkreten Leistung bleibt, ist eine Ankündigung nicht erforderlich. Das Fehlen der Ankündigung ist auch unschädlich, wenn der Auftragnehmer daran ohne sein Verschulden gehindert war. Da der Auftragnehmer allerdings vertragswidrig gehandelt hat, ist er beweispflichtig dafür, daß die Ankündigung ausnahmsweise nicht erforderlich war, insbesondere daß diese die Situation des Auftraggebers nicht verbessert hätte. Hätte die Ankündigung dazu geführt, daß der Auftraggeber die Leistung zu einem günstigeren Preis hätte vergeben können, ist ein vollständiger Anspruchsverlust nicht angemessen. Es reicht aus, die Vergütung des Auftragnehmers entsprechend zu kürzen.

Unterläßt der Auftragnehmer in den übrigen Fällen die Ankündigung oder kann er sie nicht beweisen, steht ihm kein zusätzlicher Vergütungsanspruch zu, auch nicht unter dem Gesichtspunkt der ungerechtfertigten Bereicherung oder der Geschäftsführung ohne Auftrag.

Eine bestimmte Form ist für die Ankündigung nicht vorgesehen. Nach einer allerdings umstrittenen Auffassung kann die Ankündigung auch gegenüber dem Architekten des Auftraggebers erfolgen.[28] Nicht erforderlich ist, daß der Auftragnehmer bereits die Höhe der zusätzlichen Vergütung mitteilt. Es genügt, wenn der

---

[28] so Ingenstau/Korbion B § 2 Rdnr. 304, dagegen Heiermann u. a. B § 2 Rdnr. 130

Auftraggeber weiß, daß der Auftragnehmer die Zusatzleistung nur gegen Entgelt ausführen will.

Eine Ausnahme von der Ankündigungspflicht sieht die VOB/B selbst vor. Nach § 2 Nr. 9 hat der Auftraggeber Zeichnungen, Berechnungen oder andere Unterlagen, die nicht geschuldet waren, verlangt, so sind diese ohne weitere Ankündigung zu vergüten. Dies gilt auch dann, wenn der Auftragnehmer von ihm nicht aufgestellte technische Berechnungen nachprüfen soll.

Die Regelung des § 2 Nr. 6 Abs. 1 gilt nicht nur für den Einheitspreisvertrag, sondern nach § 2 Nr. 7 Abs. 1 Satz 4 VOB/B auch für den Pauschalpreisvertrag. Dort heißt es, daß § 2 Nr. 6 unberührt bleibt; damit ist nichts anderes gemeint, als daß die Regelung auf den Pauschalpreisvertrag Anwendung findet.

Wie die Zusatzvergütung zu bemessen ist, regelt § 2 Nr. 6 Abs. 2 VOB/B. Sie bestimmt sich nach den Grundlagen der Preisermittlung für die vertragliche Leistung und den besonderen Kosten der geforderten Leistung. Es ist lediglich ein Preis für die Zusatzleistung zu ermitteln, nicht für die ursprünglich vertraglich vorgesehene Leistung. Die hierfür vereinbarten Preise bleiben unberührt. Der Preis für die Zusatzleistung ist auf der Basis des Hauptangebots unter Berücksichtigung der besonderen Kosten der Zusatzleistung zu ermitteln. Darüber kann es naturgemäß zwischen den Vertragspartnern erhebliche Meinungsverschiedenheiten geben. Deshalb sieht § 2 Nr. 6 Abs. 2 Satz 2 VOB/B vor, daß der Preis vor Ausführung der Zusatzleistung vereinbart werden soll. Unterbleibt eine solche Vereinbarung, hat dies allerdings für keinen Vertragspartner nachteilige Folgen. Verweigert der Auftragnehmer die Preisvereinbarung, so kann dies den Auftragnehmer zur Leistungsverweigerung berechtigen. Die zur Leistungsänderung dargestellten Grundsätze gelten entsprechend (s. S. 71).

4.3.7.2
BGB

Die Regelung der VOB, daß der Auftragnehmer eine Vergütung für die vom Auftraggeber geforderten Zusatzleistungen nur bei vorheriger Ankündigung verlangen kann, gilt für den BGB-Vertrag nicht. § 2 Nr. 6 Abs. 1 VOB/B enthält insoweit keinen allgemeinen Grundgedanken. Für die Vergütungspflicht des Auftraggebers gilt deshalb beim BGB-Vertrag § 632 Abs. 1. Danach steht dem Auftragnehmer für die Zusatzleistung auch ohne vorherige Ankündigung oder Vereinbarung einer Vergütung ein Anspruch auf Bezahlung zu, weil die Ausführung einer im Vertrag nicht vorgesehenen Zusatzleistung von dem Auftragnehmer nur gegen eine Vergütung erwartet werden kann. Die Höhe der Vergütung richtet sich nach § 632 Abs. 2 BGB; es ist also die übliche Vergütung für die geforderte Zusatzleistung zu zahlen.

4.3.7.3
AGB

Die Vorschrift des § 2 Nr. 6 VOB/B ist in der Auslegung des BGH mit dem AGBG zu vereinbaren und kann daher isoliert zum Inhalt vertraglicher Vereinbarungen gemacht werden (BGH BauR 96, 542).

Unzulässig sind demgegenüber Klauseln, die zusätzlich eine schriftliche Preisvereinbarung vor Ausführung der Leistung als Anspruchsvoraussetzung verlangen, da der Auftraggeber dies durch seine Weigerung, eine solche Vereinbarung abzuschließen, verhindern könnte (OLG Düsseldorf BauR 89, 335).

4.3.8
Eigenmächtige Leistungen des Auftragnehmers

4.3.8.1
VOB/B

§ 2 Nr. 5 und 6 VOB/B regeln die Frage, unter welchen Voraussetzungen der Auftragnehmer eine zusätzliche Vergütung für berechtigterweise vom Auftraggeber geforderte, geänderte oder zusätzliche Leistungen verlangen kann. Es kommt jedoch auch vor, daß der Auftragnehmer, ohne daß der Auftraggeber dies verlangt hat, weitere, nicht vertraglich vereinbarte Leistungen erbringt, weil er z. B. zu Recht oder zu Unrecht dies für die Errichtung des versprochenen Bauwerks für notwendig oder jedenfalls zweckmäßig hält. Die Frage, wann dem Auftragnehmer in diesen Fällen ein Vergütungsanspruch zusteht, regelt § 2 Nr. 8 VOB/B.

Voraussetzung ist zunächst, daß der Auftragnehmer Leistungen erbringt, die nicht vom Vertragsumfang gedeckt sind. Insoweit ist die gleiche Vorfrage zu stellen wie bei der Leistungsänderung bzw. der Zusatzleistung. Läßt sich dem Vertrag durch Interpretation entnehmen, daß die in Rede stehende Leistung geschuldet war, so ist der Anwendungsbereich der Vorschrift nicht eröffnet. Ist die Leistung nicht vom Vertragsumfang umfaßt, so ist zu prüfen, ob die Leistung durch eine Anordnung des Auftraggebers bzw. eines durch ihn Bevollmächtigten, also insbesondere des Architekten, gedeckt ist. Zu berücksichtigen ist dabei, daß der Architekt ohne besondere Vollmacht nicht befugt ist, Zusatzaufträge im Namen des Auftraggebers zu erteilen, es sei denn, es handele sich um kleine Zusatzaufträge (BGH BauR 78, 314, 316). Der Auftragnehmer sollte also vor jeder Auftragserteilung, die nicht durch den Auftraggeber direkt erfolgt, prüfen, ob der Beauftragende dazu bevollmächtigt ist. Das Risiko, ob eine wirksame Vollmacht vorliegt, liegt beim Auftragnehmer.[29]

Grundsätzlich sind Leistungen nicht zu vergüten, die nicht beauftragt wurden (§ 2 Nr. 8 Abs. 1 Satz 1 VOB/B). Sie sind vielmehr vom Auftragnehmer auf Verlangen innerhalb einer angemessenen Frist zu beseitigen. Falls der Auftragnehmer die Beseitigung nicht durchführt, kann es auf seine Kosten geschehen (Nr. 1 Abs. 1 Satz 2). Entstehen dem Auftraggeber wegen dieser Leistung weitere Schä-

---

[29] s. hierzu S. 15 ff

den, so sind diese ebenfalls zu ersetzen (Nr. 1 Abs. 1 Satz 2). Da Abs. 3 auf die Vorschriften des BGB über die Geschäftsführung ohne Auftrag verweist, ist die Schadensersatzpflicht allerdings durch § 679 BGB beschränkt. Danach ist die Leistung des Auftragnehmers gerechtfertigt, wenn ihre „Erfüllung im öffentlichen Interesse liegt", also z. B. die Durchführung von Sicherungsmaßnahmen.

Ein Vergütungsanspruch steht dem Auftragnehmer nur dann zu, wenn der Auftraggeber die Leistungen nachträglich anerkennt (Nr. 8 Abs. 2 Satz 1) oder wenn sie für die Erfüllung des Vertrags notwendig waren, dem mutmaßlichen Willen des Auftraggebers entsprachen und ihm unverzüglich angezeigt worden sind (Nr. 8 Abs. 2 Satz 2).

Ein Anerkenntnis des Auftraggebers, für das eine bestimmte Form nicht vorgeschrieben ist, liegt immer dann vor, wenn der Auftraggeber schriftlich, mündlich oder durch schlüssige Handlungen zu erkennen gegeben hat, daß er mit der Änderung oder der zusätzlich erbrachten Leistung einverstanden ist, also deren Ausführung billigt. Die Feststellung des Leistungsumfangs durch ein gemeinsames Aufmaß des Auftraggebers und Auftragnehmers oder Bautagesberichte stellt ein solches Anerkenntnis nicht dar (BGH NJW 96, 3001, 3003), aber z. B. Abschlagszahlungen oder Mängelbeseitigungsaufforderungen.

Der zweite Fall, in dem ausnahmsweise ein Vergütungsanspruch für den Auftragnehmer entsteht, setzt voraus, daß die außervertraglichen Leistungen zur Erfüllung des Vertrags notwendig waren. Diese Voraussetzung ist im wesentlichen von objektiven Kriterien abhängig, und zwar von der Feststellung, ob die mit der Errichtung des Bauwerkes erfolgte Ziel- und Zwecksetzung des Auftraggebers nur mit der außervertraglichen Leistung des Auftragnehmers und nicht mit der im Vertrag vorgesehenen Leistung erreicht werden konnte. Ist davon auszugehen, kann im Regelfall angenommen werden, daß die außervertraglichen Leistungen dem mutmaßlichen Willen des Auftraggebers entsprochen haben und damit das zweite Erfordernis für den Vergütungsanspruch erfüllt ist. Dieser Vergütungsanspruch steht aber schließlich noch unter der dritten Voraussetzung, daß der Auftragnehmer die außervertragliche Leistung unverzüglich dem Auftraggeber angezeigt hat, d. h. sobald dies möglich und zumutbar ist (BGH BauR 94, 625). Die Anzeige hat an den Auftraggeber bzw. an den dazu ermächtigten Vertreter zu erfolgen (BGH BauR 91, 331, 333). Unterläßt der Auftragnehmer die Anzeige, was nicht selten infolge von Unkenntnis über die Regelung der VOB/B vorkommt, entfällt nicht nur ein Vergütungsanspruch nach § 2 Nr. 8 VOB/B, sondern der Auftragnehmer kann einen solchen Anspruch auch nicht auf die Vorschriften der Geschäftsführung ohne Auftrag oder der ungerechtfertigten Bereicherung des BGB stützen (BGH a. a. O., S. 334).

Diese Rechtsprechung ist jedoch durch die Änderung der VOB/B im Jahre 1996 nicht mehr für die neue Fassung in vollem Umfang anwendbar. Nach Abs. 3 bleiben die Vorschriften des BGB über die Geschäftsführung ohne Auftrag unberührt. Nach § 683 BGB ist Voraussetzung für einen Vergütungsanspruch, daß die außervertraglichen Leistungen dem Interesse und dem wirklichen oder dem mutmaßlichen Willen des Auftraggebers entsprachen. Diese Regelung deckt sich zum Teil mit § 2 Nr. 8 Abs. 2 VOB/B, geht aber zum Teil darüber hinaus; denn während nach Nr. 8 Abs. 2 Satz 2 die außervertragliche Leistung für die Erfüllung des Vertrags notwendig sein muß, ist für § 683 BGB lediglich Voraussetzung, daß sie im objektiven Interesse des Auftraggebers lag, weil dann angenommen wird, sie habe auch seinem mutmaßlichen Willen entsprochen.

Im Gegensatz zu § 2 Nr. 8 Abs. 2 VOB/B ist die unverzügliche Anzeige der außervertraglichen Leistung keine Voraussetzung für den Vergütungsanspruch bei der Geschäftsführung ohne Auftrag. Die Verletzung der Anzeigepflicht nach § 681 BGB führt allenfalls zu Schadensersatzansprüchen (BGHZ 65, 354, 357).

Wie die Vergütung in den Fällen des § 2 Nr. 8 VOB/B zu bemessen ist, sagt die VOB/B ausdrücklich nicht. Sachgerecht ist es, die Vergütung nach den Grundsätzen des § 2 Nr. 6 Abs. 2 VOB/B – auch dort geht es um die Vergütung von Zusatzleistungen – zu berechnen (BGH BauR 91, 331, 333).

4.3.8.2
BGB

Vorliegend sind zwei Fallgruppen zu unterscheiden: der Auftragnehmer erbringt einerseits Leistungen aufgrund eines unwirksamen Vertrags, z. B., weil die Bauverpflichtung, die mit einem Grundstückserwerb in Zusammenhang steht, nicht gemäß § 313 Satz 1 BGB beurkundet wurde, und andererseits außervertragliche Leistungen des Auftragnehmers bei einem wirksamen Vertrag.

Hinsichtlich der ersten Fallgruppe ist folgendes zu beachten: die Frage, ob der Auftragnehmer einen Vergütungsanspruch erhält oder nicht, richtet sich nach den Vorschriften über die Geschäftsführung ohne Auftrag (§§ 677 ff BGB). Nach §§ 683 Satz 1, 670 BGB kann der Geschäftsführer Aufwendungsersatz verlangen, wenn seine Tätigkeit dem Interesse und dem wirklichen oder mutmaßlichen Willen des Geschäftsherrn entsprechen, also eine sog. berechtigte Geschäftsführung vorliegt. Dies wird häufig bei wegen fehlender Beurkundung nichtigen Bauverträgen der Fall sein. Die Höhe des Aufwendungsersatzes richtet sich nach der üblichen Vergütung, wenn der Vertragspreis nicht niedriger war (BGH NJW 93, 3196).

Fehlt es an einer berechtigten Geschäftsführung ohne Auftrag, kommen Ansprüche aus ungerechtfertigter Bereicherung in Betracht (BGH NJW 90, 2542). Der Anspruch geht insoweit auf den Ersatz des Wertes, der dem Auftraggeber unberechtigt zugeflossen ist (§ 818 Abs. 2 BGB). Wertmindernd ist insoweit insbesondere zu berücksichtigen, daß der Auftragnehmer wegen des unwirksamen Vertrags keine Gewährleistungsverpflichtungen hat (BGH a. a. O., S. 2543).

Hinsichtlich der zweiten Fallgruppe gilt folgendes: eine § 2 Nr. 8 Nr. 1 und 2 VOB/B entsprechende Regelung enthalten die Vorschriften des BGB nicht. Allerdings steht dem Auftragnehmer auch dann ein Werklohnanspruch für außervertragliche Leistungen zu, wenn der Auftraggeber sie anerkennt. § 2 Nr. 8 Abs. 2 Satz 1 VOB/B enthält insoweit einen allgemein anwendbaren Grundsatz. Geschuldet wird dann die gemäß § 632 Abs. 2 BGB übliche Vergütung.

Die Vorschriften über die Geschäftsführung ohne Auftrag (§§ 677 ff BGB) finden Anwendung, wenn die Leistungen im Interesse und entsprechend dem tatsächlichen oder mutmaßlichen Willen des Auftraggebers erfolgt sind oder es sich um Leistungen handelt, deren Erfüllung im öffentlichen Interesse liegt (§ 679 BGB), z. B. Sicherheitsmaßnahmen. Die Voraussetzungen, unter denen eine Vergütung anfällt, sind bereits im Zusammenhang mit der VOB/B-Regelung beschrieben. Für die Höhe des Vergütungsanspruches ist gemäß §§ 683 Satz 1, 670 BGB wiederum § 632 Abs. 2 BGB heranzuziehen: dem Auftragnehmer steht also die übliche Vergütung zu, wenn sich die Parteien nicht auf eine bestimmte Höhe einigen.

Finden die Regeln über die Geschäftsführung ohne Auftrag keine Anwendung, sind Ansprüche aus ungerechtfertigter Bereicherung (§§ 812 ff BGB) möglich, soweit die zusätzlichen Leistungen für die ordnungsgemäße Errichtung des Gebäudes notwendig sind und der Auftraggeber dadurch Ersparnisse hat (BGH NJW 91, 1812, 1814). Ausgeschlossen ist der Anspruch allerdings dann, wenn der Auftragnehmer positiv wußte, daß er zur Leistung nicht verpflichtet war (§ 814 BGB). Die Höhe des Anspruchs des Auftragnehmers richtet sich nach der Höhe der Ersparnis des Auftraggebers (BGH BauR 91, 331, 335). Diese entspricht normalerweise der üblichen Vergütung gemäß § 632 Abs. 2 BGB.

4.3.8.3
AGB

Eine isolierte Vereinbarung des § 2 Nr. 8 VOB/B in seiner neuen Fassung dürfte keinen Problemen begegnen, da die Bedenken des BGH (BauR 91, 331) gegen die alte Fassung, die nicht isoliert vereinbart werden konnte, dadurch behoben sein dürften.

4.4
Fälligkeit der Vergütung

4.4.1
VOB/B

Die VOB/B sieht drei verschiedene Zahlungsarten vor: die Abschlagszahlung, die Vorauszahlung und die Schlußzahlung (§ 16 Nr. 1–3 VOB/B). Da die Vorauszahlung (Nr. 2) in der Praxis selten ist, wird hier auf eine nähere Erläuterung verzichtet und auf entsprechende Kommentierungen verwiesen.

4.4.1.1
Prüfbarkeit der Rechnung als Fälligkeitvoraussetzung

Einheits- und Pauschalvertrag

Gemäß § 16 Nr. 1 und 3 i. V. m. § 14 Nr. 1 VOB/B ist eine prüfbare Abrechnung der Leistung Voraussetzung für die Fälligkeit der Vergütung des Auftragnehmers, sowohl bei der Abschlags- als auch bei der Schlußzahlung. Nicht jede Rechnung führt daher zur Fälligkeit des Vergütungsanspruchs. Warum dies so ist, wird besonders beim Einheitspreisvertrag deutlich, der nach § 2 Nr. 2 VOB/B die Regelform der Vergütungsberechnung darstellt. Die Höhe der Vergütung steht hier nicht von vornherein fest, sondern bestimmt sich nach dem Umfang der ausgeführten Leistung. Es ist deshalb verständlich, daß der Auftragnehmer dem Auftraggeber diesen Umfang in einer prüfbaren Form in der Schlußrechnung oder einer Abschlagsrechnung anzugeben hat. Wann eine prüfbare Berechnung vorliegt, läßt sich nicht allgemein festlegen. Mindestvoraussetzung ist eine schriftliche Rechnung. Im übrigen hängt die Prüfbarkeit insbesondere von den Kenntnissen des Auftraggebers ab. Bei einem sachkundigen Auftraggeber sind niedrigere Anforderungen zu stellen. Dies gilt insbesondere auch dann, wenn sich der Auftraggeber eines Architekten bedient (BGH NJW 87, 2582, 2584).

Wie die Rechnung prüfbar aufzustellen ist, regelt § 14 Nr. 1 Satz 2 bis 4 VOB/B, wobei diese Vorschrift vom Einheitspreisvertrag ausgeht und für den Pauschalvertrag nur eingeschränkt gilt.

Die Rechnung ist nach Satz 2 übersichtlich aufzustellen, die Reihenfolge der Positionen des Leistungsverzeichnisses einzuhalten, und es sind die darin verwendeten Bezeichnungen zu benutzen. Satz 3 legt fest, daß die zum Leistungsnachweis erforderlichen Massenberechnungen, Zeichnungen und andere Belege der Abrechnung beizufügen sind und zwar in dem Maße, wie dies zur Erklärung und zum Nachweis einzelner Rechnungspositionen notwendig ist.

Schließlich sieht § 14 Nr. 1 Satz 4 VOB/B für die Rechnungsaufstellung noch vor, daß Änderungen und Ergänzungen des Auftrages in der Rechnung besonders kenntlich zu machen sind. Der Prüfende soll damit darauf hingewiesen werden, daß die abgerechnete Leistung vom ursprünglichen Vertrag nach Art oder Umfang abweicht. Insoweit sind an die Darlegung der geänderten bzw. zusätzlichen Vergütung erhebliche Anforderungen an den Auftragnehmer gestellt. Macht der Auftragnehmer aufgrund von Mengenmehrungen, Leistungsänderungen etc. abweichende Einheitspreise geltend, so ist er gehalten, soweit die Parteien keine Preisvereinbarung getroffen haben, seine Kalkulationsgrundlagen anzugeben. Er muß darlegen, wie er den Preis ermittelt hat, damit der Auftraggeber prüfen kann, ob sich der Auftragnehmer an die Vorgaben der VOB/B zur Preisermittlung[30] gehalten hat (OLG München BauR 93, 726). Eine derartige Verpflichtung kann sich auch im Fall der Kündigung des Bauvertrags ergeben, wenn der Auftragnehmer seinen Werklohn für den nicht erbrachten Teil der Leistung gemäß § 8 Nr. 1 Abs. 2 VOB/B berechnet (BGH BauR 96, 382).

Zur Ermittlung des Leistungsumfangs dient das in § 14 Nr. 2 VOB/B geregelte Aufmaß. Es soll die Rechnungsaufstellung vorbereiten, indem die notwendigen tatsächlichen Feststellungen über den Umfang der Leistung dem Fortgang der Arbeiten entsprechend möglichst gemeinsam vorgenommen werden. Dies gilt insbesondere für Leistungen, deren Umfang bei Weiterführung der Arbeiten nur schwer feststellbar ist (Nr. 2 Satz 3, vgl. auch § 12 Nr. 2 b VOB/B). Aus den

---

[30] s. dazu S. 62 ff

Worten „möglichst gemeinsam" folgt, daß die VOB das gemeinsame Aufmaß als wünschenswert ansieht, aber durchaus auch ein einseitiges Aufmaß eines Vertragspartners zuläßt. Zu berücksichtigen ist dabei, daß der Auftragnehmer im Streitfall den Umfang seiner Leistung nachzuweisen hat, er also die Beweislast trägt. Dem gemeinsamen Aufmaß kommt daher erhebliche Bedeutung zu, weil es den Umfang der Leistung für die Vertragspartner bindend feststellt. Die Vertragspartner, die gemeinsam ein Aufmaß vornehmen, sind an dieses Ergebnis im Rahmen der Abrechnung gebunden. Keine Partei kann später geltend machen, die tatsächlich ausgeführten Mengen wichen von den Feststellungen des Aufmaßes ab, es sei denn, daß maßgebliche Tatsachen für die Bestimmung des Umfangs der Leistung erst nach dem gemeinsamen Aufmaß bekannt geworden sind. Allerdings wird durch ein gemeinsames Aufmaß nicht das Recht der Parteien beschränkt, aus Rechtsgründen Einwände gegen die Abrechnung einzelner Positionen zu erheben (BGH NJW-RR 92, 727). Zur verbindlichen Aufnahme des Aufmaßes ist der Architekt aufgrund seines Vertrags ohne weiteres berechtigt.

Auch bei einem Pauschalvertrag ist die Vorlage der prüfbaren Rechnung Fälligkeitsvoraussetzung (BGH BauR 89, 87). Ein Nachweis über den Umfang der Leistung ist grundsätzlich nicht erforderlich, weil er für die Vergütung ohne Bedeutung ist. Entscheidend ist allein, daß die vertraglich versprochene Leistung ausgeführt ist, nicht welche Mengen oder Massen hierfür notwendig waren. Es reicht daher regelmäßig der Bezug auf den Pauschalpreis. Dies gilt jedoch nicht für den Fall von Leistungsänderungen und Nachträgen. Die Pauschalpreisvereinbarung ist für eine Abrechnung dann nicht mehr ausreichend. Soweit keine Preisvereinbarung erfolgt ist, hat auch hier der Auftragnehmer seine Kalkulationsgrundlagen anzugeben. Eventuell ist auch ein Aufmaß zu fertigen.

Unabdingbar ist die Erstellung eines Aufmaßes im Fall der Kündigung des Bauvertrags, da dann der Bezug auf den ursprünglich vereinbarten Leistungsumfang nicht mehr weiterhilft. In seiner Rechnung hat der Auftragnehmer die erbrachten von den nicht erbrachten Leistungen abzusetzen und das Verhältnis der bewirkten Leistung zur vereinbarten Gesamtleistung und des Preisansatzes für die Teilleistung zum Pauschalpreis darzulegen. Der Auftragnehmer ist auch in diesem Fall gehalten, die Kalkulationsgrundlagen des ursprünglichen Vertrags darzulegen. Gegebenenfalls hat er diese nachträglich zusammenzustellen, wenn diese bei Vertragsschluß nicht vorlagen (BGH BauR 97, 304). Er ist nicht berechtigt, seine Leistungen auf der Grundlage willkürlich bestimmter Einheitspreise, mögen diese auch übliche Preise sein, abzurechnen (BGH BauR 95, 691). Dies gilt insbesondere auch für den Werklohnanteil für nicht erbrachte Leistungen, auf den der Auftragnehmer einen Anspruch hat, wenn eine Kündigung aus einem nicht von ihm zu vertretendem Grund erfolgt ist (§ 8 Nr. 1 Abs. 2 VOB/B). Hier muß der Auftragnehmer insbesondere seine ersparten Aufwendungen bezogen auf den konkreten Vertrag darlegen, da nur er dazu in der Lage ist (BGH BauR 96, 382).

Liegt eine prüfbare Abrechnung nicht vor, so ist der Anspruch des Auftragnehmers nicht fällig. Dies bedeutet gleichzeitig, daß der Anspruch auch nicht zu verjähren beginnt; denn nur fällige Ansprüche verjähren. Der Auftragnehmer könnte daher die Fälligkeit der Forderung beliebig hinauszögern. Damit der Auftraggeber dem entgegenwirken kann, sieht § 14 Nr. 4 VOB/B vor, daß der Auftraggeber dem Auftragnehmer eine angemessene Frist zur Vorlage einer prüfbaren Rechnung setzen und nach ihrem fruchtlosen Ablauf die Abrechnung auf Kosten des Auftragnehmers erstellen kann. Hierbei hat auch der Auftraggeber das Gebot der Prüfbarkeit zu beachten. Die Rechnung ist dem Auftragnehmer zu übergeben. Bei einer Schlußrechnung hat dann der Auftragnehmer die in § 16 Nr. 3 Abs. 1 VOB/B vorgesehene zweimonatige Prüfungszeit, nach deren Ablauf der Anspruch auf Schlußzahlung fällig wird.

Eine nicht prüfbare Rechnung führt bei einem Rechtsstreit zum Prozeßverlust; das Gericht stellt keine eigenen Berechnungen an und läßt auch nicht durch einen Sachverständigen eine prüfbare Berechnung aufstellen. Jedoch ist das Gericht im Prozeß gehalten, auf eine prüfbare Rechnung hinzuwirken (BGH BauR 94, 655, 656). Das Fehlen der Prüfbarkeit führt allerdings nur zur Abweisung einer Klage als „zur Zeit unbegründet" und hindert den Auftragnehmer nicht, auf der Grundlage einer prüfbaren Rechnung erneut seine Forderung geltend zu machen und ggf. einzuklagen.

Die Abrechnung von Stundenlohnarbeiten

Eine besondere Vorschrift sieht die VOB/B für die Abrechnung von Stundenlohnarbeiten in § 15 vor.

Nach Stundenlohn kann der Auftragnehmer gemäß § 2 Nr. 10 VOB/B, wie bereits festgestellt, nur abrechnen, wenn diese Art der Abrechnung zwischen den Vertragspartnern vereinbart worden ist. § 15 VOB/B gilt also nur in einem solchen Fall. Beim Ansatz der Stundenlöhne ist selbstverständlich – was aber § 15 Nr. 1 Abs. 1 VOB/B nochmals ausdrücklich betont – der vertraglich vereinbarte Stundensatz in Rechnung zu stellen. Ist die Höhe vertraglich nicht festgelegt worden, gilt nach § 15 Nr. 1 Abs. 2 Satz 1 VOB/B die ortsübliche Vergütung, also derjenige Stundensatz, der für das betroffene Werk zur Zeit der Bauleistung am Ort ihrer Ausführung oder in dessen engeren Bereich üblicherweise gezahlt wird. Läßt sich eine ortsübliche Vergütung nicht ermitteln, etwa weil es sich um außergewöhnliche Leistungen handelt, werden dem Auftragnehmer nach Nr. 1 Abs. 2 Satz 1 die Aufwendungen „für Lohn- und Gehaltskosten der Baustelle, Lohn- und Gehaltsnebenkosten der Baustelle, Stoffkosten der Baustelle, Kosten der Einrichtungen, Geräte, Maschinen und maschinellen Anlagen der Baustelle, Fracht-, Fuhr- und Ladekosten, Sozialkassenbeiträge und Sonderkosten, die bei wirtschaftlicher Betriebsführung entstehen, mit angemessenen Zuschlägen für Gemeinkosten und Gewinn (einschließlich allgemeinem Unternehmerwagnis) zuzüglich Umsatzsteuer vergütet".

Da Stundenlohnarbeiten für den Auftraggeber mit einem besonderen Risiko verbunden sind, weil die Höhe der für sie im Ergebnis zu entrichtenden Gesamtvergütung im erheblichen Umfange vom Fleiß und der Arbeitslust sowie vom Können und der Geschicklichkeit der vom Auftragnehmer eingesetzten Kräfte abhängt, ist es unerläßlich, daß möglichst effektive Kontroll- und Nachprüfungsmöglichkeiten bestehen. Sie sind in Nr. 3 geregelt.

Nach Nr. 3 Satz 1 hat der Auftragnehmer die Stundenlohnarbeiten vor Beginn der Ausführung dem Auftraggeber anzuzeigen. Allerdings handelt es sich hier nicht um eine Anspruchsvoraussetzung, sondern um eine Nebenpflicht, deren Verletzung für den Auftragnehmer aber wesentliche Nachteile nach sich ziehen kann[31]. Läßt sich nämlich infolge einer Verletzung der Anzeigepflicht der Leistungsumfang vom Auftraggeber nicht mehr kontrollieren, so kann der Auftragnehmer seinen Anspruch auf Vergütung nach Stundenlohn verlieren, wenn er nicht den Umfang der Lohnstunden auf andere Weise nachweisen kann. Er hat die Leistungen je nach ihrer Art dann gemäß § 2 Nr. 5 oder 6 VOB/B abzurechnen.

Ebenfalls im Interesse einer Kontrolle durch den Auftraggeber sieht Nr. 3 Satz 2 vor, daß, je nach Verkehrssitte, und soweit nichts anderes vereinbart ist, täglich oder wöchentlich, Listen „über die geleisteten Arbeitsstunden und den dabei erforderlichen, besonders zu vergütenden Aufwand für den Verbrauch von Stoffen, für Vorhaltung von Einrichtungen, Geräten, Maschinen und maschinellen Anlagen für Frachten, Fuhr- und Ladeleistungen und etwaige Sonderkosten", die sog. Stundenlohnzettel, einzureichen sind. Hat der Auftraggeber verlangt, daß die Stundenlohnarbeiten durch einen Polier oder eine andere Aufsichtsperson beaufsichtigt werden, wofür er dem Auftragnehmer ebenfalls eine Vergütung nach Nr. 2 schuldet, sind die Aufsichtsstunden ebenfalls auf dem Stundenlohnzettel aufzuführen. Reicht der Auftragnehmer die Stundenlohnzettel nicht fristgemäß ein, gilt das gleiche wie im Falle nicht rechtzeitiger Anzeige der Stundenlohnarbeiten. Der Auftragnehmer läuft also Gefahr, daß er seine Leistungen nicht nach Stundenlohn abrechnen kann, es sei denn, er kann die geleisteten Lohnstunden anderweitig beweisen.[32]

Besondere Rechtsfolgen sind für das Verhalten des Auftraggebers im Hinblick auf die ihm zugegangenen Stundenlohnzettel vorgesehen. Zunächst bestimmt Nr. 3 Satz 3, daß der Auftraggeber die Stundenlohnzettel spätestens innerhalb von sechs Werktagen – Samstage gelten als Werktage – nach Zugang an den Auftragnehmer zurückgeben muß. Versäumt er die Frist, gelten die Stundenlohnzettel nach Nr. 3 Satz 5 als anerkannt. Das ist auch der Fall, wenn der Auftraggeber die Frist zwar einhält, aber innerhalb der Frist keine Einwände gegen die aufgeführten Lohnstunden erhebt. Dieses Ergebnis folgt zwar nicht unmittelbar aus Nr. 3 Satz 5, ist aber aus Gründen der Rechtsklarheit allgemeine Meinung.[33] Seine Einwendungen gegen die in Ansatz gebrachten Lohnstunden kann der Auftraggeber nach Nr. 3 Satz 4 auf den Stundenlohnzetteln selbst oder gesondert schriftlich geltend machen. Ausreichend ist es auch, wenn der Auftraggeber die Stundenlohnzettel mündlich beanstandet. Davon ist allerdings dem Auftraggeber abzuraten, weil er leicht in Beweisschwierigkeiten kommen kann, wenn der Auftragnehmer die Beanstandung überhaupt oder jedenfalls dem Umfange nach bestreitet.

Die Stundenlohnrechnungen sind nach Nr. 4 alsbald nach Abschluß der Stundenlohnarbeiten einzureichen. Handelt es sich um länger dauernde umfangreiche

---

[31] Heiermann u. a. B § 15 Rdnr. 26
[32] Heiermann a. a. O., Rdnrn. 25, 27
[33] Heiermann a. a. O., Rdnr. 34

Stundenlohnarbeiten, hat dies in Abständen von längstens vier Wochen zu geschehen. Hält sich der Auftraggeber hieran nicht, werden seine Vergütungsansprüche nicht fällig.

Hat der Auftragnehmer die Stundenlohnzettel nicht fristgerecht gemäß Nr. 3 Satz 2 vorgelegt, kommt es deswegen zwischen den Vertragspartnern zu Meinungsverschiedenheiten über den Umfang der Lohnstunden, und kann der Auftragnehmer die in Rechnung gestellten Lohnstunden nicht anderweitig nachweisen, enthält Nr. 5 eine Sonderregelung, wie die Vergütung zu berechnen ist. Die Regelung gilt entsprechend für den Fall, daß der Auftragnehmer seine Anzeigepflicht nach Nr. 3 Satz 1 verletzt hat, und es deshalb zu nicht behebbaren Zweifeln über den Umfang der Lohnstunden kommt. Der Auftraggeber kann in diesen Fällen „verlangen, daß für die nachweisbar ausgeführten Leistungen eine Vergütung vereinbart wird, die nach Maßgabe von Nummer 1 Abs. 2 für einen wirtschaftlich vertretbaren Aufwand an Arbeitszeit und Verbrauch von Stoffen, für Vorhaltung von Einrichtungen, Geräten, Maschinen und maschinellen Anlagen, für Frachten, Fuhr- und Ladeleistungen sowie etwaige Sonderkosten ermittelt wird". Der Auftragnehmer ist, liegen die Voraussetzungen der Nr. 5 vor, verpflichtet, einer Neuberechnung der Vergütung zuzustimmen, und hat diese selbst vorzunehmen. Maßstab für die Neuberechnung ist der wirtschaftlich vertretbare Aufwand für die erbrachte Leistung. Der Auftraggeber kann im übrigen verlangen, daß die neue Vergütung auf der Grundlage von Einheitspreisen bzw. eines Pauschalpreises vereinbart wird.

Verlangt der Auftraggeber eine neue Berechnung der Vergütung nicht bzw. stellt er dies Verlangen nicht innerhalb einer angemessenen Frist, kann der Auftragnehmer bei Verletzung seiner Anzeigepflicht hinsichtlich der Stundenlohnarbeiten oder seiner Vorlagepflicht hinsichtlich der Stundenlohnzettel und daraus resultierender Meinungsverschiedenheiten über den Umfang der in Ansatz zu bringenden Lohnstunden nur die von ihm nachgewiesenen Lohnstunden abrechnen, ohne daß es allerdings darauf ankommt, ob die Lohnstunden zu der Leistung in einem wirtschaftlich angemessenen Verhältnis stehen.

4.4.1.2
Abschlagszahlungen

Im Gegensatz zum BGB sieht die VOB/B in § 16 Nr. 1 ausdrücklich das Recht des Auftragnehmers vor, Abschlagszahlungen für im Bauverlauf erbrachte Leistungen zu verlangen. Solche Zahlungen sind auf Antrag in Höhe des Wertes der jeweils nachgewiesenen vertragsgemäßen Leistungen in möglichst kurzen Zeitabständen zu zahlen.

Voraussetzung ist zunächst ein Antrag des Auftragnehmers. Dieser wird regelmäßig in der übersandten Abschlagsrechnung liegen. Schriftlichkeit ist erforderlich, wie sich aus § 16 Nr. 1 Abs. 3 VOB/B ergibt, wonach dem Auftraggeber eine Aufstellung zuzugehen hat. Weitere Formerfordernisse, soweit nicht die Prüfbarkeit der Rechnung betroffen ist, bestehen nicht.

Der Auftragnehmer kann Zahlungen in Höhe des Wertes der jeweils nachgewiesenen vertragsgemäßen Leistung verlangen. Dies bedeutet, daß der Auftragnehmer Zahlungen nur für bereits erbrachte Leistungen verlangen kann. Vorauszahlungen für noch nicht erbrachte Leistungen sind im Rahmen von Abschlagszahlungen nicht vorgesehen. Die Zulässigkeit von Vorauszahlungen richtet sich nach § 16 Nr. 2 VOB/B.

Der Auftragnehmer muß dementsprechend darlegen, welche Leistungen er als erbracht ansieht. In diesem Rahmen hat er grundsätzlich auch Anspruch auf Abschlagszahlungen für eine geänderte Vergütung wegen Leistungsänderungen gemäß § 1 Nr. 3 VOB/B und zusätzlichen Leistungen gemäß § 1 Nr. 4 VOB/B. Gemäß § 16 Nr. 1 Abs. 1 Satz 3 VOB/B sind als vergütungspflichtige Leistungen ebenfalls die für die geforderte Leistung eigens angefertigten und bereitgestellten Bauteile sowie die auf der Baustelle angelieferten Stoffe und Bauteile, wenn dem Auftraggeber nach seiner Wahl das Eigentum daran übertragen oder ihm eine entsprechende Sicherheit gestellt wird, anzusehen. Im Rahmen der ersten Alternative ist eine Anlieferung auf die Baustelle nicht notwendig. Es genügt eine räumlich ausgesonderte Aufbewahrung der Teile. Im Hinblick auf die zweite Alternative muß es entweder zu einem Eigentumsübergang kommen oder eine Sicherheitsleistung gegeben werden. Ersteres liegt noch nicht in der Anlieferung von Stoffen oder Bauteilen auf die Baustelle (BGH NJW 86, 1681, 1683). Vielmehr bedarf es eines gesonderten Eigentumsübertragungsvorgangs. Die ansonsten notwendige Sicherheit kann durch Stellung einer Bürgschaft i. S. d. § 17 VOB/B geschehen.

Schwierigkeiten bereiten kann der Nachweis der ausgeführten Leistungen u. U. beim Pauschalvertrag. Da der Auftragnehmer für den von ihm behaupteten Leistungsumfang beweispflichtig ist, muß er daher insoweit einen auf den spezifischen Pauschalvertrag abgestimmten Nachweis erbringen.

Von der Abschlagsforderung kann der Auftraggeber Gegenforderungen einbehalten (§ 16 Nr. 1 Abs. 2 VOB/B). Dies betrifft z. B. Skonti. Bei bestehenden Mängeln an der Bauleistung des Auftragnehmers ist der Auftraggeber berechtigt, einen Betrag in der zwei- bis dreifachen Höhe des wahrscheinlich für die Beseitigung des Mangels notwendigen Aufwands zurückzubehalten (BGH BauR 78, 398, 400).

18 Werktage nach Zugang der prüfbaren Rechnung ist die Abschlagszahlung fällig, der Auftraggeber also verpflichtet, Zahlung zu leisten. Kommt er dieser Verpflichtung unberechtigter Weise nicht nach, so kann ihm der Auftragnehmer eine angemessene Nachfrist setzen. Nach fruchtlosem Ablauf dieser Frist hat der Auftragnehmer Anspruch auf Zinsen in Höhe von 1 % über dem Lombardsatz der Deutschen Bundesbank, sofern er keinen höheren Verzugsschaden nachweisen kann. Außerdem ist er berechtigt, die Arbeiten bis zur Zahlung einzustellen (§ 16 Nr. 5 Abs. 3 VOB/B).

Der Auftraggeber ist verpflichtet, Abschlagszahlungen in möglichst kurzen Zeitabständen zu gewähren. Insoweit kommt es auf die Umstände des Einzelfalles an. Wegen des mit der Prüfung von Abschlagsrechnungen verbundenen Aufwands sind jedenfalls Rechnungen mit nur kleinen Werklohnanteilen zu vermeiden.

Wie sich aus § 16 Nr. 1 Abs. 4 VOB/B ergibt, stellen Abschlagszahlungen kein Anerkenntnis dar. Sie gelten auch nicht als Abnahme der Leistung und haben auf die Gewährleistung keinen Einfluß. Abschlagszahlungen sind insoweit von Teilschlußzahlungen gemäß § 16 Nr. 4 VOB/B zu unterscheiden. Derartige Zahlungen haben die vorgenannten Rechtswirkungen. Aus der Regelung des Abs. 4 ergibt sich auch, daß eine Abnahme der in der Abschlagsrechnung abgerechneten Leistungen nicht erforderlich ist. Daraus folgt, daß der Auftraggeber im Rahmen der Prüfung der Schlußrechnung auch im Hinblick auf Leistungen, für die bereits Abschlagszahlungen geleistet worden sind, sämtliche Einwendungen noch geltend machen kann.

Allgemein wird dem Auftragnehmer ein Recht zur Stellung von Abschlagsrechnungen zugebilligt, solange der Vertrag nicht beendet oder abgeschlossen ist, also der Auftragnehmer nicht die Möglichkeit hat, den Vertrag abschließend abzurechnen.

4.4.1.3
Schlußrechnung

Nach der Beendigung des Vertrags, sei es durch Kündigung oder durch Abschluß der Bauleistungen, hat der Auftragnehmer eine Schlußrechnung zu stellen. Die Schlußrechnung hat alle Leistungen und Ansprüche auszuweisen, die der Auftragnehmer geltend machen will. Hat der Auftragnehmer allerdings versehentlich Positionen nicht berücksichtigt, so ist er nicht daran gehindert, eine Nachberechnung vorzunehmen. Eine Bindungswirkung wie bei der Schlußrechnung der Architekten gibt es bei einer Werklohnberechnung durch den Bauunternehmer grundsätzlich nicht (BGH NJW 88, 910). Die Schlußrechnung muß nicht als solche bezeichnet werden; es muß sich nur erschließen, daß der Auftragnehmer mit der Rechnung seiner Ansprüche abschließend berechnen will (BGH BauR 75, 344). Auch die Schlußrechnung muß prüfbar sein.

Neben der Vorlage einer prüfbaren Schlußrechnung ist Fälligkeitsvoraussetzung die Abnahme der Bauleistung bzw. das Bestehen einer abnahmereifen Leistung, wenn der Auftraggeber die Abnahme verweigert. Eine Abnahme ist allerdings im Fall einer Kündigung des Bauvertrags keine Fälligkeitsvoraussetzung. Die in § 8 Abs. 6 VOB/B erwähnte Abnahme soll nur dazu dienen, die Abgrenzung der Leistung sicherzustellen.

Der Auftraggeber hat binnen zwei Monaten nach Zugang der prüfbaren Schlußrechnung die Rechnung zu prüfen (§ 16 Nr. 3 Abs. 1 Satz 1 VOB/B). Nach Ablauf dieser Frist ist die Schlußzahlung fällig. Wie sich aus Nr. 3 Abs. 1 Satz 2 ergibt, soll die Prüfung der Schlußrechnung allerdings nach Möglichkeit beschleunigt werden. Ist die Prüfung der Schlußrechnung schon zu einem früheren Zeitpunkt abgeschlossen, so wird die Schlußzahlung bereits zu diesem Zeitpunkt fällig. Dies bedeutet allerdings nicht, daß im Hinblick auf die Fälligkeit ggf. auf einen Zeitraum abgestellt werden kann, innerhalb dessen der Auftraggeber die Schlußrechnung hätte prüfen können. Ist dem Auftragnehmer das Ende der Prüfung nicht bekannt, so verbleibt es bei der Zwei-Monats-Frist. Ausnahmsweise kann sich die

Frist für die Prüfung der Schlußrechnung verlängern, soweit Umstände vorliegen, die der Auftraggeber nicht zu vertreten hat, wie etwa der Tod des bauleitenden Architekten oder ein sehr umfangreiches Bauvorhaben. Die vorgenannten Regelungen gelten sowohl für den Einheits- als auch für den Pauschalvertrag (BGH NJW 89, 836, 837).

Fristen für die Vorlage der Schlußrechnung durch den Auftragnehmer sind in § 14 Nr. 3 VOB/B vorgesehen. Kommt der Auftragnehmer seinen Pflichten nicht nach, kann der Auftraggeber die Schlußrechnung unter Beachtung der Voraussetzungen des § 14 Nr. 4 VOB/B auf Kosten des Auftragnehmers selbst erstellen.

4.4.1.4
Teilschlußrechnung

§ 16 Nr. 4 VOB/B sieht vor, daß in sich abgeschlossene Teile der Leistungen nach einer Teilabnahme ohne Rücksicht auf die Vollendung der übrigen Leistung endgültig abgerechnet werden können. Es handelt sich hierbei um Teilleistungen i. S. d. § 12 Nr. 2 a VOB/B. Obwohl der Wortlaut der Vorschrift nahelegt, daß die Stellung einer Teilschlußrechnung nur eine Möglichkeit ist, wird einhellig vertreten, daß es sich hierbei um eine vertragliche Pflicht handelt, so daß der Auftragnehmer insbesondere auch verpflichtet ist, eine solche zu stellen, wenn der Auftraggeber dies verlangt.[34]

Im übrigen gelten die Ausführungen für die Schlußrechnung für die Teilschlußrechnung entsprechend. Für sie gelten dieselben Voraussetzungen und sie hat dieselben Wirkungen wie eine Schlußrechnung.

4.4.2
BGB

Das BGB sieht allein in § 641 eine Fälligkeitsregelung vor. Danach wird der Werklohn fällig, wenn die Bauleistung abgenommen ist, und wird ab diesem Zeitpunkt verzinst. Die Erteilung einer Rechnung ist keine Fälligkeitsvoraussetzung, jedenfalls nicht insoweit sie Voraussetzung für den Verjährungsbeginn ist (BGHZ 79, 176).[35] Da insbesondere beim Einheitspreisvertrag der Auftraggeber über die von ihm zu entrichtende Vergütung jedoch ohne Rechnung keine Kenntnis hat bzw. deren Berechtigung der Höhe nach nicht überprüfen kann, ist er nur nach Vorlage einer, ebenso wie beim VOB-Vertrag prüfbaren Rechnung zur Zahlung verpflichtet (OLG Hamm BauR 97, 656, vom BGH durch Nichtannahme der Revision bestätigt).

Im BGB sind keine gesonderten Vorschriften zu Stundenlohnarbeiten vorgesehen. § 2 Nr. 10 VOB/B, der eine gesonderte Vereinbarung dieser Leistungen verlangt, stellt jedoch einen allgemein anwendbaren Grundsatz dar. Dies gilt ebenfalls für § 15 Nr. 1 Abs. 1 und 2 Satz 1 und Nr. 2 VOB/B. Entsprechend sollen auch die Regelungen des 15 Nr. 3 und 5 VOB/B gelten (OLG Köln NJW-RR 97, 150).

---

[34] Heiermann u. a. B § 16 Rdnr. 111
[35] anderer Ansicht gegen den BGH: OLG Frankfurt BauR 97, 856

Das BGB sieht keine Abschlagszahlungen vor. Diese müssen daher ausdrücklich im Vertrag vereinbart werden. Ausnahmsweise kann sich eine Pflicht zu Abschlagszahlungen aus dem Grundsatz von Treu und Glauben ergeben (BGH NJW 85, 855, 857).

Die Möglichkeit von Teilschlußrechnungen ist in § 641 Abs. 1 Satz 2 BGB vorgesehen, bedarf jedoch ebenfalls der Vereinbarung.

4.4.3
AGB

Die isolierte Vereinbarung des § 16 Nr. 1 VOB/B begegnet keinen Bedenken, obwohl diese Regelung nicht der gesetzlichen Regelung entspricht. Der Auftraggeber wird dadurch jedoch nicht unangemessen benachteiligt, da der Auftragnehmer ein sachlich berechtigtes Interesse an der Vereinbarung von Abschlagszahlungen hat und der Auftraggeber nur verpflichtet wird, tatsächlich bereits erbrachte Leistungen zu vergüten.

Die Abbedingung des § 16 Nr. 1 VOB/B in einem VOB-Vertrag ist wirksam, da insoweit die gesetzliche Lage hergestellt wird. Dann ist aber die VOB/B nicht mehr als Ganzes vereinbart. Wie der BGH (NJW 88, 55, 56) festgestellt hat, ist die VOB/B schon dann nicht mehr als Ganzes vereinbart, wenn Abschlagszahlungen nur in Höhe von 90 % des Wertes der erbrachten Leistung zu vergüten sind. Ein Eingriff in den Kernbereich der VOB/B liegt auch dann vor, wenn in AGB vorgesehen wird, daß Abschlagszahlungen für angelieferte, aber noch nicht eingebaute Stoffe und Bauteile, sowie für Bauteile, die für die geforderte Leistung eigens angefertigt und bereitgestellt sind, nur in Höhe von 70 % des Wertes zu leisten sind (BGH NJW 91, 1813, 1814).

Das Recht auf Abschlagszahlungen mildert die gesetzliche Vorleistungspflicht des Auftragnehmers. Diese Vorleistungspflicht kann jedoch nicht eingeschränkt werden, indem der Auftraggeber z. B. verpflichtet wird, dem Auftragnehmer bankgarantierte Lastschriftanweisungen zur Verfügung zu stellen, da der Auftraggeber auf diese Zahlungen keinen Einfluß mehr hat und z. B. bei mangelhaften Leistungen von seinem Zurückbehaltungsrecht keinen Gebrauch mehr machen kann (BGH BauR 86, 455) oder der Auftraggeber sich hinsichtlich der Teilzahlungen unter Verzicht auf den Nachweis der Fälligkeit der sofortigen Zwangsvollstreckung unterwirft (OLG Düsseldorf BauR 96, 143). Unwirksam sind ebenfalls Klauseln, die die Zahlung von mehr als der Hälfte des Werklohns allein vom Zeitablauf abhängig machen, wie in der vom BGH (NJW 92, 1107) beurteilten Klausel:

„Die Kaufsumme für das S-Fertighaus sowie zusätzliche Lieferungen und Leistungen wird zu 60 % am zweiten Aufstellungstag fällig. Weitere 30 % bei Inbetriebnahme der Heizungsanlage und die restlichen 10 % nach Fertigstellung der vertraglichen Leistungen vor Einzug."

Gegen die isolierte Vereinbarung des § 16 Nr. 3 Abs. 1 VOB/B dürften auch keine Bedenken bestehen, obwohl die Einräumung der zweimonatigen Prüfungsfrist im Hinblick auf die gesetzliche Regelung, daß die Vergütung bei der Abnahme fällig wird, bedenklich ist.

4.4.4
Zahlungsabwicklung

4.4.4.1
VOB/B

Alle Zahlungen sind aufs äußerste zu beschleunigen (§ 16 Nr. 5 Abs. 1 VOB/B).
Eine selbständige rechtliche Bedeutung hat diese Regelung allerdings nicht, da die
Voraussetzungen für die Darlegung der Höhe der Forderung sowie die Regelungen zur Fälligkeit eingehalten werden müssen.

Gemäß § 16 Nr. 5 Abs. 2 VOB/B sind nicht vereinbarte Skontoabzüge unzulässig. Skonto ist ein prozentualer Abzug vom Rechnungsbetrag, der bei sofortiger
oder kurzfristiger Zahlung gewährt wird. Die Regelung des Nr. 5 Abs. 2 bedeutet,
daß Skontoabzüge nur aufgrund von vertraglichen Vereinbarungen zulässig sind.
Eine Verkehrssitte für Skontoabzüge gibt es nicht. Maßgeblich ist daher die einzelvertraglich festgelegte Regelung. Skonti können für Abschlags- und Schlußzahlungen vereinbart werden (BGH NJW 96, 1346, 1347).

Eine Besonderheit hinsichtlich der Zahlungsmodalitäten sieht § 16 Nr. 6
VOB/B vor. Danach kann der Auftraggeber unter bestimmten Umständen Zahlungen mit schuldbefreiender Wirkung gegenüber dem Auftragnehmer an dessen
Gläubiger leisten, soweit diese an der Ausführung der vertraglichen Leistung des
Auftragnehmers aufgrund eines Dienst- oder Werkvertrags beteiligt sind, also
Subunternehmer sind, und der Auftragnehmer gegenüber seinem Gläubiger in
Zahlungsverzug ist.

Zu berücksichtigen ist insoweit, daß das Vertragsverhältnis zwischen dem Auftragnehmer und seinem Gläubiger ein Dienst- oder Werkvertrag sein muß. Unter
dem Anwendungsbereich dieser Vorschrift fallen daher regelmäßig nicht die Lieferanten des Auftragnehmers, da insoweit ein Kaufvertragsverhältnis besteht.

Weitere Voraussetzung ist, daß sich der Auftragnehmer gegenüber seinem Subunternehmer in Zahlungsverzug befindet, und zwar mit solchen Zahlungen, die
aus der Beteiligung des Subunternehmers an dem Bauvorhaben resultieren. Liegen
diese Voraussetzungen vor, so ist der Auftraggeber zu einer Zahlung an den Subunternehmer berechtigt, nicht jedoch verpflichtet.

Darüber hinaus sieht Nr. 6 Satz 2 zur Absicherung des Auftraggebers vor, daß
der Auftragnehmer auf Anfrage des Auftraggebers verpflichtet ist, sich über den
Bestand der Forderung zu erklären. Erfolgt eine solche Erklärung nicht innerhalb
der vom Auftraggeber gesetzten Frist, so gelten die Forderungen als anerkannt und
der Zahlungsverzug als bestätigt. Bestreitet der Auftragnehmer demgegenüber die
Voraussetzungen der Forderung bzw. des Zahlungsverzugs, ist der Auftraggeber
trotzdem nicht gehindert, direkt an den Gläubiger des Auftragnehmers zu zahlen,
muß jedoch ggf. nachweisen, daß die Voraussetzungen des Nr. 6 Satz 1 gegeben
waren. Kann er dies nicht, ist er gegenüber dem Auftragnehmer zur erneuten
Zahlung verpflichtet.

Problematisch ist die Situation in Fällen der Zahlungsunfähigkeit des Auftragnehmers. Jedenfalls nach Konkurseröffnung über dessen Vermögen sind schuldbefreiende Zahlungen an den Gläubiger des Auftragnehmers gemäß dieser Vorschrift nicht mehr möglich (BGH BauR 86, 454).

Hat der Auftraggeber die Bauleistung des Auftragnehmers abgenommen oder der Auftragnehmer jedenfalls ein abnahmereifes Werk erstellt und dem Auftraggeber die prüfbare Schlußrechnung erteilt, so ist der Auftraggeber nach § 16 Nr. 3 Abs. 1 VOB/B verpflichtet, den Betrag der Schlußrechnung abzüglich etwaiger Einbehalte, die sog. Schlußzahlung alsbald nach Prüfung und Feststellung der Schlußrechnung, spätestens jedoch innerhalb von zwei Monaten nach Zugang der Schlußrechnung, zu leisten. Nach Ablauf von zwei Monaten wird also der Schlußrechnungsbetrag zur Zahlung fällig und kann ggf. vom Auftragnehmer gerichtlich durchgesetzt werden.

Ausnahmsweise kann sich diese Frist z. B. bei sehr umfangreichen Bauvorhaben, bei denen die Prüfung der Schlußrechnung längere Zeit dauert, verlängern.[36] Dann ist gemäß § 16 Nr. 3 Abs. 1 Satz 3 VOB/B das unbestrittene Guthaben als Abschlagszahlung sofort zu zahlen. Ein unbestrittenes Guthaben in diesem Sinne liegt nur dann vor, wenn nach Abzug aller vorläufig strittigen Forderungen ein Saldo zugunsten des Auftragnehmers besteht; ein unbestrittenes Guthaben kann sich nicht allein auf einzelne Abrechnungspositionen beziehen (BGH BauR 97, 468).

Leistet der Auftraggeber die Schlußzahlung, können hiermit nach § 16 Nr. 3 Abs. 2 VOB/B einschneidende Wirkungen verbunden sein; denn die vorbehaltlose Annahme der Schlußzahlung schließt Nachforderungen des Auftragnehmers aus. An dieser Bestimmung scheitern häufig Nachforderungsansprüche des Auftragnehmers, weil der Auftraggeber die Einrede der vorbehaltlosen Annahme der Schlußzahlung erhebt und damit über die Schlußzahlung hinausgehende Vergütungsansprüche des Auftragnehmers zu Recht mit der Wirkung ablehnt, daß sie nicht mehr durchsetzbar sind. Die Einrede der vorbehaltlosen Annahme der Schlußzahlung setzt eine schriftliche Unterrichtung über die Schlußzahlung sowie einen Hinweis auf die Ausschlußwirkung voraus. Damit ist aber nicht verlangt, daß der Auftraggeber ausdrücklich das Wort „Schlußzahlung" verwendet. Es genügt vielmehr jede Bezeichnung oder andere Erklärung, durch die eindeutig der Wille des Auftraggebers zum Ausdruck kommt, auf keinen Fall weitere Zahlungen zu leisten.[37] So ist z. B. die Bezeichnung „Restzahlung" oder „Ausgleich der Schlußrechnung vom ..." ausreichend. Notwendig ist ein gesondertes Schreiben des Auftraggebers, in dem ausdrücklich auf die Ausschlußwirkung hingewiesen wird (OLG Köln BauR 94, 634, 635). Begründet werden muß die Ablehnung nicht. Es ist auch ohne Bedeutung, ob die Zahlung dem offenen Betrag der Schlußrechnung entspricht oder sogar deutlich darunterliegt.

Nach Satz 2 des § 16 Nr. 3 Abs. 3 VOB/B steht es einer Schlußzahlung gleich, wenn der Auftraggeber unter Hinweis auf geleistete Zahlungen weitere Zahlungen endgültig und schriftlich ablehnt. Das gilt auch, wenn der Auftraggeber weitere Zahlungen im Hinblick auf von ihm gemäß § 16 Nr. 6 VOB/B an den Subunternehmer geleistete Zahlungen oder eine von ihm erklärte Aufrechnung mit Gegen-

---

[36] Heiermann u. a. B § 16 Rdnr. 65
[37] Ingenstau/Korbion B § 16, 3 Rdnr. 187

ansprüchen, z. B. mit einer Vertragsstrafe, gleichgültig, ob sie begründet oder nicht begründet sind, verweigert (BGH BauR 77, 282, 283).

Ein solches Verhalten des Auftraggebers hat aber nur die Wirkung einer Schlußzahlung, wenn vorher eine Schlußrechnung erteilt worden ist. Erst dann kann eine Schlußzahlung im eigentlichen Sinne geleistet werden. Erklärt der Auftraggeber, bevor er die Schlußrechnung erhalten hat, aus welchen Gründen auch immer, er denke nicht daran, weitere Vergütungsansprüche des Auftragnehmers zu erfüllen, ist dies ohne Wirkung.

Reagiert der Auftragnehmer auf die Schlußzahlung oder ein ihm gleichstehendes Verhalten des Auftraggebers nicht, treten die Ausschlußwirkungen des § 16 Nr. 3 Abs. 2 VOB/B ein. Davon erfaßt sind alle Forderungen des Auftragnehmers, die mit dem Bauvertrag im Zusammenhang stehen, auch wenn es sich um Leistungen aus Zusatz- und Nachtragsaufträgen oder Schadensersatzansprüche des Auftragnehmers gegen den Auftraggeber wegen Verletzung der Pflichten aus dem Bauvertrag handelt, soweit es sich nicht auf Aufmaß-, Rechen- und Übertragungsfehler handelt (§ 16 Nr. 3 Abs. 6 VOB/B). Die Ausschlußwirkung bedeutet allerdings nicht, daß die nicht vorbehaltenen Ansprüche des Auftragnehmers erlöschen, sondern sie sind – ähnlich wie verjährte Ansprüche – lediglich einredebehaftet, d. h. nicht mehr gerichtlich durchsetzbar, wenn der Auftraggeber im Rechtsstreit die Einrede der vorbehaltlosen Annahme der Schlußzahlung erhebt (BGH BauR 74, 132). Der Auftraggeber kann jederzeit auf diese Einrede verzichten, so daß die berechtigten Ansprüche des Auftragnehmers dann wieder voll durchsetzbar sind (BGH BauR 81, 393, 394). Ein solcher Verzicht kann z. B. darin liegen, daß der Auftraggeber in ernsthafte Verhandlungen über die ausgeschlossenen Forderungen eingetreten ist.[38]

Will der Auftragnehmer die Ausschlußwirkung vermeiden, muß er sich seine Ansprüche gegenüber dem Auftraggeber fristgerecht vorbehalten (Nr. 3 Abs. 2 Satz 1). Das gilt auch für solche Zahlungsansprüche, die der Auftragnehmer bereits früher, in einer anderen als der Schlußrechnung gestellt hat, die aber unerledigt geblieben sind (Nr. 3 Abs. 4). Der Vorbehalt ist eine einseitige empfangsbedürftige Willenserklärung. Die Verwendung des Wortes „Vorbehalt" ist nicht erforderlich (BGH BauR 83, 476, 477). Es genügt, daß sich aus dem Inhalt der Erklärung zweifelsfrei entnehmen läßt, daß aus dem zugrundeliegenden Vertragsverhältnis noch weitere Forderungen geltend gemacht werden. Eine besondere Form ist für die Vorbehaltserklärung nicht vorgesehen. Sie kann deshalb auch mündlich (BGH NJW 78, 994), telefonisch und durch schlüssiges Verhalten erfolgen.[39] Daher liegt in der Erhebung der Klage auf weitere Zahlung oder in der Zustellung eines Mahnbescheides ein ausreichender Vorbehalt.

Ausnahmsweise ist der Vorbehalt als reine Formalität entbehrlich, wenn der Auftragnehmer kurz vor Erhalt der Schlußzahlung eindeutig erklärt hat, daß er noch einen bestimmten Betrag fordere,[40] oder wenn die Mehrforderung bereits im

---

[38] Ingenstau/Korbion a. a. O., Rdnr. 169
[39] Ingenstau/Korbion a. a. O., Rdnr. 229
[40] Ingenstau/Korbion a. a. O., Rdnr. 219

Zeitpunkt der Schlußzahlung im Mahnverfahren oder durch Klage geltend gemacht worden ist (BGH BauR 77, 135, 137).

Für die Erklärung des Vorbehalts ist in § 16 Nr. 3 Abs. 5 VOB/B eine Frist von 24 Werktagen – Samstage zählen auch hier als Werktage – nach Zugang der Mitteilung gemäß § 16 Nr. 3 Abs. 2 und 3 VOB/B vorgesehen. Die Erklärung muß also dem Auftraggeber oder seinem Bevollmächtigten innerhalb dieser Frist zugehen (§ 130 Abs. 1 BGB), d. h. bei schriftlicher Vorbehaltserklärung in deren Empfangsbereich gelangen. Bevollmächtigter des Auftraggebers ist u. a. der Architekt, der mit der Bauabrechnung befaßt ist. Die Darlegungs- und Beweislast für den ordnungsgemäßen und rechtzeitigen Zugang der Vorbehaltserklärung trifft den Auftragnehmer.

Allein der Vorbehalt genügt aber nicht, um die Ausschlußwirkung zu vermeiden. Nach § 16 Nr. 3 Abs. 5 Satz 2 VOB/B wird der Vorbehalt hinfällig, wenn der Auftragnehmer nicht innerhalb von weiteren 24 Werktagen – auch hier zählen die Samstage als Werktage – eine prüfbare Rechnung über die vorbehaltenen Forderungen einreicht oder, wenn das nicht möglich ist, den Vorbehalt eingehend begründet. Entgegen dem Wortlaut der Bestimmung ist es allerdings nicht erforderlich, daß der Auftragnehmer nach erklärtem Vorbehalt in jedem Falle eine prüfbare Rechnung über den vorbehaltenen und durch die Schlußzahlung nicht ausgeglichenen Anspruch einreicht oder den Vorbehalt eingehend begründet. Zweck der Regelung des § 16 Nr. 3 VOB/B ist es, nach Fertigstellung der Bauleistung schnell Rechtsklarheit zwischen den Vertragspartnern zu schaffen. Wo dies auch ohne nähere Erläuterung des Vorbehalts der Fall ist, genügt allein der Vorbehalt, um die Ausschlußwirkung zu vermeiden. Hat daher der Auftragnehmer über eine vorbehaltene Forderung dem Auftraggeber bereits eine prüfbare Rechnung erteilt, oder hat er in anderer Weise eingehend – etwa nach vorangegangenem Streit der Parteien über diesen Punkt – seinen Standpunkt überprüfbar dargelegt, wäre es leerer Formalismus, wenn er dies wiederholen müßte (BGH BauR 83, 476, 478). Die Regelung über den Vorbehalt verlangt vom Auftragnehmer nur das, was erforderlich ist, um dem Auftraggeber die hinreichende Aufklärung über Art und Umfang dessen zu geben, was der Auftragnehmer noch zu fordern beabsichtigt. Die Notwendigkeit einer prüfbaren Rechnung oder einer Begründung des Vorbehalts kommt daher regelmäßig nur in Betracht, wenn sich der Auftragnehmer bei dem Eingang der Schlußzahlung eine Forderung vorbehalten hat, die er bis dahin noch nicht erhoben, z. B. noch nicht in die Schlußrechnung aufgenommen hat, oder zwar erhoben, aber darüber noch keine oder jedenfalls noch keine prüfbare Rechnung ausgestellt hat. Sind alle Forderungen des Auftragnehmers in der Schlußrechnung prüfbar in Ansatz gebracht oder hat der Auftraggeber einzelne Positionen der Schlußrechnung gestrichen, so genügt daher in einem solchen Fall allein der Vorbehalt gegen die Schlußzahlung, um die von dem Auftraggeber nicht anerkannten Forderungen weiter geltend machen zu können.

4.4.4.2
BGB

Insoweit gelten die Regelungen über die beschleunigte Zahlung (§ 16 Nr. 5 Abs. 1 VOB/B) und die Regelung zum Skonto (§ 16 Nr. 5 Abs. 2 VOB/B) entsprechend, da sie insoweit die gesetzliche Lage wiedergeben.

Das BGB sieht eine der VOB/B vergleichbare Regel, daß die vorbehaltlose Annahme einer Schlußzahlung weitere Ansprüche ausschließt, nicht vor. Nur in extremen Ausnahmefällen wird sich der Auftraggeber auf eine Zahlungsverweigerung als Ausschlußgrund berufen dürfen, wenn dies unter Berücksichtigung von Treu und Glauben (§ 242 BGB) gegenüber dem Auftragnehmer als gerechtfertigt erscheint. Es ist insoweit auf die Grundsätze der sog. Verwirkung hinzuweisen. Sie tritt ein, wenn der Berechtigte, also in diesem Fall der vergütungsberechtigte Auftragnehmer, seinen Anspruch über längere Zeit nicht geltend gemacht hat und der Verpflichtete, also der Auftraggeber, sich nach dem gesamten Verhalten des Auftragnehmers darauf einrichten durfte, daß dieser seinen Anspruch nicht mehr geltend macht, und sich tatsächlich auch darauf eingerichtet hat (BGH NJW 89, 836, 838). Die Verwirkung berechtigt den Auftraggeber, weitere Zahlungen zu verweigern.

Auch das BGB sieht die Möglichkeit vor, daß Zahlungen an einen Dritten geleistet werden können (§ 267 Abs. 1 BGB); der Auftraggeber kann dementsprechend an einen Subunternehmer seines Auftragnehmers zahlen. Derartige Zahlungen erfolgen jedoch nicht schuldbefreiend im Verhältnis zwischen Auftraggeber und Auftragnehmer. Sie führen allein zu Bereicherungsansprüchen des Zahlenden gegenüber seinem Gläubiger, also im vorliegenden Fall des Auftraggebers gegenüber dem Auftragnehmer. Diese sind rechtlich schwächer ausgestaltet als ein vertraglicher Zahlungsanspruch. Weiterhin kann der Auftraggeber diese Zahlungen dem Auftragnehmer nur im Weg der Aufrechnung entgegenhalten. Dem können unter Umständen Aufrechnungsverbote entgegenstehen (BGH NJW 90, 2384, 2385).

4.4.4.3
AGB

Der isolierten Vereinbarung der §§ 16 Nr. 3 Abs. 1 Satz 3, Nr. 5 Abs. 1 und 2 VOB/B stehen keine Bedenken entgegen.

Die isolierte Vereinbarung von § 16 Nr. 3 Abs. 2 VOB/B betreffend die Rechtswirkungen einer vorbehaltlosen Annahme einer Schlußzahlung ist nicht möglich. Ebensowenig hält die Klausel einer Prüfung nach dem AGBG stand, wenn die VOB/B nicht als Ganzes vereinbart ist, da diese den Auftraggeber wegen des Ausschlusses von Nachforderungen unangemessen benachteiligt (BGH NJW 88, 55).

Unangemessen und damit unwirksam ist folgende Klausel, da der vollständige Anspruchsverlust nicht durch ein schützenswertes Interesse des Auftraggebers gerechtfertigt ist (OLG Düsseldorf NJW-RR 97, 784):

„Stundennachweise sind spätestens innerhalb einer Woche nach Erstellung vorzulegen, ansonsten erlischt der Anspruch."

Dies gilt ebenfalls für folgende vom BGH (BauR 89, 461) beurteilte Klausel:

„Die Schlußrechnung muß vollständig und abschließend aufgestellt werden. Nachforderungen werden hiermit ausgeschlossen. Der AN verzichtet ausdrücklich auf alle Ansprüche, die nicht in der Schlußrechnung geltend gemacht sind."

Die isolierte Vereinbarung der Regelung des § 16 Nr. 6 Satz 1 VOB/B über die direkte Zahlung an den Subunternehmer des Auftragnehmers ist unwirksam. Denn diese Regelung weicht von der gesetzlichen Regelung des BGB ab und benachteiligt den Auftragnehmer unangemessen (BGH NJW 90, 2384, 2385).

Im Hinblick auf das Skonto sind folgende Regelungen des Auftraggebers unwirksam (BGH NJW 1996, 1346):

„Vereinbartes Skonto wird von jedem Abschlags- und Schlußrechnungsbetrag abgezogen, für den die geforderten Zahlungsfristen eingehalten werden."

Das OLG Frankfurt (NJW-RR 88, 1485) sah folgende Klausel als rechtswidrig an, weil die Skontogewährung ausschließlich von Umständen abhängt, die der Auftraggeber oder sein Architekt allein bestimmen:

„AN gewährt AG 2 % Skonto auf die Auftragssumme bei Zahlung des anerkannten Schlußrechnungsbetrages innerhalb 3 Wochen nach Prüfung."

Unzulässig ist es zudem, Zahlungen von Ereignissen abhängig zu machen, auf die der Auftragnehmer keinen Einfluß hat, etwa der Subunternehmer auf die Gesamtabnahme des Bauvorhabens (OLG Karlsruhe, NJW-RR 93, 1435).

5 Pflichtverletzungen des Auftragnehmers

Der Auftragnehmer hat bei der Durchführung des Bauvertrags unterschiedliche Pflichten zu berücksichtigen und zu erfüllen. Deren Verletzung kann insbesondere zu Gewährleistungs- und Schadensersatzansprüchen des Auftraggebers führen.

Im Bereich des Werkvertragsrechts gehört die mangelfreie Erstellung des Werkes zur Erfüllung der vertraglichen Verpflichtung. Dies bedeutet, daß der Auftragnehmer für die Mangelfreiheit seiner Leistung im Sinne einer Garantie einzustehen hat. Es kommt insbesondere nicht darauf an, ob der Auftragnehmer den Mangel verschuldet hat oder nicht. Daher hat er grundsätzlich gegenüber dem Auftraggeber auch für schadhafte Vorleistungen von ihm eingeschalteter Dritter einzustehen, z. B. für mangelhafte, von ihm angeschaffte und verwandte Baustoffe. Auch für „Ausreißer" hat er einzustehen (BGH NJW 96, 2372). Die Verletzung dieser Pflicht führt zu Gewährleistungsansprüchen.

Dies ist ebenfalls die Konsequenz, wenn der Auftragnehmer seiner Prüfungs- und Hinweispflicht, wie sie exemplarisch in § 4 Nr. 3 VOB/B geregelt ist, nicht nachkommt.

Demgegenüber führt die Verletzung der Pflicht zur rechtzeitigen Herstellung der Bauleistung direkt zu Schadensersatzansprüchen. Dies gilt auch für die Verletzung von Nebenpflichten, so z. B., das Eigentum des Auftraggebers bei der Durchführung der Leistung nicht zu beschädigen.

5.1
Zur Gewährleistung führende Pflichtverletzungen

5.1.1
Mangelbehaftete Leistung

Wie § 13 Abs. 1 VOB/B exemplarisch ausführt, hat der Auftragnehmer dafür zu sorgen, „daß seine Leistung zur Zeit der Abnahme die vertraglich zugesicherten Eigenschaften hat, den anerkannten Regeln der Technik entspricht und nicht mit Fehlern behaftet ist, die den Wert oder die Tauglichkeit zu dem gewöhnlichen oder dem nach dem Vertrag vorausgesetzten Gebrauch aufheben oder mindern". Was darunter jeweils zu verstehen ist, ist bereits auf S. 29 ff geschildert. Nur die Einhaltung dieser – nebeneinanderstehenden – Verpflichtungen führt dazu, daß die Leistung als mangelfrei angesehen werden kann. Dies gilt in vollem Umfang auch für den BGB-Vertrag, obwohl § 633 Abs. 1 BGB keinen Bezug auf die anerkannten Regeln der Technik nimmt.

Hinsichtlich des Zeitpunkts der Mangelfreiheit verweist die Vorschrift auf die Abnahme. Dies gilt ebenfalls beim BGB-Vertrag. Dies bedeutet zunächst, daß der Auftragnehmer während der Zeit der Ausführung der Leistung die technische Entwicklung verfolgen muß und u. U. seine Leistung den neuen Erfordernissen anpassen muß, ohne daß er zusätzliche Vergütungsansprüche erhält. Diese Anforderungen hat die Rechtsprechung dadurch verschärft, daß sie vom Auftragnehmer verlangt, daß seine Leistung zu jedem denkbaren Zeitpunkt in der Gewährleistungsfrist mangelfrei ist und daher die Anwendung der anerkannten Regeln der Technik nicht schützt, wenn diese sich innerhalb der Gewährleistungsfrist als unzutreffend herausstellen (BGH BauR 84, 510, 512).

Bestehen keine anerkannten Regeln der Technik, so muß die Leistung jedenfalls für den vertragsgemäßen Gebrauch tauglich sein. Ist dieser beeinträchtigt, ist die Leistung mangelhaft (BGH NJW-RR 95, 472).

5.1.2
Verletzung der Prüfungs- und Mitteilungspflicht

5.1.2.1
VOB/B

Die Rechtsfolgen einer Verletzung der Prüfungs- und Mitteilungspflicht gemäß § 4 Nr. 3 VOB/B sind, soweit dies zu einem Mangel an der Leistung des Auftragnehmers führt, in der VOB/B abschließend in § 13 Nr. 3 geregelt. Danach ist der Auftragnehmer für einen Mangel gewährleistungspflichtig, auch wenn er auf die Leistungsbeschreibung oder auf Anordnungen des Auftraggebers, auf die von ihm gelieferten oder vorgeschriebenen Stoffe oder Bauteile oder die Beschaffenheit der Vorleistung eines anderen Unternehmers zurückzuführen ist, wenn der Auftragnehmer seine Prüf- und Mitteilungspflicht gemäß § 4 Nr. 3 VOB/B[41] nicht erfüllt hat. Es handelt sich hierbei um eine Ausnahmevorschrift, da der Auftragnehmer in den angesprochenen Fällen nicht für das Vorliegen einer mangelhaften Leistung haftet. Dementsprechend ist die Vorschrift eng auszulegen (BGH BauR 77, 420, 422). Nur wenn der Umstand, der zum Mangel geführt hat, der Sphäre des Auftraggebers eindeutig zuzuordnen ist, kommt daher eine Befreiung von der Gewährleistung in Betracht.

Dementsprechend führt nur eine vom Auftraggeber bzw. seinen Erfüllungsgehilfen gefertigte Leistungsbeschreibung zu einem Wegfall der Gewährleistungsverpflichtung des Auftragnehmers. Für eine von ihm selbst gefertigte Beschreibung hat er ohne weiteres einzustehen.

Eine entschuldigende Anordnung liegt nur dann vor, wenn der Auftraggeber bzw. sein Architekt dem Auftragnehmer die Art der Ausführung verbindlich vorschreibt, z. B. auch durch die Architektenplanung. Nicht ausreichend sind Wünsche oder Anregungen des Auftraggebers.

Im Hinblick auf vom Auftraggeber gelieferte bzw. vorgeschriebene Stoffe oder Bauteile ist die jüngere, geänderte Rechtsprechung des BGH zu berücksichtigen

---

[41] s. dazu S. 32 ff

(ZfBR 96, 255). Der BGH ist der Auffassung, daß die Haftungsbeschränkung je nach der Spezialität der Anordnung des Auftraggebers differenziert ausfallen muß. Ordnet der Auftraggeber nur allgemein einen Baustoff an, so hat er dafür einzustehen, daß dieser Stoff generell geeignet ist, die Bauaufgabe zu erfüllen. Für den Auftragnehmer verbleibt es auch in diesem Fall bei der Haftung für „Ausreißer", d h., daß die tatsächlich verwendete Partie mangelhaft ist. Ordnet der Auftraggeber jedoch die Verwendung einer bestimmten Partie eines Baustoffs an, so hat er für die Geeignetheit dieser Partie ebenfalls einzustehen. Für den Fall des vom Auftraggeber gelieferten Baustoffs bedeutet dies, daß eine Beschränkung der Haftung nur eintritt, wenn der Auftraggeber durch die Lieferung dem Auftragnehmer die Möglichkeit nimmt, auf den Baustoff Einfluß zu nehmen (BGH BauR 84, 510, 513). Vorschläge des Auftraggebers reichen nicht aus (BGH BauR 73, 188, 189). Kauft der Auftraggeber auf Anweisung des Auftragnehmers ein Material oder Baustoff, so hat der Auftragnehmer ebenfalls weiterhin für die Tauglichkeit einzustehen.

Demgegenüber ist eine Differenzierung im Hinblick auf die Vorleistungen anderer Unternehmer nicht angebracht; eine Einstandspflicht des Auftraggebers ist allgemein zu bejahen.

Diese Tatbestände schließen die Gewährleistungspflichten des Auftragnehmers jedoch nur aus, wenn er seiner Prüfungspflicht gemäß § 4 Nr. 3 VOB/B nachkommt. Der Auftragnehmer kann also nicht einwenden, der Mangel beruhe auf einem in § 13 Nr. 3 VOB/B genannten, vom Auftraggeber zu vertretenden Umstand, wenn er Bedenken hinsichtlich dieser Umstände hatte oder bei ordnungsmäßiger Prüfung hätte haben müssen. Prüft der Auftragnehmer nicht ordnungsgemäß, so schuldet er dann wegen des Mangels seiner Leistung Nachbesserung nach § 13 Nr. 5 Abs. 1 VOB/B. Zum Schadensersatz wegen dieses Mangels ist der Auftragnehmer aber beim VOB/B-Vertrag nur unter den Voraussetzungen des § 13 Nr. 7 VOB/B verpflichtet.

Der Grundgedanke des § 13 Nr. 3 VOB/B gilt auch, wenn es sich um Mängel handelt, die vor der Abnahme, also während der Bauausführung, erkannt werden. Der Auftragnehmer haftet also für diese Mängel entsprechend § 4 Nr. 7 VOB/B beim VOB-Vertrag wie nach Abnahme gemäß § 13 Nr. 3 VOB/B.

Führt die Verletzung der Anzeige- und Hinweispflicht nicht zu einem Mangel der Leistung des Auftragnehmers, sondern entsteht ein anderer Schaden, z. B. an Sachen des Auftraggebers, haftet der Auftragnehmer hierfür nach den Grundsätzen der positiven Forderungsverletzung auf Schadensersatz.

5.1.2.2
BGB

Es gelten die gleichen Grundsätze wie beim VOB-Vertrag, auch wenn keine entsprechende gesetzliche Regelung vorliegt. Es handelt sich hierbei um die Ausprägung eines allgemein gültigen Rechtsgrundsatzes, der daher ebenso beim BGB-Vertrag Anwendung findet (BGH ZfBR 96, 255). Nur die Verpflichtung nach § 4

Nr. 3 VOB/B, die Bedenken schriftlich mitzuteilen, entfällt; dies empfiehlt sich jedoch aus Beweisgründen.

5.2
Inhalt der Gewährleistungsverpflichtung vor Abnahme der Leistung

Kommt der Auftragnehmer seiner Verpflichtung, die Bauleistung entsprechend den vertraglichen Vereinbarungen und mangelfrei zu erstellen, nicht nach, und erkennt dies der Auftraggeber schon während der Bauausführung, muß er nicht warten, ob der Auftragnehmer etwa von selbst die Arbeiten nachbessert und das Werk beanstandungsfrei fertigstellt. Der Auftraggeber hat vielmehr bereits vor der Abnahme während der Bauausführung Ansprüche gegen den Auftragnehmer, wenn das Werk nicht die vertraglich zugesicherten Eigenschaften hat oder Mängel aufweist. Die Rechtsfolgen sind bei einem BGB-Vertrag und einem VOB-Vertrag zum Teil unterschiedlich geregelt.

5.2.1
VOB/B-Vertrag

Für den Zeitraum vor Abnahme regelt § 4 Nr. 7 VOB/B die Rechte und Pflichten der Vertragsparteien. Demnach hat der Auftragnehmer während der Ausführung als mangelhaft oder vertragswidrig erkannte Leistungen auf eigene Kosten durch mangelfreie zu ersetzen. Für den Fall, daß er die Mangelhaftigkeit zu vertreten hat, ist er zudem schadensersatzpflichtig. Kommt der Auftragnehmer seiner Pflicht zur Mangelbeseitigung nicht nach, so kann ihm der Auftraggeber eine angemessene Frist zur Mangelbeseitigung setzen und gleichzeitig erklären, daß er den Auftrag nach fruchtlosem Fristablauf entziehe.

5.2.1.1
Pflicht zur Mangelbeseitigung

Die Vorschrift statuiert damit zunächst den Vorrang der Mangelbeseitigung vor anderen vertraglichen Rechten. Denn Nr. 7 Satz 1 enthält den Grundsatz, daß der Auftragnehmer Leistungen, die schon während der Ausführung als mangelhaft oder vertragswidrig erkannt werden, auf eigene Kosten durch mangelfreie zu ersetzen hat. Aus dem Wortlaut der Regelung ergibt sich, daß der Auftragnehmer selbst auf die mangelfreie Erstellung der Leistung zu achten hat, ohne daß es dazu einer Aufforderung durch den Auftraggeber bedarf. Andererseits kann selbstverständlich der Auftraggeber bei einem VOB-Vertrag von dem Auftragnehmer unter Berufung auf § 4 Nr. 7 Satz 1 VOB/B verlangen, daß er den Mangel während der Bauausführung behebt.

Verlangt der Auftraggeber die Beseitigung eines Mangels, so muß diese Aufforderung einige Bedingungen erfüllen, um wirksam zu sein und insbesondere Grundlage für eine Kündigungsandrohung im Sinne der Nr. 7 Satz 3 sein zu können. Unerläßlich ist, daß der zu beseitigende Mangel in seiner Erscheinungsform so genau wie möglich beschrieben wird. Allgemeine Ausdrücke, wie die Leistung sei „fehlerhaft" oder ähnliches, sind nicht ausreichend. Vielmehr müssen der Ort der Mangelerscheinung, soweit dieser sich nicht aus den Umständen eindeutig ergibt, sowie Art und Umfang der Mangelerscheinung angegeben werden, also die „Symptome" des Mangels. Der Auftraggeber braucht die Mangelursache nicht anzugeben. Durch die Angabe der Mangelerscheinung bezieht sich das Beseitigungsverlangen auf sämtliche Ursachen des Mangels (BGH ZfBR 87, 37, 38). Es ist Sache des Auftragnehmers, nach den Mangelursachen zu forschen. Die Angabe von eventuellen Mangelursachen durch den Auftraggeber ist unschädlich und schränkt die Verpflichtungen des Auftragnehmers nicht ein (BGH ZfBR 97, 297).

Das Mängelbeseitigungsverlangen bedarf keiner besonderen Form. Wie der Auftragnehmer seiner Verpflichtung zur Mangelbeseitigung nachkommt, hat allein der Auftragnehmer zu entscheiden. Der Auftraggeber ist grundsätzlich nicht berechtigt, dem Auftragnehmer die Art und Weise der Mangelbeseitigung vorzuschreiben (BGH BauR 88, 82, 85). Der Auftragnehmer kann ggf. die mangelhafte Leistung auch durch Neuherstellung nachbessern. Zu einer bestimmten Art der Nachbesserung ist der Auftragnehmer nur verpflichtet, wenn er nur durch diese den Mangel nachhaltig beseitigen und den vertraglich geschuldeten Zustand erreichen kann (BGH BauR 97, 638, 639). Wenn sich der Mangel nicht anders beseitigen läßt, ist er auch zu einer Neuherstellung verpflichtet (BGH BauR 86, 93). Das Einverständnis des Auftraggebers mit einer bestimmten Mangelbeseitigung bedeutet i. d. R. nicht dessen Verzicht auf Gewährleistungsrechte (BGH BauR 97, 131). Da der Auftragnehmer zur Mangelbeseitigung nicht nur verpflichtet, sondern auch berechtigt ist, muß der Auftraggeber ihm auch die Möglichkeit dazu einräumen, etwa den Zutritt zum Grundstück gewähren etc.

Die Verpflichtung zur Mangelbeseitigung entfällt nur in zwei Fällen: wenn sie einen unverhältnismäßigen Aufwand verursacht bzw. objektiv unmöglich ist. Letzteres ergibt sich aus dem, auch beim VOB/B-Vertrag anzuwendenden Gedanken des § 306 BGB, wonach objektiv unmögliche Leistungen, d. h., Leistungen, die niemand erbringen kann, von niemandem geschuldet werden. Rechtsfolge in diesem Fall ist die Berechtigung, den Vertrag gemäß § 4 Nr. 7 Satz 3 VOB/B zu kündigen und/oder Schadensersatz gemäß den Bedingungen des § 8 Nr. 3 VOB/B zu verlangen, wenn der Auftragnehmer die Mangelhaftigkeit im Rechtssinn zu vertreten hat, also fahrlässig oder vorsätzlich gehandelt hat. Die erste Fallgruppe, Wegfall der Verpflichtung zur Mangelbeseitigung wegen unverhältnismäßigen Aufwands, ist auch bei einem VOB-Vertrag vor der Abnahme der Leistung anwendbar, obwohl in § 4 Nr. 7 VOB/B eine solche Ausnahme entsprechend § 633 Abs. 2 Satz 3 BGB nicht ausdrücklich vorgesehen ist. Das folgt aus § 13 Nr. 6 VOB/B. In dieser Vorschrift ist für den Zeitraum nach der Abnahme vorgesehen, daß der Auftragnehmer die Beseitigung eines Mangels wegen unverhältnismäßigen Aufwands verweigern kann. Dann ist aber nicht einzusehen, warum der Auftragnehmer dieses Recht nicht bereits vor der Abnahme haben soll. Als Ausgleich für die mangelhafte Bauleistung kann der Auftraggeber entsprechend § 13 Nr. 6

VOB/B Minderung verlangen. Ein unverhältnismäßiger Aufwand ist dann anzunehmen, wenn die Kosten der Mangelbeseitigung in einem objektiven Mißverhältnis zum daraus resultierenden Vorteil für den Auftraggeber stehen (BGH ZfBR 92, 216, 217). Nicht maßgebend ist das Verhältnis von Mangelbeseitigungskosten zum erhaltenen Werklohn. Ist der Aufwand unverhältnismäßig, kann der Auftragnehmer die Mangelbeseitigung verweigern; er kann jedoch auch in diesem Fall auf seinem Recht bestehen, den Mangel zu beseitigen. Die Entscheidung liegt allein beim Auftragnehmer.

Um den Auftragnehmer zur Mangelbeseitigung zu bewegen, kann der Auftraggeber Teile des Werklohns einbehalten. Dieser Einbehalt kann regelmäßig das Zwei- bis Dreifache der für die Mängelbeseitigung wahrscheinlich aufzuwendenden Kosten betragen. Nach einer neueren Entscheidung des BGH (ZfBR 97, 31) muß der Auftragnehmer nachweisen, daß der Einbehalt unangemessen hoch ist. Voraussetzung für das Zurückbehaltungsrecht ist, daß ein Anspruch des Auftraggebers auf Nachbesserung besteht. Dies bedeutet, daß die Nachbesserung z. B. nicht unmöglich sein bzw. nicht wegen unverhältnismäßigen Aufwands verweigert werden darf. Auch nach einer wegen eines Mangels erfolgenden Kündigung gemäß § 4 Nr. 7 Satz 3 VOB/B entfällt ein Zurückbehaltungsrecht im Hinblick auf diesen Mangel. Dieses Recht entfällt demgegenüber nicht deswegen, weil der Auftraggeber über Sicherheitsleistungen des Auftragnehmers verfügt. Der Auftraggeber hat bei Mängeln das Recht, sich über das Zurückbehaltungsrecht eine weitere, angemessene Sicherung für die Mangelbeseitigung zu verschaffen.

5.2.1.2
Schadensersatz

Nach § 4 Nr. 7 Satz 2 VOB/B hat der Auftragnehmer dem Auftraggeber, neben der Verpflichtung zur Mängelbeseitigung, Ersatz für den aus dem Mangel oder der Vertragswidrigkeit seiner Leistung entstehenden Schaden zu leisten, wenn er den Mangel oder die Vertragswidrigkeit zu vertreten hat.

Zu ersetzen sind die Schäden, die dem Auftraggeber aufgrund der mangelhaften oder vertragswidrigen Leistung entstanden sind und trotz Mangelbeseitigung weiter bestehen. Zu denken ist an Schäden, die an anderen, mit der Leistung des Auftragnehmers nicht in Zusammenhang stehenden Sachen des Auftraggebers entstehen, wegen des Mangels entstandene Gutachter- oder auch Anwaltskosten u. ä. Zu ersetzen ist ggf. auch der entgangene Gewinn. Die Einschränkung des § 6 Nr. 6 VOB/B, wonach entgangener Gewinn nur bei Vorsatz und grober Fahrlässigkeit geschuldet wird, findet im Rahmen des § 4 Nr. 7 VOB/B keine Anwendung.[42]

Weitere Voraussetzung des Anspruchs ist ein Verschulden des Auftragnehmers selbst oder eines seiner Erfüllungsgehilfen, also eine fahrlässige oder vorsätzliche Verursachung des Schadens (§§ 276, 278 BGB).

---

[42] herrschende Meinung, vgl. Heiermann u. a. B § 4 Rdnrn. 82, 90

Hinsichtlich der Beweislast gilt, daß der Auftraggeber beweisen muß, daß ihm ein Schaden entstanden ist und daß dieser auf eine mangelhafte oder vertragswidrige Leistung des Auftragnehmers zurückgeht, der Auftragnehmer dagegen, daß der vom Auftraggeber vorgetragene Mangel nicht bestanden hat, seine Leistung also fehlerfrei und vertragsgemäß war und, falls ein Mangel doch vorliegt, daß ihn oder einen seiner Erfüllungsgehilfen hieran kein Verschulden trifft.

5.2.1.3
Kündigung

Weiterhin steht dem Auftraggeber das Recht zur Vertragsentziehung, also zur Kündigung, unter den Voraussetzungen des Nr. 7 Satz 3 zu, wenn der Auftragnehmer seiner Pflicht zur Mangelbeseitigung nicht nachkommt.

Bedingung ist zunächst, daß der Auftraggeber den Auftragnehmer unmißverständlich auffordert, einen Mangel oder eine Vertragswidrigkeit zu beseitigen. Wie bereits gesehen, ist der Mangel oder die Vertragswidrigkeit der Erscheinung nach eindeutig zu beschreiben, damit der Auftragnehmer weiß, was von ihm verlangt wird. Allgemein gehaltene abwertende Äußerungen über die Leistung des Auftragnehmers genügen nicht. Nicht erforderlich ist allerdings, daß der Auftraggeber dem Auftragnehmer im einzelnen mitteilt, welche Abhilfemaßnahmen von ihm erwartet werden, weil dies der Auftragnehmer selber wissen muß.

Für die Beseitigung des Mangels muß der Auftraggeber dem Auftragnehmer eine angemessene Frist einräumen. Angemessen ist die Frist, die ein sorgfältiger Auftragnehmer benötigt, um den konkreten Mangel beseitigen zu können. Terminliche Interessen des Auftraggebers können dabei Berücksichtigung finden. Die Frist ist genau zu bestimmen, damit der Auftragnehmer auch insoweit weiß, was von ihm erwartet wird. Hat der Auftraggeber eine unangemessen kurze Frist gesetzt, so wird dadurch die Fristsetzung nicht insgesamt unwirksam; vielmehr beginnt eine angemessene Frist zu laufen.

Die Fristsetzung muß sich grundsätzlich auf die Mangelbeseitigung beziehen. Regelmäßig reicht es nicht aus, dem Auftragnehmer nur eine Frist zu setzen, innerhalb derer der Auftragnehmer entweder seine Leistungsbereitschaft erklären oder mit den Mängelbeseitigungsleistungen begonnen haben muß. Dies ist als Voraussetzung für eine Kündigung nur in Ausnahmefällen ausreichend, etwa wenn Zweifel bestehen, ob der Auftragnehmer überhaupt zur Mängelbeseitigung bereit ist. Es handelt sich jedoch immer um eine Einzelfallentscheidung; von dieser Vorgehensweise ist daher grundsätzlich abzuraten.

Schließlich muß der Auftraggeber dem Auftragnehmer androhen, daß er ihm im Falle das fruchtlosen Fristablaufs den Auftrag entziehe. Ein bestimmter Wortlaut ist für die Androhung nicht erforderlich. Notwendig ist aber, daß der Wille des Auftraggebers, die Nachbesserungsleistung des Auftragnehmers nach erfolglosem Ablauf der Frist nicht mehr anzunehmen, eindeutig und zweifelsfrei zum Ausdruck gebracht wird (BGH ZfBR 83, 123). Fehlt die Kündigungsandrohung, so ist das Mängelbeseitigungsverlangen als Kündigungsgrundlage nicht ausreichend.

Soll gekündigt werden, muß erneut zur Mangelbeseitigung unter Fristsetzung und Kündigungsandrohung aufgefordert werden.

Ein Verschulden des Auftragnehmers ist für die Rechte des Auftraggebers nach § 4 Nr. 7 Satz 3 VOB/B entgegen einer verbreiteten Ansicht im Schrifttum[43] nicht erforderlich. Dafür spricht bereits der Wortlaut der Bestimmung, der kein Verschulden vorsieht, aber auch die Regelung des § 4 Nr. 7 VOB/B insgesamt. Da der Auftraggeber, anders als nach § 633 Abs. 3 BGB, die Mängel nicht unter Aufrechterhaltung des Vertrags auf Kosten des Auftragnehmers beseitigen lassen kann und er außerdem kein Wandelungsrecht gemäß § 634 BGB hat, muß er die Möglichkeit der Kündigung haben, wenn der Auftragnehmer die mangelhafte Leistung trotz Fristsetzung nicht nachbessert, unabhängig davon, ob den Auftragnehmer ein Verschulden trifft oder nicht.

Mit fruchtlosem Ablauf der Frist steht dem Auftraggeber das Recht zur Kündigung zu. Die Kündigung des Vertrags muß stets ausdrücklich erfolgen. Der Bauvertrag gilt also nicht bereits mit dem fruchtlosem Ablauf der Frist nach erfolgter Androhung als aufgelöst. Zu beachten ist, daß die Kündigung nach § 8 Nr. 5 VOB/B schriftlich erfolgen muß. Die Schriftform ist Wirksamkeitserfordernis.

Der Auftraggeber ist nicht verpflichtet, den Vertrag nach Ablauf der Frist zu kündigen. Er kann an ihm festhalten und andere Rechte, wie Schadensersatz, geltend machen. Die Kündigungsandrohung ist dann allerdings „verbraucht". Will der Auftraggeber dann doch kündigen, muß er erneut Mängelbeseitigung unter Fristsetzung und Kündigungsandrohung verlangen. Hat der Auftraggeber die Kündigung ausgesprochen, so ist er daran gebunden. Leistungspflichten des Auftragnehmers entstehen nur dann wieder, wenn ein neuer Vertrag geschlossen wird.

Der Vertrag kann nach Fristablauf insgesamt oder teilweise gekündigt werden, wie sich aus § 8 Nr. 3 Abs. 1 Satz 2 VOB/B ergibt, auf den Nr. 7 Satz 3 verweist. Insoweit muß die Ankündigung des Auftragsentzugs allerdings die vorgenommene Kündigung decken: wird nur eine Teilkündigung angedroht, so kann der Auftraggeber anschließend den Vertrag nicht insgesamt kündigen. Der umgedrehte Fall ist allerdings rechtlich möglich: droht der Auftraggeber die Gesamtkündigung an, so kann er den Vertrag auch nur zum Teil kündigen, da es sich insoweit um ein milderes Mittel handelt. Eine Teilkündigung kann nur einen in sich abgeschlossenen Teil der Leistung umfassen. Ein in sich abgeschlossener Teil der Leistung liegt unter den selben Voraussetzungen vor, die zu einer rechtsgeschäftlichen Teilabnahme im Sinne des § 12 Nr. 2 a VOB/B berechtigen (vgl. S. 46).

Eine Kündigung ist ausnahmsweise auch ohne Nachbesserungsverlangen und Fristsetzung möglich, wenn der Auftragnehmer ernsthaft und endgültig die Beseitigung des aufgetretenen Mangels verweigert hat (BGH BauR 85, 450) oder die Beseitigung objektiv unmöglich ist (BGH BauR 88, 592, 593). Dann wären das Nachbesserungsverlangen und die Fristsetzung leere Förmelei.

§ 8 Nr. 3 Abs. 2 VOB/B, auf dessen Inhalt § 4 Nr. 7 Satz 3 VOB/B für den Fall der Kündigung verweist, bestimmt, daß der Auftraggeber berechtigt ist, nach der Kündigung den noch nicht vollendeten Teil der Leistung zu Lasten des Auftrag-

---

[43] z. B. Ingenstau/Korbion B § 4 Rdnr. 378

nehmers durch einen Dritten ausführen lassen kann, d. h., der Auftragnehmer muß eventuell entstehende Mehrkosten ersetzen; ist die Leistung für den Auftraggeber wegen der Vertragswidrigkeit, die zur Kündigung führte, ohne Interesse geworden, so kann er auf die Ausführung verzichten und Schadensersatz wegen Nichterfüllung verlangen.

Die Kündigung ist für die Inanspruchnahme dieser Rechte Anspruchsvoraussetzung. Das Recht, z. B. den Mangel ohne (teilweise) Kündigung des Vertrags, selbst zu beseitigen, wie es § 633 Abs. 3 BGB vorsieht, gibt die VOB/B nicht. Da § 4 Nr. 7 VOB/B die Ansprüche des Auftraggebers wegen mangelhafter oder vertragswidriger Leistung vor Bauabnahme abschließend regelt, kommt ein Rückgriff auf § 633 Abs. 3 BGB nicht in Betracht. Der Auftraggeber kann die Kosten einer Ersatzvornahme ohne (teilweise) Kündigung auch nicht als Schadensersatz gemäß § 4 Nr. 7 Satz 2 VOB/B geltend machen, weil die Rechtsfolgen eines Verzugs des Auftragnehmers mit der Mängelbeseitigung abschließend in § 4 Nr. 7 Satz 3 VOB/B geregelt sind. Vergibt der Auftraggeber die Leistungen vor der Kündigung an einen Drittunternehmer, kann er die dadurch entstandenen Kosten daher dem Auftragnehmer nicht in Rechnung stellen (BGH BauR 97, 1027).

Der Auftraggeber kann einen anderen Unternehmer mit der Mängelbeseitigung beauftragen; er kann dies aber auch in eigener Person bzw. mit dem eigenen Betrieb erledigen. Die Mangelbeseitigungskosten müssen sich im Rahmen des Erforderlichen halten. Es muß sich dementsprechend um vertretbare Maßnahmen zur Mangelbeseitigung handeln, die ein wirtschaftlich denkender Auftraggeber bei sachkundiger Beratung für sinnvoll erachtet (BGH ZfBR 91, 104) Dies bedeutet jedoch nicht, daß der Auftraggeber sich zu den billigsten Maßnahmen entschließen muß. Der Auftraggeber braucht kein Risiko hinsichtlich der Vertrauenswürdigkeit eines einzuschaltenden Drittunternehmers einzugehen. Vielmehr kann der Auftraggeber den Unternehmer auswählen, der ihm für die Mängelbeseitigung geeignet erscheint. Er darf allerdings nicht den teuersten Unternehmer nehmen, wenn hierfür kein sachlich gerechtfertigter Grund vorliegt. Der Auftraggeber läuft dann Gefahr, daß sein Aufwendungsersatzanspruch in entsprechender Anwendung des § 254 BGB gekürzt wird, weil durch sein Verhalten die Kosten der Ersatzvornahme unnötig gestiegen sind. Auch darüber hinaus ist er gehalten, den Schaden gering zu halten: so kann er verpflichtet sein, von dem Recht nach § 8 Nr. 3 Abs. 3 VOB/B Gebrauch zu machen, also auf der Baustelle vorhandenes Material und Gerät des Auftragnehmers zu nutzen. Beseitigt der Auftraggeber den Mangel selbst, kann er Erstattung der hierfür objektiv notwendigen Aufwendungen einschließlich des Wertes seiner Eigenleistung, die nach § 287 ZPO zu schätzen sind, verlangen. Anhaltspunkt für die Bewertung der Eigenleistung ist der Lohn, der einem in beruflich abhängiger Stellung Tätigen zu bezahlen wäre (BGH NJW 73, 46, 47).

Der Auftraggeber ist berechtigt, gegenüber dem Auftragnehmer einen Vorschuß in Höhe der zu erwartenden Mangelbeseitigungskosten geltend zu machen (BGH BauR 89, 213). Der Vorschuß ist nach Abschluß der Arbeiten abzurechnen. Der Vorschußanspruch beschränkt sich auf die mutmaßlichen Nachbesserungskosten; andere Ansprüche, z. B. auf merkantilen Minderwert, können nicht im Weg der Vorschußklage geltend gemacht werden (BGH BauR 97, 129, 131).

Ein Verzicht auf die weitere Ausführung des Vertrags kommt nur dann in Betracht, wenn tatsächlich die Vertragswidrigkeit, die zur Kündigung führte, auch den Verlust des Interesses des Auftraggebers begründet. Solche Fallgestaltungen sind selten; am ehesten ist an termingebundene Leistungen zu denken, wie die Errichtung eines Standes für eine bestimmte Messe.

5.2.1.4
Abnahmeverweigerung

Der Auftraggeber kann die Abnahme verweigern, wenn der Auftragnehmer während der Bauausführung aufgetretene Mängel, zu deren Beseitigung er verpflichtet war, nicht behoben, aber gleichwohl das Werk fertiggestellt hat. Allerdings gilt beim VOB-Vertrag im Gegensatz zum BGB-Vertrag, daß die Abnahme, wie bereits ausgeführt, nicht wegen jeden Mangels abgelehnt werden kann, sondern nach § 12 Nr. 3 VOB/B nur wegen eines wesentlichen Mangels.

5.2.2
BGB-Vertrag

Beim BGB-Vertrag richten sich die Rechte des Auftraggebers nach §§ 633, 634 BGB sowie nach den nicht gesetzlich geregelten Grundsätzen der positiven Forderungsverletzung.

5.2.2.1
Mangelbeseitigung

Der Auftraggeber kann nach § 633 Abs. 2 BGB zunächst verlangen, daß der Auftragnehmer den Mangel des Werkes beseitigt. Dieser Anspruch besteht bereits vor Abnahme (§ 634 Abs. 1 Satz 2 BGB). Es handelt sich hierbei um einen Erfüllungsanspruch, weil sich das Werk bis zur Abnahme noch im Erfüllungsstadium befindet. Wie bei der VOB/B ist der Auftragnehmer allerdings nicht nur dann zur Mangelbeseitigung verpflichtet, wenn der Auftraggeber dies verlangt, wie der Wortlaut des § 633 Abs. 2 Satz 1 BGB nahelegt. Vielmehr ist der Auftragnehmer verpflichtet, von ihm erkannte Mängel ohne weiteres selbst zu beseitigen. Tut er dies nicht, handelt er arglistig mit der Folge einer erheblich verschärften Haftung.

Für ein wirksames Nachbesserungsverlangen des Auftraggebers ist es auch beim BGB-Vertrag Voraussetzung, daß er den Mangel, dessen Beseitigung er begehrt, so genau wie möglich bezeichnet. Deshalb genügt es nicht, die Bauleistung mit allgemeinen Begriffen wie „mangelhaft", „Pfusch" oder „Schlamperei" abzuqualifizieren. Erforderlich ist vielmehr eine so genaue Beschreibung des Mangels, daß der Auftragnehmer die Beanstandung des Auftraggebers überprüfen und ihr ggf. abhelfen kann. Der Auftraggeber kann sich jedoch auf die Beschreibung der Mangelerscheinungen beschränken. Ursachen für die Mängel braucht er nicht anzugeben. Kommt es über das Vorliegen eines Mangels zum Streit, ist der

Auftragnehmer beweispflichtig dafür, daß seine Leistung den vertraglichen Vereinbarungen entspricht und fehlerfrei ist.

Wie der Auftragnehmer den Mangel beseitigt, ob durch eine Nachbesserung der bisherigen Bauleistung oder durch Neuerstellung, bleibt ihm überlassen, es sei denn, nur eine bestimmte Nachbesserung führt zum Erfolg (BGH BauR 97, 638, 639). Er ist daher zur erneuten Herstellung verpflichtet, wenn sich die bisherige Leistung sonst als nicht nachbesserungsfähig erweist (BGH BauR 86, 93). Erklärt sich der Auftraggeber mit einer bestimmten Art der Mangelbeseitigung einverstanden, so bedeutet dies grundsätzlich nicht, daß er auf seine Gewährleistungsrechte im übrigen verzichtet (BGH BauR 97, 131).

Die Kostentragungspflicht ist gemäß § 633 Abs. 2 Satz 2 BGB i. V. m. § 476 a BGB geregelt: danach hat der Unternehmer die „erforderlichen Aufwendungen, insbesondere Transport-, Wege-, Arbeits- und Materialkosten, zu tragen". Dazu gehören auch die Kosten der Feststellung der Schadensursache (BGH NJW 91, 1604, 1607). In der Sache stimmt die Regelung ebenfalls mit der VOB/B überein.

Von der Verpflichtung zur Mangelbeseitigung wird der Auftragnehmer nur dann frei, wenn die Mängelbeseitigung objektiv unmöglich ist (§ 306 BGB) oder wenn sie einen unverhältnismäßigen Aufwand erfordern würde (§ 633 Abs. 2 Satz 3 BGB). Objektive Unmöglichkeit liegt nur dann vor, wenn die Mängelbeseitigung von niemandem durchgeführt werden kann. Das ist selbstverständlich auf wenige Ausnahmefälle beschränkt. Einen unverhältnismäßigen Aufwand i. S. d. § 633 Abs. 2 Satz 3 BGB erfordert die Mängelbeseitigung dann, wenn die Kosten hierfür in einem objektiven Mißverhältnis zum Vorteil für den Auftraggeber stehen. Ein solcher Fall kommt häufiger vor. Man denke z. B. daran, daß die Farbe des Putzes eines Bauwerks um eine Nuance anders ausgefallen ist, als vertraglich vorgesehen. Dies könnte nur dadurch behoben werden, daß der gesamte Putz abgeschlagen und neu aufgebracht wird. Die Kosten hierfür stehen in keinem Verhältnis zum Vorteil des Auftraggebers, so daß der Auftragnehmer die Beseitigung des Mangels verweigern kann. Es handelt sich um ein Recht des Auftragnehmers. Will er trotz des unverhältnismäßigen Aufwands die Nachbesserung durchführen, so ist er dazu weiter berechtigt.

Dem Auftraggeber steht auch beim BGB-Vertrag ein Zurückbehaltungsrecht am Werklohn zu, um den Auftragnehmer zur Mängelbeseitigung anzuhalten. Es gelten insoweit die beim VOB/B-Vertrag geschilderten Grundsätze (S. 100).

5.2.2.2
Ersatzvornahme

Der Auftragnehmer hat zur Mangelbeseitigung nicht nur die Pflicht, sondern auch das Recht. Dies bedeutet, daß der Auftraggeber nicht ohne weiteres Mängel auf Kosten des Auftragnehmers beseitigen darf. Dies ist nur dann möglich, wenn der Auftragnehmer mit der Mangelbeseitigung im Verzug ist (§ 633 Abs. 3 BGB). Der Nachweis des Verzugs kann vor der Abnahme problematisch sein. Denn es muß zunächst festgestellt werden, ob der Auftragnehmer die mangelbehaftete Leistung zu dem konkreten Zeitpunkt bereits schuldete, also ob Fälligkeit gegeben war. Dies kann u. U. anhand eines Bauzeitenplans festgestellt werden. Häufig wird jedoch auch das nicht der Fall sein, da diese Pläne die Leistungen in der Regel im Detail nicht aufführen. Es muß dann die angemessene Herstellungszeit im Sinne des § 271 BGB festgestellt werden. Kann demnach der Fälligkeitszeitpunkt bestimmt werden und ist demnach die mangelbehaftete Leistung fällig, so ist der Auftragnehmer noch zu mahnen, um Verzug herzustellen (§ 284 Abs. 1 BGB). Weiterhin muß der Auftragnehmer die Verzögerung zu vertreten haben (§ 285 BGB), diese also fahrlässig oder vorsätzlich herbeigeführt haben. Im Gegensatz zur VOB/B entsteht daher das Recht auf Ersatzvornahme regelmäßig nicht schon dann, wenn der Auftraggeber eine angemessene Frist zur Mangelbeseitigung verbunden mit der Kündigungsandrohung setzt, diese fruchtlos verstreicht und der Auftraggeber dann kündigt.

Beseitigt der Auftraggeber einen Mangel, ohne daß die Voraussetzungen des § 633 Abs. 3 BGB vorliegen, kann er die für die Mangelbeseitigung angefallenen Aufwendungen weder aus § 633 Abs. 3 BGB noch aus sonstigen Vorschriften des BGB, etwa aus Geschäftsführung ohne Auftrag oder ungerechtfertigter Bereicherung, ersetzt verlangen (BGH BauR 84, 634, 635).

Das Recht zur Selbstbeseitigung bedeutet nicht, daß der Auftraggeber den Mangel etwa in eigener Person oder durch eigene Leute beheben lassen muß. Er kann vielmehr wie beim VOB/B-Vertrag einen anderen Unternehmer hiermit beauftragen. Das muß keinesfalls etwa der billigste Unternehmer sein; der Auftraggeber braucht kein Risiko hinsichtlich der Vertrauenswürdigkeit eines Unternehmers einzugehen. Vielmehr kann der Auftraggeber den Unternehmer auswählen, der ihm für die Mängelbeseitigung geeignet erscheint. Er darf allerdings nicht den teuersten Unternehmer nehmen, wenn hierfür kein sachlich gerechtfertigter Grund vorliegt. Denn es werden nur die Aufwendungen ersetzt, die erforderlich sind. Berücksichtigt der Auftraggeber dies nicht, so läuft er Gefahr, daß sein Aufwendungsersatzanspruch in entsprechender Anwendung des § 254 BGB gekürzt wird, weil durch sein Verhalten die Kosten der Ersatzvornahme unnötig gestiegen sind. Beseitigt der Auftraggeber den Mangel selbst, kann er Erstattung der hierfür objektiv notwendigen Aufwendungen einschließlich des Wertes seiner Eigenleistung, die nach § 287 ZPO zu schätzen sind, verlangen. Anhaltspunkt für die Bewertung der Eigenleistung ist der Lohn, der einem in beruflich abhängiger Stellung Tätigen zu bezahlen wäre (BGH NJW 73, 46, 47).

Der Auftraggeber ist nicht gezwungen, zunächst die Kosten für die Ersatzvornahme vorzuschießen. Er kann vielmehr von dem Auftragnehmer einen Kostenvorschuß für die Mängelbeseitigung in Höhe der wahrscheinlich notwendigen Kosten verlangen (BGH BauR 83, 366). Dieser Vorschuß ist nach erfolgter Mängelbeseitigung mit dem Auftragnehmer abzurechnen. Der Anspruch bezieht sich nur auf die Kosten der Mangelbeseitigung, nicht jedoch auf andere Ansprüche, wie den merkantilen Minderwert (BGH BauR 97, 129, 131).

5.2.2.3
Wandelung und Minderung

Der Auftraggeber ist nicht verpflichtet, nach § 633 Abs. 3 BGB vorzugehen, wenn der Auftragnehmer den Mangel nicht beseitigt. Er kann vielmehr den Vertrag wandeln, also rückgängig machen, oder die Vergütung des Auftragnehmers mindern, wenn die Voraussetzungen des § 634 Abs. 1–3 BGB erfüllt sind.

Notwendig ist dazu nach § 634 Abs. 1 Satz 1 BGB, daß der Auftraggeber dem Auftragnehmer eine angemessene Frist zur Mängelbeseitigung mit der Erklärung setzen kann, daß er die Beseitigung des Mangels nach dem Ablauf der Frist ablehne. Gemäß Abs. 1 Satz 2 kann die Fristsetzung bereits vor Fertigstellung der Leistung erfolgen. Nur muß dann die Frist so bemessen sein, daß sie nicht vor der für die Ablieferung des Werkes bestimmten Frist, also dem Zeitpunkt, zu dem der Auftragnehmer seine Leistung nach dem Vertrag abschließen muß, abläuft. Unerläßlich ist zudem die Ablehnungsandrohung. Ein bestimmter Wortlaut ist nicht erforderlich; es muß jedoch deutlich werden, daß der Auftraggeber nach Fristablauf die Leistung des Auftragnehmers nicht mehr annehmen wird. Fehlt die Androhung, so kann der Auftraggeber die Rechte aus § 634 BGB nicht in Anspruch nehmen.

Nach fruchtlosem Ablauf der Frist hat der Auftraggeber, ohne daß es einer besonderen Erklärung, wie etwa der Kündigungserklärung bei der VOB/B, bedarf, nach Abs. 1 Satz 3 einen Anspruch auf Rückgängigmachung des Vertrags (Wandelung), es sei denn, der Mangel mindert den Wert oder die Tauglichkeit nur unerheblich (§ 634 Abs. 3 BGB), oder Herabsetzung der Vergütung (Minderung). Ansprüche auf Nachbesserung oder das Recht auf Ersatzvornahme nach § 633 Abs. 3 BGB erlöschen. Soweit dies nicht gemäß § 634 Abs. 3 BGB ausgeschlossen ist, hat der Auftraggeber dann das Wahlrecht zwischen Wandelung und Minderung. Diese Wahlrecht besteht solange, bis eines der Rechte vollzogen ist. Allerdings kann der Auftragnehmer eine Entscheidung des Auftraggebers herbeiführen, indem er ihm die Wandelung anbietet und zu ihrer Annahme eine angemessene Frist setzt. Verstreicht die Frist, ist die Wandelung ausgeschlossen (§§ 634 Abs. 4 i. V. m. § 466 BGB).

Einer Fristsetzung bedarf es nach § 634 Abs. 2 BGB nicht, wenn die Beseitigung des Mangels unmöglich ist oder von dem Unternehmer verweigert wird oder wenn die sofortige Geltendmachung des Anspruchs auf Wandelung oder Minderung ausnahmsweise durch ein besonderes Interesse des Auftraggebers gerechtfertigt ist. Liegt eine dieser Fallgestaltungen vor, muß der Auftraggeber allerdings die Rechtswirkungen durch eine gesonderte Erklärung gegenüber dem Auftragnehmer herbeiführen (BGH NJW-RR 88, 1100). Einer besonderen Form bedarf die Mitteilung nicht.

Wandelung und Minderung sind gemäß § 634 Abs. 4 BGB nach den entsprechenden kaufrechtlichen Regelungen der §§ 465–467, 469–475 BGB ausgestaltet.

Wandelung bedeutet, daß der Vertrag aufgehoben wird und die beiderseitigen Ansprüche erlöschen. Der Auftragnehmer ist also nicht mehr zur Herstellung des Werkes verpflichtet, der Auftraggeber nicht mehr zur Zahlung des Werklohnes.

Vielmehr sind die Vertragspartner nach § 346 BGB, der über §§ 634 Abs. 4, 467 Satz 1 BGB anwendbar ist, verpflichtet, die empfangenen Leistungen zurückzugewähren. Der Auftraggeber kann also die Rückzahlung etwa geleisteter Vorauszahlungen oder Abschlagszahlungen verlangen, der Auftragnehmer, daß der Auftraggeber ihm die bisherige Leistung zur Verfügung stellt. Ist dies nicht möglich, etwa weil die Bauleistung mit dem Grund und Boden fest verbunden ist, hat der Auftraggeber dem Auftragnehmer Wertersatz für die bisherige Leistung zu zahlen, soweit diese für den Auftraggeber nicht wegen des Mangels wertlos ist. Vom Ergebnis her entspricht diese Gestaltung dann einer Minderung. In gewissem Umfang sind dem Auftraggeber auch ihm entstandene Kosten zu erstatten, und zwar Kosten, die im Zusammenhang mit dem Vertragsabschluß entstanden sind (§ 467 Satz 2 BGB) und notwendige Verwendungen auf die Bauleistung (§ 467 Satz 1 i. V. m. § 347 Satz 2 BGB). Einzelheiten sind hier streitig.[44]

Wählt der Auftraggeber Minderung, bleibt der Vertrag wirksam. Der Auftragnehmer ist daher weiterhin zur Erfüllung der weiteren vertraglichen Ansprüche, insbesondere der Nachbesserung anderer Mängel, verpflichtet. Hinsichtlich des nicht beseitigten Mangels wird die Vergütung gemäß §§ 634 Abs. 4, 472 BGB in dem Verhältnis herabgesetzt, in dem der Wert einer mangelfreien Bauleistung zu dem Wert der Bauleistung mit dem Mangel steht. Hierfür gilt folgende Formel:

$$\text{mangelfreier Wert: mangelhafter Wert} \cdot \text{vereinbarter Werklohn} = x.$$

Unter der Voraussetzung, daß der Wert der Leistung dem vereinbarten Werklohn entspricht, entspricht nach der Rechtsprechung die Höhe des Minderungsbetrags regelmäßig der Höhe der Kosten der Mängelbeseitigung unter Einschluß eventueller Beseitigungskosten für die mangelhafte Leistung sowie eines eventuellen Minderwerts (BGHZ 58, 181, 184).

5.2.2.4
Schadensersatz

Hat der Mangel des Werkes zu einem Schaden beim Auftraggeber geführt, der nicht direkt mit dem Mangel zusammenhängt, sind z. B. durch die mangelhaften Arbeiten die Leistungen anderer Bauunternehmer oder das Eigentum des Auftraggebers beschädigt worden, kann der Auftraggeber hierfür unter dem Gesichtspunkt der positiven Forderungsverletzung Schadensersatz verlangen. Erstattungsfähig ist die gesamte entstandene Vermögenseinbuße mit Ausnahme des eigenen Zeitaufwands.

---

[44] vgl. Palandt/Putzo § 467 Rdnrn. 17, 18

5.2.2.5
Abnahmeverweigerung

Solange die Leistung des Auftragnehmers mangelhaft ist, steht dem Auftraggeber das Recht zu, die Abnahme der Werkleistung im Ganzen zu verweigern. Zur Abnahmeverweigerung berechtigt jeder Mangel, nicht nur wesentliche, wie in § 12 Nr. 3 VOB/B, es sei denn, der Mangel ist so geringfügig, daß die Abnahmeverweigerung gegen den Grundsatz von Treu und Glauben verstößt. Eine Verweigerung der Abnahme ist trotz eines bestehenden Mangels nicht möglich, wenn der Auftraggeber Minderung der Vergütung wegen dieses Mangels geltend macht, da er dadurch zu erkennen gibt, daß die Vertragswidrigkeit durch die Herabsetzung der Vergütung ausgeglichen ist.

Hat der Auftraggeber die Abnahme verweigert, so trifft den Auftragnehmer, wenn er seinen Vergütungsanspruch auch ohne Abnahme geltend machen will, die Beweislast dafür, daß seine Leistung mangelfrei und der Auftraggeber deshalb zur Abnahme verpflichtet ist.

5.2.2.6
Rechte nach § 326 BGB

Nach der Rechtsprechung des BGH besteht für den Auftraggeber neben den Rechten aus §§ 633 f BGB die Möglichkeit, nach § 326 BGB vorzugehen (BGH NJW 97, 50): kommt der Auftragnehmer mit der Herstellung des mangelfreien Werkes in Verzug, so kann der Auftraggeber ihm eine angemessene Nachfrist zur mangelfreien Herstellung setzen und diese mit der Ankündigung verbinden, die Erfüllung nach Ablauf der Frist abzulehnen. Nach fruchtlosem Ablauf der Frist erlöschen die gegenseitigen Ansprüche auf Erfüllung des Vertrags ohne weiteres. Der Auftraggeber kann dann nach seiner Wahl vom Vertrag zurücktreten oder Schadensersatz wegen Nichterfüllung verlangen. Auch in diesem Fall kann eine Fristsetzung überflüssig sein, wenn sich diese ausnahmsweise als sinnlose Förmelei erweisen würde, z. B. bei ernsthafter Erfüllungsverweigerung durch den Auftragnehmer.

5.3
Inhalt der Gewährleistungsverpflichtung
nach Abnahme der Leistung

5.3.1
VOB/B

Die VOB/B enthält für die Zeit nach Abnahme in § 13 eine eingehende Regelung der Ansprüche des Auftraggebers gegen den Auftragnehmer wegen einer mangelhaften Bauleistung. Diese Regelung stellt ein Kernstück der VOB/B dar. Die Bestimmungen weichen von der gesetzlichen Regelung der §§ 633 bis 635 BGB sowie der Regelung zur Mängelbeseitigung vor Abnahme gemäß § 4 Nr. 7

VOB/B ab. Im Hinblick auf die Zeit vor der Abnahme ist insbesondere zu berücksichtigen, daß nunmehr der Auftraggeber für die Mangelhaftigkeit der Leistung beweispflichtig ist.

5.3.1.1
Anspruch auf Beseitigung des Mangels
gemäß § 13 Nr. 5 Abs. 1 Satz 1 VOB/B

Nach § 13 Nr. 5 Abs. 1 Satz 1 VOB/B ist der Auftragnehmer verpflichtet, alle während der Verjährungsfrist hervortretenden Mängel, die auf eine vertragswidrige Leistung zurückzuführen sind, auf seine Kosten zu beseitigen, wenn es der Auftraggeber vor Ablauf der Frist schriftlich verlangt. Mit den Worten, daß der Mangel auf eine vertragswidrige Leistung zurückzuführen sein muß, wird keine Besonderheit gegenüber § 633 Abs. 1 und 2 BGB, der diese Formulierung nicht verwendet, zum Ausdruck gebracht. Der Auftragnehmer hat ebenso wie beim BGB-Vertrag grundsätzlich für alle Mängel seiner Leistung sowie dafür einzustehen, daß das Werk die vertraglich zugesicherten Eigenschaften hat und den anerkannten Regeln der Technik entspricht. Nur dann, wenn der Mangel auf die Leistungsbeschreibung des Auftraggebers oder dessen Anordnungen, die von diesem gelieferten oder vorgeschriebenen Stoffe oder Bauteile oder die Beschaffenheit der Vorleistung eines anderen Unternehmers zurückzuführen ist, wird der Auftragnehmer nach § 13 Nr. 3 VOB/B von der Gewährleistung für diese Mängel frei, es sei denn, er hat die ihm nach § 4 Nr. 3 VOB/B obliegende Mitteilung über die zu befürchtenden Mängel unterlassen.

Der nach § 13 Nr. 5 Abs. 1 Satz 1 VOB/B vom Auftragnehmer zu beseitigende Mangel muß während der Verjährungsfrist „hervorgetreten" sein. Es kommt also nicht auf den Zeitpunkt der Entstehung, sondern darauf an, wann der Mangel erkannt worden ist. Auch vor der Abnahme vorhandene, aber erst nach ihr bekannt gewordene Mängel werden daher erfaßt. Dasselbe gilt auch für Mängel, die dem Auftraggeber schon vor der Abnahme bekannt waren, derentwegen er aber vor der Abnahme noch keine Ansprüche geltend gemacht, sie sich aber bei der Abnahme vorbehalten hat.

Voraussetzung für den Anspruch des Auftraggebers ist, daß er vom Auftragnehmer die Mängelbeseitigung „verlangt". Dieses Verlangen muß mit Bestimmtheit erklärt werden und – insbesondere bei erstmaliger Mängelanzeige – dem Auftragnehmer deutlich machen, daß weder der Mangel noch die Nichtbeachtung der Aufforderung zur Mängelbeseitigung hingenommen wird. Deshalb genügt es nicht, wenn der Auftraggeber dem Auftragnehmer Überlegungen mitteilt, ob und auf welche Weise Mängel nachgebessert werden können oder der Auftraggeber lediglich erklärt, er komme auf die Mängel noch zurück.[45]

Weitere Voraussetzung für eine wirksame Aufforderung ist, daß der einzelne Mangel so bestimmt bezeichnet wird, daß der Auftragnehmer dessen Berechtigung überprüfen kann. Pauschale Beanstandungen genügen nicht. Die Aufforderung zur Mängelbeseitigung muß, als empfangsbedürftige Willenserklärung, dem Auftrag-

---

[45] so Heiermann u. a. B § 13 Rdnr. 125

nehmer gemäß § 130 Abs. 1 BGB zugehen. Die in § 13 Nr. 5 Abs. 1 VOB/B genannte Schriftform ist allerdings keine Wirksamkeitsvoraussetzung für ein ordnungsgemäßes Mängelbeseitigungsbegehren. Die Aufforderung kann deshalb auch mündlich oder telegrafisch erfolgen. Die Schriftform hat lediglich im Zusammenhang mit der Verjährung Bedeutung.[46]

Wie der Auftragnehmer die Mängelbeseitigung vornimmt, hat er selbst zu entscheiden. Der Auftraggeber ist nicht berechtigt, dem Auftragnehmer Weisungen zu erteilen (BGH BauR 88, 82, 85), es sei denn, nur eine bestimmte Nachbesserung führe zum Erfolg (BGH BauR 97, 638, 639). Läßt sich der Mangel nicht anders als durch Neuherstellung der Werkleistung beseitigen, ist der Auftragnehmer auch dazu verpflichtet (BGH BauR 86, 93). Das Einverständnis der Auftragnehmers mit einer bestimmten Art der Mangelbeseitigung bedeutet in der Regel keinen Verzicht auf Gewährleistungsrechte (BGH BauR 97, 131).

§ 13 Nr. 5 Abs. 1 Satz 1 VOB/B bringt deutlich zum Ausdruck, daß der Auftragnehmer verpflichtet ist, den Mangel „auf seine Kosten" zu beseitigen. Er muß also alle Arbeiten auf seine Kosten durchführen, die erforderlich sind, um die Leistung in einen vertragsgemäßen Zustand zu versetzen. Dazu gehört es auch, daß alle Schäden behoben werden, die durch die Mängelbeseitigungsarbeiten an der eigenen Leistung des Auftragnehmers oder an den Leistungen anderer Unternehmer entstanden sind oder zwangsläufig entstehen.[47] Die Mängelbeseitigung darf am Eigentum des Auftraggebers „keine Spuren hinterlassen" (BGH NJW 63, 805, 806). So muß der Auftragnehmer z. B. bei der Nachbesserung von Rohrleitungen, die unter Straßen verlegt sind, folgende Nebenarbeiten auf seine Kosten ausführen: Aufspüren der Schadstellen, Aufreißen der Straßendecke, Aufgraben der Erdreiches bis zur Rohrleitung, Freilegung der Leckstellen der Rohre durch Entfernen der Isolierung, Verfüllen des Rohrgrabens, Verdichten des Erdreiches und Wiederherstellung der im Zuge der Nachbesserung aufgerissenen Straßendecke. Ist der Auftragnehmer selbst nicht in der Lage, einen Teil dieser Arbeiten auszuführen, so muß er auf seine Kosten andere Unternehmer einschalten.

Die Verpflichtung zur Mängelbeseitigung entfällt nur, wenn sie objektiv unmöglich ist, einen unverhältnismäßigen Aufwand verlangen würde oder für den Auftraggeber unzumutbar ist (§ 13 Nr. 6 VOB/B) oder der Auftraggeber die Leistung in Kenntnis des Mangels abgenommen hat und sich das Recht auf Mangelbeseitigung nicht vorbehalten hat (§ 640 Abs. 2 BGB). Die ersten beiden Alternativen des § 13 Nr. 6 VOB/B wurden bereits im Zusammenhang mit der Mängelbeseitigung vor Abnahme näher beschrieben wurden.[48] Sie führen, ebenso wie die dritte Fallalternative, zu einer Minderung des Werklohns. Demgegenüber führt die Fallgestaltung des § 640 Abs. 2 BGB, die auch beim VOB-Vertrag uneingeschränkt Anwendung findet (BGH ZfBR 80, 191), zu einem vollständigen Wegfall der Nachbesserungsverpflichtung. Voraussetzung für die Anwendbarkeit des § 640 Abs. 2 BGB ist, daß der Auftraggeber den Mangel bei der Abnahme tat-

---

[46] s. dazu S. 189
[47] im einzelnen dazu: Ingenstau/Korbion B § 13 Rdnr. 484
[48] s. S. 99 f

sächlich kennt und er sich das Recht auf die Mangelbeseitigung bei der Abnahme nicht vorbehält. Grobfahrlässige Unkenntnis des Auftraggebers führt nicht zum Rechtsverlust. Die Ansprüche auf Schadensersatz gemäß § 13 Nr. 7 VOB/B bleiben jedoch bestehen (BGH a. a. O.), setzen aber jedenfalls voraus, daß der Auftragnehmer den Mangel fahrlässig oder vorsätzlich herbeigeführt hat, also im Rechtssinne zu vertreten hat.

5.3.1.2
Recht auf Beseitigung des Mangels durch den Auftraggeber auf Kosten des Auftragnehmers gemäß § 13 Nr. 5 Abs. 2 VOB/B

Ebenso wie vor der Abnahme ist der Auftraggeber auch nach der Abnahme grundsätzlich nicht befugt, auf Kosten des Auftragnehmers Mängel selbst ohne weiteres zu beseitigen oder durch Dritte beseitigen zu lassen. Denn der Auftragnehmer hat nicht nur die Pflicht, sondern ihm steht auch weiterhin das Recht zur Mangelbeseitigung zu. Während der Auftraggeber vor der Abnahme nach § 4 Nr. 7 VOB/B ein solches Recht nicht ohne Vertragskündigung hat, steht es ihm nach der Abnahme dann zu, wenn er dem Auftragnehmer eine angemessene Frist zur Mängelbeseitigung gesetzt und dieser der Nachbesserungsaufforderung innerhalb der gesetzten Frist nicht nachgekommen ist (§ 13 Nr. 5 Abs. 2 VOB/B).

Der Auftraggeber muß also zunächst dem Auftragnehmer eine angemessene Frist zur Mängelbeseitigung setzen. Welche Frist angemessen ist, entscheidet sich im Einzelfall danach, welche Zeit ein Auftragnehmer braucht, um den gerügten Mangel zu beseitigen. Hat der Auftraggeber eine zu kurze Frist gesetzt, ist damit die Nachbesserungsaufforderung nicht hinfällig oder unwirksam. Es beginnt vielmehr der angemessene Zeitraum zu laufen. Einer besonderen Form bedarf die Fristsetzung nicht. Sie braucht auch nicht, wie die Kündigungsandrohung nach § 4 Nr. 7 VOB/B, mit der Mängelbeseitigungsaufforderung verbunden zu werden; sie kann nachgeholt werden.[49] Die Frist muß sich auf den Abschluß der Mangelbeseitigungsarbeiten beziehen. Eine Frist zum Leistungsbeginn bzw. für die Erklärung der Leistungsbereitschaft ist nur ausnahmsweise ausreichend (BGH ZfBR 82, 211). Wird eine Frist nicht gesetzt, so entsteht regelmäßig das Recht des Auftraggebers zur Selbstbeseitigung des Mangels nicht.

In Ausnahmefällen ist eine Fristsetzung jedoch entbehrlich.[50] Dies betrifft insbesondere den Fall, daß der Auftragnehmer ernsthaft und endgültig eine Nachbesserung verweigert (BGH BauR 85, 198). Dies ist nicht nur anzunehmen, wenn der Auftragnehmer seine Verpflichtung generell bestreitet, sondern auch, wenn er z. B. zur Nachbesserung nur unter der Voraussetzung bereit ist, daß der Auftraggeber sich an den Kosten der Nachbesserung beteiligt, obwohl er dazu nicht verpflichtet ist, ferner dann, wenn er bestimmt und uneingeschränkt den Standpunkt vertritt, Mängel seiner Leistung seien nicht vorhanden. Eine Fristsetzung kann ebenfalls entbehrlich sein, wenn der Auftragnehmer sich bei der Leistungserbrin-

---

[49] Heiermann u. a. B § 13 Rdnr. 144
[50] mit weiteren Fallgestaltungen: Heiermann a. a. O., Rdnr. 144 a

gung als so unzuverlässig erweist, daß eine weitere Zusammenarbeit nicht zumutbar erscheint (BGHZ 46, 242). Bei den vorgenannten Fällen handelt es sich jeweils um Ausnahmetatbestände, deren Vorliegen immer der Auftraggeber zu beweisen hat. Wegen des Ausnahmecharakters ist eine Fristsetzung solange notwendig, wie es möglich erscheint, daß sich der Auftragnehmer eines anderen besinnt. Zu berücksichtigen ist stets das gesamte Verhalten des Auftragnehmers (BGH a. a. O.). Einer Fristsetzung bedarf es darüber hinaus im Einzelfall nicht, wenn Gefahr im Verzug ist und der Auftragnehmer in der Kürze der Zeit nicht erreicht werden kann.

Wenn eine angemessene Frist zur Mängelbeseitigung fruchtlos verstrichen oder eine solche Fristsetzung ausnahmsweise entbehrlich ist, darf der Auftraggeber die Mängel auf Kosten des Auftragnehmers beseitigen lassen. Schreitet er, ohne daß diese Voraussetzungen erfüllt sind, zur Selbsthilfe, so kann er Kostenersatz weder nach § 13 Nr. 5 Abs. 2 VOB/B noch aus anderen rechtlichen Gesichtspunkten, etwa aus Geschäftsführung ohne Auftrag oder ungerechtfertigter Bereicherung verlangen (BGH BauR 81, 395, 398).

Hinsichtlich des Umfangs des Kostenerstattungsanspruchs gelten dieselben Grundsätze wie im Fall des § 4 Nr. 7 VOB/B (s. S. 103); die Kosten sind vom Auftragnehmer nur zu erstatten, soweit sie erforderlich waren (BGH ZfBR 91, 104).

Der Auftraggeber hat auch in diesem Zusammenhang das Recht, ebenso wie vor der Abnahme, einen Kostenvorschuß für die Mängelbeseitigung vom Auftragnehmer zu verlangen (BGH ZfBR 83, 185). Der Vorschußanspruch richtet sich nur auf die mutmaßlichen Mängelbeseitigungskosten, nicht auf andere Ansprüche, wie den merkantilen Minderwert (BGH BauR 97, 129, 131). Ein angemessener Vorschußanspruch besteht auch dann, wenn der Auftraggeber über eine Gewährleistungssicherheit verfügt; er muß diese nicht vorrangig verwerten.

Arbeitet der für die Mängelbeseitigung eingesetzte Drittunternehmer ebenfalls mangelhaft, so hat der Auftraggeber zunächst Nachbesserungsansprüche gegen diesen geltend zu machen. Im übrigen bleibt der Auftragnehmer jedoch weiterhin verantwortlich.[51]

5.3.1.3
Anspruch auf Minderung gemäß § 13 Nr. 6 VOB/B

§ 13 Nr. 6 VOB/B sieht vor, daß der Auftraggeber an Stelle des Nachbesserungsanspruchs in drei Fällen nur einen Anspruch auf Herabsetzung der Vergütung hat. Anders als nach den Vorschriften des BGB kann der Auftraggeber aber nicht zwischen Minderung und anderen Rechten wählen, denn die Minderung findet nur in den von § 13 Nr. 6 VOB/B vorgesehenen Fällen statt. Ein Wandelungsrecht ist beim VOB-Vertrag nicht vorgesehen.[52] Ansprüche auf Schadensersatz bestehen u. U. neben der Minderung unter den Voraussetzungen des § 13 Nr. 7 VOB/B.

---

[51] Heiermann u. a., a. a. O., Rdnr. 153
[52] Heiermann u. a., a. a. O., Rdnr. 170

Ein Anspruch auf Minderung der Vergütung besteht zunächst, wenn der Auftragnehmer berechtigt ist, die Nachbesserung zu verweigern, nämlich wenn sie unmöglich ist oder einen unverhältnismäßig hohen Aufwand erfordern würde. Macht der Auftragnehmer in diesen Fällen von seinem Recht zur Verweigerung der Mängelbeseitigung Gebrauch, kann der Auftraggeber Minderung der Vergütung verlangen. Dieses Recht hat der Auftraggeber nach Nr. 6 Satz 2 auch dann, wenn die Beseitigung des Mangels ausnahmsweise für ihn unzumutbar ist.

Wenn § 13 Nr. 6 Satz 1 VOB/B als Voraussetzung eines Minderungsanspruchs u. a. die Unmöglichkeit der Beseitigung des Mangels nennt, so ist damit nur die objektive Unmöglichkeit gemeint, d. h. der Fall, daß die Beseitigung von keinem Unternehmer durchgeführt werden kann.

Der weitere Fall einer Minderung, daß die Nachbesserung einen unverhältnismäßig hohen Aufwand erfordert, setzt voraus, daß die Kosten der Mängelbeseitigung zu dem durch die Nachbesserung erzielten Vorteil in keinem vernünftigen Verhältnis stehen (BGHZ 59, 365, 367 f). Nur auf diese Relation kommt es an, nicht darauf, ob erhebliche Mittel für die Mängelbeseitigung aufgewendet werden müssen oder ob der für die Nachbesserung erforderliche Betrag im Verhältnis zum vereinbarten Werklohn unverhältnismäßig hoch ist. Da es sich hier um einen Ausnahmefall handelt, bleibt der Auftragnehmer jedoch zur Nachbesserung verpflichtet, wenn der Auftraggeber ein objektiv berechtigtes Interesse an der Mängelbeseitigung hat. Zu berücksichtigen ist u. U. auch ein Verschulden des Auftragnehmers (BGH BauR 96, 858, 859).

Außerdem muß der Auftragnehmer die Nachbesserung gerade wegen des unverhältnismäßig hohen Aufwands verweigern. Das verlangt eine klare und eine eindeutige Erklärung des Auftragnehmers, aus der auch zu ersehen sein muß, woraus er den unverhältnismäßig hohen Aufwand herleitet. Eine besondere Form für diese Erklärung ist nicht vorgesehen. Auch ist keine Frist hierfür vorgeschrieben. Doch muß der Auftragnehmer, wenn ihm der Auftraggeber eine angemessene Frist zur Mängelbeseitigung gesetzt hat, damit rechnen, daß der Auftraggeber nach fruchtlosem Ablauf der Frist die Mängelbeseitigung auf seine, des Auftragnehmers, Kosten durchführen läßt, wenn er nicht innerhalb der Frist entsprechend § 13 Nr. 6 Satz 1 VOB/B die Verweigerung der Mängelbeseitigung erklärt und begründet.

Besteht zwischen Auftraggeber und Auftragnehmer Streit darüber, ob der Auftragnehmer die Mängelbeseitigung wegen unverhältnismäßigen Aufwands verweigern darf, so trifft den Auftragnehmer hierfür die Beweislast.

Auch wenn die Nachbesserung an sich möglich und der Auftragnehmer hierzu bereit ist, muß sie der Auftraggeber nach Nr. 6 Satz 2 nicht hinnehmen, sondern kann Minderung verlangen, wenn die Mängelbeseitigung für ihn unzumutbar ist. Das kann auf persönlichen oder wirtschaftlichen Gründen beruhen. So kann es für den Auftraggeber z. B. wegen Krankheit oder Alters unzumutbar sein, die bei der Mängelbeseitigung auftretenden Unzuträglichkeiten, wie etwa den damit verbundenen Lärm, hinzunehmen. Weiter braucht sich der Auftraggeber z. B. auf eine Nachbesserung nicht einzulassen, wenn er hierdurch für einige Zeit den von ihm geführten Gewerbebetrieb erheblich einschränken oder gar stillegen muß. Schließlich kann für den Auftraggeber die Nachbesserung unzumutbar sein, wenn im voraus nicht hinreichend gesagt werden kann, ob eine Mängelbeseitigung überhaupt möglich ist oder nicht. Den Auftraggeber trifft für den Ausnahmetatbestand der Nr. 6 Satz 2 im Streitfall die Beweislast.

Eine Minderung kommt allerdings dann nicht in Betracht, selbst wenn die Voraussetzungen im übrigen gegeben sind, wenn der Auftraggeber die Leistung in positiver Kenntnis des Mangels abgenommen hat und sich das Recht auf Mangelbeseitigung nicht vorbehalten hat. Insoweit kommt auch beim VOB/B-Vertrag § 640 Abs. 2 BGB zur Anwendung (BGH ZfBR 80, 191).

Die vom Auftraggeber verlangte Minderung berechnet sich ebenso wie beim BGB-Vertrag entsprechend § 634 Abs. 4 BGB i. V. m. § 472 BGB. Der Minderungsbetrag wird also ermittelt, indem der Wert des Werkes im mangelfreien Zustand zum Zeitpunkt der Abnahme dem Wert im mangelhaften Zustand gegenübergestellt wird. In dem sich daraus ergebenden Wertverhältnis ist der Werklohn herabzusetzen. Regelmäßig handelt es um den Betrag, der für die Beseitigung des Mangels aufzuwenden wäre (BGH BauR 96, 851, 853). Maßgeblicher Zeitpunkt für die Berechnung der Minderung ist die Abnahme (BGHZ 58, 181, 183).

5.3.1.4
Schadensersatzanspruch gemäß § 13 Nr. 7 VOB/B

Die Ansprüche des Auftraggebers sind bei mangelhafter Leistung des Auftragnehmers nicht unbedingt auf die Nachbesserung bzw. die Minderung beschränkt. Er kann vielmehr unter bestimmten Voraussetzungen den durch die mangelhafte Leistung entstandenen und nicht durch die Mängelbeseitigung zu behebenden Schaden nach § 13 Nr. 7 VOB/B ersetzt verlangen. Im Unterschied zur Regelung des BGB tritt der Schadensersatzanspruch nicht an die Stelle des Nachbesserungs- oder Minderungsanspruchs, sondern kann zusätzlich zu diesen Ansprüchen geltend gemacht werden. Das kommt in § 13 Nr. 7 Abs. 1 VOB/B dadurch zum Ausdruck, daß „der Auftragnehmer außerdem verpflichtet" ist, dem Auftraggeber Schadensersatz zu leisten. Aus dem Wort „außerdem" folgt weiter, daß ein Schadensersatzanspruch regelmäßig nur gegeben ist, wenn die Voraussetzungen des § 13 Nr. 5 VOB/B eingehalten sind. Der Auftraggeber muß also vom Auftragnehmer zunächst Beseitigung des Mangels verlangen. Er kann nicht eigenmächtig den Mangel beheben lassen und die Kosten als Schadensersatz geltend machen (BGH BauR 82, 277, 279). Dies gilt allerdings dann nicht, wenn der Schaden durch die Mangelbeseitigung nicht behoben werden kann, sondern unabhängig davon besteht, wie z. B. entgangener Gewinn (BGH BauR 91, 212). § 13 Nr. 7 VOB/B erfaßt also im Regelfall nur den Schaden, der durch § 13 Nr. 5 Satz 2 oder Nr. 6 VOB/B nicht abgedeckt ist.

Das gilt aber nicht ausnahmslos. Hat der Auftraggeber sich bei der Abnahme Ansprüche wegen ihm bekannter Mängel nicht vorbehalten, so erlöschen nach § 640 Abs. 2 BGB, der auch für den VOB-Vertrag gilt, Ansprüche auf Nachbesserung und Minderung, nicht aber der Schadensersatzanspruch. In einem solchen Fall kann der Auftraggeber die Kosten der Nachbesserung oder Wertminderung auch als Schadensersatz gemäß § 13 Nr. 7 VOB/B verlangen (BGH BauR 80, 460, 461). Allerdings kann er dann vor einer eigenen Nachbesserung oder einer Nachbesserung durch Drittunternehmen auf Kosten des Auftragnehmers wegen der Pflicht des Geschädigten, den Schaden gering zu halten (§ 254 BGB), gehalten sein, auch wenn ein Anspruch nach § 13 Nr. 5 VOB/B auf Mangelbeseitigung eigentlich nicht mehr besteht, den Auftragnehmer zur Mangelbeseitigung aufzufordern.

§ 13 Nr. 7 VOB/B enthält zwei Haftungstatbestände. Da der Umfang der Haftung nach Nr. 7 Abs. 1 geringer ist als nach Nr. 7 Abs. 2, spricht man bei Abs. 1 vom „kleinen Schadensersatzanspruch", bei Abs. 2 vom „großen Schadensersatzanspruch".

Kleiner Schadensersatzanspruch gemäß § 13 Nr. 7 Abs. 1 VOB/B

Voraussetzung für den Anspruch ist, daß ein „wesentlicher Mangel (vorliegt), der die Gebrauchsfähigkeit des Werkes erheblich beeinträchtigt". Ein Schadensersatzanspruch ist also nicht bei jedem Mangel gegeben.

Ob ein wesentlicher Mangel vorliegt, hängt vom Einzelfall ab. Entscheidend ist, ob der Mangel nach der allgemeinen Verkehrsauffassung unter Berücksichtigung des vertraglichen Ziels des Auftraggebers derart beachtlich ist, daß ein Ausgleich in Geld gerechtfertigt ist. Dies gilt auch beim Fehlen einer zugesicherten Eigenschaft (BGH NJW 62, 1569, 1570). Allerdings kann aus der Tatsache, daß sich der Auftraggeber eine bestimmte Eigenschaft hat zusichern lassen, häufig geschlossen werden, daß sie für ihn einen wichtigen Punkt im Hinblick auf die Ordnungsgemäßheit der vorgesehenen Leistung und damit einen wesentlichen Mangel darstellt. Trotzdem muß aber darüber hinaus geprüft werden, ob hierdurch die Gebrauchsfähigkeit des Werkes erheblich beeinträchtigt ist.

Die Gebrauchsfähigkeit ist beeinträchtigt, wenn hierdurch der gewöhnliche oder vertraglich vorausgesetzte Gebrauch[53] oder der Wert der Leistung eingeschränkt ist. Eine erhebliche Beeinträchtigung ist jedenfalls dann zu bejahen, wenn die Gebrauchsfähigkeit oder der Wert ganz aufgehoben ist. Bei einer bloßen Einschränkung der Gebrauchsfähigkeit oder des Wertes kommt es auf die Umstände des Falles an.

Weitere Voraussetzung für den Schadensersatzanspruch ist, anders als bei den Ansprüchen nach § 13 Nr. 5 und 6 VOB/B, ein Verschulden des Auftragnehmers oder seines Erfüllungsgehilfen i. S. d. §§ 276, 278 BGB.

Erstattungsfähig nach Nr. 7 Abs. 1 ist lediglich der Schaden an der baulichen Anlage, zu deren Herstellung, Instandhaltung oder Änderung die Leistung des Auftragnehmers diente. Zwischen dem Schaden an der baulichen Anlage und der Bauleistung muß ein adäquat-kausaler Zusammenhang bestehen, der Schaden muß also seine Ursache in der mangelhaften Bauleistung haben. Ob der Schaden an der eigentlichen Bauleistung des Auftragnehmers selbst aufgetreten ist oder nicht, bleibt ohne Bedeutung. Nr. 7 Abs. 1 unterscheidet nicht zwischen unmittelbarem oder mittelbarem Schaden am Bauwerk. Notwendig ist nur, daß der Schaden an

---

[53] hierzu S. 31

der Leistung selbst entstanden ist oder eng oder unmittelbar mit ihm zusammenhängt (BGH NJW 82, 2244, 2245).

Zum erstattungsfähigen Schaden[54] gehören daher auch die Kosten für die Beseitigung der Durchfeuchtung von Zimmern, die infolge mangelnden Gefälles an einem Balkon entstanden sind, während Wasserschäden, die infolge des mangelnden Gefälles an dem im Haus lagernden Material aufgetreten sind, nicht unter den nach Nr. 7 Abs. 1 erstattungsfähigen Schaden fallen, weil der Schaden nicht an der baulichen Anlage selbst entstanden ist. Hier ist ein Anspruch nach Nr. 7 Abs. 2 zu prüfen. Erstattungsfähig sind zudem der technische und merkantile Minderwert. Zum Schaden an der baulichen Anlage sind aber nicht nur die Kosten zu rechnen, die für die Schadensbeseitigung selbst aufzuwenden sind, sondern auch die Kosten für die Feststellung des Schadensumfangs, wie die Kosten eines Gutachtens (BGH NJW 71, 99), oder mangelbedingte Mehraufwendungen, wie erhöhte Stromkosten (BGH BauR 92, 504). Der Schaden kann auch darin bestehen, daß aufgrund eines Mangels ein Bauwerk nicht genutzt werden kann und dadurch finanzielle Einbußen entstehen, wie etwa entgangene Miete (BGH a. a. O.).

Der Schadensersatz geht allein auf Ausgleich in Geld. Dazu gehören u. U. auch Mangelbeseitigungskosten, wenn der Auftraggeber gemäß § 640 Abs. 2 BGB das Recht auf Mangelbeseitigung verloren hat, die Voraussetzungen der Nr. 7 Abs. 1 im übrigen aber gegeben sind. Dann kann der Auftraggeber allerdings unter dem Gesichtspunkt der Schadensminderungspflicht gehalten sein, dem Auftragnehmer dennoch die Möglichkeit zur Mangelbeseitigung einzuräumen.[55]

Hinsichtlich der Beweislast für den Schadensersatzanspruch gilt, daß der Auftraggeber den wesentlichen, die Gebrauchsfähigkeit erheblich beeinträchtigenden Mangel sowie den darauf beruhenden Schaden nachzuweisen hat, der Auftragnehmer, daß ihn oder seinen Erfüllungsgehilfen kein Verschulden an dem Vorliegen des Mangels trifft. Ob der Auftragnehmer mit dem Schaden selbst rechnen mußte, ist ohne Bedeutung. Er haftet auch dann, wenn der Schaden für ihn in keiner Weise vorhersehbar war.

Großer Schadensersatzanspruch gemäß § 13 Nr. 7 Abs. 2 VOB/B

Schäden, die auf einer mangelhaften Bauleistung des Auftragnehmers beruhen und nicht nach Nr. 7 Abs. 1 erstattungsfähig sind, sind nur unter den weiteren Voraussetzungen des Nr. 7 Abs. 2 zu ersetzen. Wie sich aus dem Wortlaut der Vorschrift, „den darüber hinausgehenden Schaden", ergibt, ist der Anwendungsbereich der Vorschrift nur eröffnet, wenn der schadensverursachende Mangel die Voraussetzungen des Abs. 1 erfüllt, also wesentlich ist und die Gebrauchsfähigkeit der Leistung erheblich einschränkt und vom Auftragnehmer bzw. seinem Erfüllungsgehilfen schuldhaft herbeigeführt wurde. Ist kein wesentlicher, die Gebrauchsfähigkeit erheblich beeinträchtigender Mangel vorhanden, so entfällt auch ein Schadensersatzanspruch des Auftraggebers nach Abs. 2 ebenso, als wenn den Auftragnehmer an dem Mangel kein Verschulden trifft.

---

[54] vgl. die Aufstellung bei Heiermann u. a. B § 13 Rdnr. 191
[55] so Heiermann u. a. B § 13 Rdnr. 180

Für den großen Schadensersatzanspruch nach Nr. 7 Abs. 2 sind darüber hinaus folgende Voraussetzungen erforderlich, die nicht kumulativ vorliegen müssen. Es genügt, daß eine Voraussetzung gegeben ist, wobei den Auftraggeber ausnahmslos hierfür die Beweislast trifft.

Nach Abs. 2a ist ein Schaden zu ersetzen, wenn der Mangel auf Vorsatz oder grobe Fahrlässigkeit des Auftragnehmers oder seiner Erfüllungsgehilfen beruht. Der Mangel i. S. d. Abs. 1 muß also durch eine dieser Verschuldensformen verursacht worden sein, nicht dagegen der dann eingetretene Schaden.

Der Begriff der groben Fahrlässigkeit ist ebensowenig wie der des Vorsatzes, im Gegensatz zur einfachen Fahrlässigkeit (vgl. § 276 Abs. 1 Satz 2 BGB), im Gesetz definiert. Vorsätzlich handelt derjenige, der einen bestimmten Erfolg erzielen will, also beim Bauvertrag der Auftragnehmer oder sein Erfüllungsgehilfe, der einen bestimmten Mangel absichtlich herbeiführt. Als bedingter Vorsatz, der im Sinne des Abs. 2 ebenfalls anspruchsbegründend ist, ist anzusehen, wenn der Auftragnehmer den Mangel lediglich für möglich hielt, aber billigend in Kauf nahm.

Ausgehend von der gesetzlichen Begriffsbestimmung der einfachen Fahrlässigkeit in § 276 Abs. 1 Satz 2 BGB handelt grob fahrlässig, wer die im Verkehr erforderliche Sorgfalt in ungewöhnlich grobem Maße verletzt und diejenigen erforderlichen Vorkehrungen außer Betracht läßt, deren Beachtung im gegebenen Fall jedem hätte einleuchten müssen (BGH BauR 83, 186, 188).

Nach Abs. 2b ist der weitere Schadensersatzanspruch auch bei einem Verstoß gegen anerkannte Regeln der Technik gegeben. Wegen des Begriffs „der anerkannten Regeln der Technik" kann auf die Ausführungen auf S. 30 f verwiesen werden. Da, wie bereits festgestellt, der Anspruch gemäß Abs. 2 ein Mangel i. S. d. Abs. 1 sowie Verschulden voraussetzt, ist für Abs. 2b ebenfalls ein schuldhafter Verstoß des Auftragnehmers oder seines Erfüllungsgehilfen gegen die anerkannten Regeln der Technik erforderlich, wobei aber in diesem Fall leichte Fahrlässigkeit genügt.

Auf den ersten Blick scheint durch die Regelung des Abs. 2b die Unterscheidung zwischen kleinem und großem Schadensersatzanspruch ohne praktische Bedeutung zu sein, weil eine mangelhafte Leistung im allgemeinen auf einem Verstoß des Auftragnehmers gegen anerkannte Regeln der Technik beruhen wird. Das muß aber keineswegs stets der Fall sein. In wichtigen Bereichen der Bauwirklichkeit, etwa bei Industrieanlagen, Kliniken, wissenschaftlich technischen Institutsbauten, entwickelt sich die Technologie ständig weiter, so daß durchaus noch keine anerkannten Regeln der Technik, die einen längeren Zeitraum bis zu ihrer Durchsetzung und Anerkennung erfordern, für einzelne Teilbereiche vorliegen. Außerdem ist zu berücksichtigen, daß die anerkannten Regeln der Technik oft nur Mindestanforderungen zum Gegenstand haben, so daß im Einzelfall, etwa bei gehobenen Ansprüchen im Wohnungsbau, die anerkannten Regeln der Technik auch eingehalten sein können und trotzdem ein Mangel zu bejahen ist.

Nach Abs. 2c ist der große Schadensersatzanspruch weiter gegeben, wenn der Mangel im Fehlen einer vertraglich zugesicherten Eigenschaft besteht. Ebenso wie bei Abs. 1 genügt auch hier allein das Fehlen einer vertraglich zugesicherten Eigenschaft nicht, sondern dies muß zu einem Mangel i. S. d. Abs. 1 führen und vom Auftragnehmer oder seinem Erfüllungsgehilfen schuldhaft herbeigeführt worden sein (BGH NJW 62, 1569, 1570).

Schließlich ist nach Abs. 2d der große Schadensersatzanspruch gegeben, „soweit der Auftragnehmer den Schaden durch Versicherung seiner gesetzlichen Haftpflicht gedeckt hat oder innerhalb der von der Versicherungsaufsichtsbehörde genehmigten Allgemeinen Versicherungsbedingungen zu tarifmäßigen, nicht auf außergewöhnliche Verhältnisse abgestellten Prämien und Prämienzuschlägen bei einem im Inland zum Geschäftsbetrieb zugelassenen Versicherer hätte decken können". Absatz 2d unterscheidet also zwischen einer tatsächlichen Deckung durch eine Versicherung und dem Fall, daß ein Versicherungsschutz zwar nicht besteht, für den Auftragnehmer aber zumutbar gewesen wäre.

Der Grund für die Regelung bei vorhandenem Versicherungsschutz ist darin zu sehen, daß die mit Nr. 7 Abs. 1 verbundene Begrenzung der Schadensersatzpflicht auf bestimmte Schäden im Interesse des Auftragnehmers nicht dem Versicherer zugute kommen soll. Soweit Abs. 2d auch bei nicht bestehendem, aber zumutbarem Versicherungsschutz eingreift, liegt der Grund hierfür darin, daß der Auftragnehmer keine Haftungsbegrenzung für den Ersatz solcher Schäden beanspruchen kann, die er ohne weiteres hätte versichern lassen können.

Ist nach den Voraussetzungen des Abs. 2 ein Schadensersatzanspruch zu bejahen, so sind sämtliche Schäden ohne Beschränkung zu ersetzen, soweit dies nicht schon nach Abs. 1 erfolgt. Soweit die Schadensersatzpflicht auf Abs. 2d beruht, ist der Schadensersatz der Höhe nach auf den Umfang der Versicherung beschränkt, die der Auftragnehmer tatsächlich abgeschlossen hat oder hätte abschließen können. Bezüglich der Abwicklung der Schadensersatzforderung hat der Auftraggeber zwei Alternativen: er kann die mangelhafte Leistung behalten und die aufgrund des Mangels bestehende Vermögenseinbuße ersetzt erhalten oder die Leistung insgesamt ablehnen und Schadensersatz wegen Nichterfüllung verlangen, d. h., so gestellt zu werden, als wenn der Vertrag nicht abgeschlossen worden wäre.

5.3.2
BGB

Nach der Abnahme stehen dem Auftraggeber wegen mangelhafter Ausführung des Werkes grundsätzlich dieselben Ansprüche zu wie vor der Abnahme, also Nachbesserung, Ersatzvornahme, Minderung und Wandelung. Auf die Ausführungen auf S. 104 ff kann deshalb verwiesen werden.

Ein wesentlicher Unterschied zwischen der Zeit vor und nach Abnahme besteht allerdings darin, daß sich mit der Abnahme die Beweislast für die Mangelhaftigkeit des Werkes umkehrt. Mußte der Auftragnehmer vor Abnahme beweisen, daß seine Leistung vertragsgerecht und fehlerfrei war, wenn der Auftraggeber einen bestimmten Mangel geltend machte, so obliegt es nach der Abnahme dem Auftraggeber nachzuweisen, daß der von ihm behauptete Mangel tatsächlich besteht. Die Abnahme verbessert also die Situation des Auftragnehmers erheblich.

Neben den genannten Ansprüchen sieht das Gesetz für den Auftraggeber folgenden alternativen Anspruch vor, wenn er die Leistung abgenommen bzw. die Abnahme einer mangelhaften Leistung berechtigt endgültig verweigert hat (BGH NJW 96, 1749, 1750):

Hat der Auftraggeber dem Auftragnehmer wegen des Mangels oder Fehlens einer vertraglich zugesicherten Eigenschaft eine angemessene Frist zur Nachbesserung entsprechend § 634 Abs. 1 Satz 1 BGB mit der Erklärung gesetzt, daß er nach Ablauf der Frist die Nachbesserung ablehne, so hat er nach fruchtlosem Ablauf der Frist neben der Möglichkeit der Wandelung oder Minderung gemäß § 634 BGB auch die Möglichkeit nach § 635 BGB Schadensersatz wegen Nichterfüllung zu verlangen, sofern der Auftragnehmer oder einer seiner Erfüllungsgehilfen die Vertragswidrigkeit i. S. d. §§ 276, 278 BGB verschuldet haben. Es ist im Gegensatz zur VOB/B-Regelung nicht erforderlich, daß der Mangel wesentlich ist und die Gebrauchsfähigkeit erheblich beeinträchtigt. Jedweder Mangel kann zu Schadensersatzansprüchen führen. Im Gegensatz zur VOB/B-Regelung tritt zudem der Schadensersatz an die Stelle der anderen Rechtsfolgen, nicht neben sie.

Wie ansonsten auch, ist die Fristsetzung Anspruchsvoraussetzung, es sei denn, daß diese im konkreten Zusammenhang ein sinnlose Förmelei darstellte, weil der Auftragnehmer die Mangelbeseitigung ernsthaft und endgültig verweigert oder der Mangel nicht zu beseitigen ist. Eine Fristsetzung ist allerdings auch dann nicht erforderlich, wenn ein Schaden besteht, der durch Nachbesserung nicht behoben werden kann, z. B. entgangener Gewinn. Auf den Ersatz dieses Schadens hat der Auftraggeber Anspruch, ohne daß es einer Fristsetzung mit Ablehnungsandrohung bedarf (BGH NJW 89, 1922).

Der Anspruch aus § 635 BGB umfaßt allerdings nach der Rechtsprechung des BGH (NJW 96, 2924, 2925) nur die Schäden, die unmittelbar auf dem Mangel des Werkes beruhen oder zumindest eng mit ihm zusammenhängen. Handelt es sich um einen mittelbaren, entfernteren Folgeschaden, einen sog. Mangelfolgeschaden, oder erleidet der Auftraggeber durch eine sonstige Pflichtverletzung des Auftragnehmers, nicht durch einen Mangel der Werkleistung, einen Schaden (z. B. gerät durch die Unachtsamkeit des Auftragnehmers ein Teil des Gebäudes in Brand), so kann der Auftraggeber Ersatz dieser Schäden nur nach den Grundsätzen der positiven Forderungsverletzung verlangen, die, wie bereits gesehen,[56] für die Zeit vor der Abnahme alleinige Anspruchsgrundlage für den Schadensersatz auch wegen Mängeln des Werkes sind.

Die Abgrenzung zwischen einem nach § 635 BGB zu ersetzenden Mangelschaden oder einem aus positiver Forderungsverletzung zu ersetzenden Mangelfolgeschaden ist von erheblicher praktischer Bedeutung. So ist die Verjährungsfrist, wie unten noch zu zeigen sein wird,[57] für beide Ansprüche sehr unterschiedlich. Auch fallen Ansprüche aus positiver Forderungsverletzung im Gegensatz zu solchen aus § 635 BGB regelmäßig unter den Schutz der allgemeinen Haftpflicht- und Bauleistungsversicherung. Für einen Anspruch nach § 635 BGB müssen zudem die

---

[56] s. S. 108
[57] s. S. 190

Voraussetzungen des § 634 Abs. 1 BGB, nämlich die Aufforderung zur Beseitigung der Mängel unter Fristsetzung und Ablehnungsandrohung, gegeben sein, während für den Anspruch aus positiver Forderungsverletzung keine weiteren Voraussetzungen erfüllt werden müssen.

Die Abgrenzung zwischen Mangelschaden und Mangelfolgeschaden im Einzelfall ist deshalb häufig so schwierig, weil der BGH als Mangelschaden nicht nur die Schäden ansieht, die dem Werk unmittelbar anhaften, weil es infolge eines Mangels unbrauchbar, wertlos und minderwertig ist, sowie den dadurch verursachten entgangenen Gewinn, sondern darüber hinaus auch gewisse Mangelfolgeschäden, die in einem engen und unmittelbaren Zusammenhang mit dem Mangel stehen (BGH NJW 72, 625). Allgemein gültige Kriterien für die Abgrenzung bietet auch der BGH nicht. Die Tendenz des BGH geht dabei dahin, den lokalen Bezug des Schadens als ausschlaggebend anzusehen. Bei gegenständlichen Leistungen, wie Bauleistungen, bejaht er dies, „wenn die Schäden an Gegenständen eintreten, auf die die mangelhafte Werkleistung unmittelbar eingewirkt hat, wobei in der Regel zugleich ein enger zeitlicher Zusammenhang zwischen dem Mangel und dem weiter eingetretenen Mangel" besteht (BGH NJW 93, 923, 924). Zudem muß eine Interessenabwägung ergeben, daß der Auftragnehmer im Hinblick auf den konkreten Schaden billigerweise nicht damit rechnen muß, noch lange Zeit nach Ablauf der kurzen Verjährung für Gewährleistungsansprüche in Anspruch genommen zu werden (BGH NJW 96, 2924, 2926). Die Abgrenzung entspricht in der Tendenz der Abgrenzung zwischen § 13 Nr. 7 Abs. 1 und 2 VOB/B.[58] Als enge Mangelschäden hat der BGB folgende Schäden anerkannt:
- Mietkosten wegen fehlender Bewohnbarkeit eines Hauses (BGHZ 46, 238),
- Kosten eines Privatgutachtens über Mängel (BGHZ 54, 352),
- Bestehen eines merkantilen Minderwerts (BGHZ 58, 225),
- Verkürzung der Lebensdauer eines Ziegeldachs wegen fehlerhaft angebrachten Schaumes zur Verbesserung der Wärmeisolierung (OLG Düsseldorf BauR 90, 610).

Demgegenüber wurden in folgenden Fällen Schadensersatzansprüche aus positiver Forderungsverletzung angenommen:
- Schäden aufgrund des Absturzes eines nicht ordnungsgemäß befestigten Regals (BGH NJW 79, 1651),
- Schäden durch auslaufendes Öl wegen fehlerhafter Montage einzelner Rohrteile (BGH BauR 72, 127, 128),
- Brandschäden im Zusammenhang mit Isolierarbeiten (BGH VersR 66, 1154),
- Schäden wegen eines Brandes infolge einer unzureichenden Isolierung eines Rauchgasrohres (BGH NJW 82, 2244),
- Wasserschäden nach dem Bruch eingebauter Heizkörper, deren Wandstärke nicht ausreichend dimensioniert war (BGH VersR 62, 480),

---

[58] so Heiermann u. a. B § 13 Rdnr. 174

- Einbruchsschäden, die durch den fehlerhaften Einbau einer Alarmanlage ermöglicht worden sind (BGH NJW 91, 2418).

Ist ein Anspruch nach § 635 BGB zu bejahen, so ist der Schaden in vollem Umfang zu ersetzen, also der Verlust, der sich aus dem Vergleich zwischen der Vermögenssituation als Folge des Mangels oder der sonst vertragswidrigen Leistung mit derjenigen ergibt, die bei ordnungsgemäßer Erfüllung das Vertrags hypothetisch vorgelegen hätte. So kann der Auftraggeber als Schadensersatz die für die Beseitigung des Mangels angefallenen Kosten einschließlich der Kosten für die Feststellung des Mangels erstattet verlangen. Weiterhin ist die Wertminderung auszugleichen, die aufgrund des Mangels am Bauwerk entstanden ist, und zwar sowohl der technische als auch der merkantile Minderwert. Ein technischer Minderwert liegt vor, wenn sich der Mangel auf die Nutzbarkeit des Gebäudes auswirkt. Die Höhe des Schadens bemißt sich nach dem Vergleich zwischen der unter den gegebenen Umständen günstigsten Nutzungsmöglichkeit bei vertragsgemäßer Beschaffenheit und der Nutzungsmöglichkeit mit dem bestehenden Mangel und dessen Auswirkung auf die Vermietbarkeit, den Mietwert sowie die Veräußerbarkeit und den Veräußerungswert. Der merkantile Minderwert stellt demgegenüber die verringerte Verwertbarkeit des Gebäudes dar (BGH BauR 95, 388, 389). Der erstattungsfähige Schaden umfaßt auch den entgangenen Gewinn, etwa die Miete, die der Auftraggeber nicht einnehmen konnte, weil das Bauwerk wegen der Mangelhaftigkeit nicht rechtzeitig zu vermieten war. Der Auftraggeber kann gemäß § 635 BGB schließlich verlangen, so gestellt zu werden, als wenn der Vertrag nicht abgeschlossen worden wäre. Er kann dann das Werk insgesamt zurückweisen und die Zahlung das Werklohnes verweigern. Ein Nachweis, daß er gerade wegen des Mangels an dem Werk kein Interesse mehr hat, ist nicht erforderlich (BGHZ 27, 215).

Ist ein Anspruch aus positiver Forderungsverletzung gegeben, so sind ebenfalls alle darauf beruhenden Vermögenseinbußen zu ersetzen.

Zwischen den Ansprüchen auf Wandelung, Minderung und Schadensersatz gemäß § 635 BGB besteht ein Wahlrecht des Auftraggebers. Dies gilt nicht im Verhältnis des Nachbesserungsanspruchs zu diesen Ansprüchen, da Wandelung, Minderung oder Schadensersatz gemäß § 635 BGB erst geltend gemacht werden können, wenn der Anspruch auf Nachbesserung erloschen ist, weil der Auftragnehmer die ihm hierfür gesetzte Frist hat fruchtlos verstreichen lassen.

5.4
AGB

Wie gesehen, weicht § 13 VOB/B in verschiedener Hinsicht von der gesetzlichen Regelung ab. Zu Lasten des Auftraggebers ist eine kürzere Gewährleistungsfrist sowie eine Beschränkung der Schadensersatzansprüche vorgesehen. Die Wandelung ist nicht vorgesehen. Weiterhin ist das Wahlrecht zwischen Minderung und Schadensersatz ausgeschlossen. Zugunsten des Auftraggebers wirkt demgegenüber die Quasi-Verjährungsunterbrechung gemäß § 13 Nr. 5 Abs. 1 Satz 2 VOB/B.

Da letzteres den Auftragnehmer nicht unangemessen benachteiligt, weil selbst eine verlängerte Gewährleistungsfrist nicht über die gesetzlich vorgesehenen fünf Jahre hinaus reicht, ist eine isolierte Vereinbarung von § 13 VOB/B durch den Auftraggeber nicht zu beanstanden (BGH NJW 87, 837). Dies gilt auch dann, wenn die Verjährungsfrist auf fünf Jahre verlängert wird (BGH BauR 89, 322).

Demgegenüber stößt eine isolierte Vereinbarung von § 13 VOB/B durch den Auftragnehmer auf Bedenken. Jedenfalls die Vereinbarung von § 13 Nr. 4 VOB/B wird als unwirksam angesehen (BGH NJW 94, 2547). In der Literatur wird ebenfalls die Vereinbarung des § 13 Nr. 7 VOB/B als unwirksam angesehen, da Schadensersatz nur geschuldet wird, wenn ein wesentlicher Mangel vorliegt, der die Gebrauchsfähigkeit erheblich beeinträchtigt, und dies vom gesetzlichen Leitbild des § 635 BGB, wonach jeder Mangel zum Schadensersatz führen kann, unangemessen abweicht.[59]

Grundsätzlich unwirksam ist eine Klausel, wonach sich die Gewährleistung nach VOB/B **und** BGB richtet, da die Klausel unklar ist, es sei denn, daß sich im übrigen deutlich aus dem Zusammenhang ergibt, daß allein die VOB/B gelten sollte (OLG Celle BauR 96, 711).

Von Auftraggeberseite unzulässig sind Klauseln, durch die dem Auftragnehmer Risiken aus dem Auftraggeberbereich aufgebürdet werden sollen. Aus diesem Grund hat der BGH (BauR 84, 395, 398) eine Klausel als unwirksam angesehen, durch die dem Auftragnehmer das Recht genommen wurde, sich auf § 13 Nr. 3 VOB/B zu berufen.

Unangemessen und damit unwirksam ist eine Klausel, wonach der Auftragnehmer unter Umkehrung der Beweislast die Vertragsgemäßheit seiner Leistung nachzuweisen hat (BGH BauR 97, 1036, 1038).

Unzulässig ist ebenfalls, dem Auftragnehmer das Recht auf Mangelbeseitigung abzuschneiden. Ebensowenig darf ihm die Möglichkeit zur Berufung auf die Unverhältnismäßigkeit des Mangelbeseitigungsaufwands genommen werden (BGH a. a. O., S. 1037).

Auf Auftragnehmerseite sind demgegenüber Klauseln unwirksam, die den Auftraggeber allein auf die Nachbesserung verweisen und Ansprüche auf Wandelung, Minderung und Schadensersatz ausschließen (BGH NJW 91, 2630, 2632). In einem BGB-Vertrag ist auch der Ausschluß der Wandelung unwirksam (BGH NJW 81, 1501).

Unwirksam sind Klauseln, die den Auftraggeber entgegen der gesetzlichen Beweislastregelung verpflichten, das Verschulden des Auftragnehmers nachzuweisen. Dies gilt auch im kaufmännischen Bereich, da dadurch dem Auftraggeber der Beweis für Umstände auferlegt wird, die im Bereich des Auftragnehmers liegen (OLG Düsseldorf BauR 96, 112, 113).

Wirksam sind die insbesondere in Bauträgerverträgen vorgesehenen Abtretungen von Gewährleistungsansprüchen gegenüber Bauunternehmern und Bauhandwerkern, soweit der Bauträger weiterhin subsidiär dem Erwerber während der

---

[59] Heiermann u. a. B § 13 Rdnr. 194

gesamten vertraglichen Gewährleistungszeit haftet (BGH NJW 82, 169, 170). Soweit die subsidiäre Einstandspflicht beschränkt wird, insbesondere der Erwerber auf eine zunächst gegen den Bauunternehmer bzw. den Bauhandwerker zu erhebende Klage verwiesen wird, ist diese Einschränkung unwirksam (BGH BauR 95, 542, 543).

5.5
Verletzung der Verpflichtung zur rechtzeitigen Fertigstellung des Bauwerkes

5.5.1
VOB/B

Die VOB/B enthält in § 5 Nr. 4 für drei Fallgestaltungen eine eigene, von der gesetzlichen Lage in verschiedener Hinsicht abweichende Regelung über die Rechtsfolgen der Verzögerung der Leistung des Auftragnehmers. Sie tritt für die drei erwähnten Fälle an die Stelle der gesetzlichen Regelungen der §§ 636, 326, 286 BGB und schließt die Anwendbarkeit dieser Vorschriften insoweit für den VOB-Vertrag aus (BGH BauR 96, 544, 545). Nicht in den Anwendungsbereich des § 5 Nr. 4 fällt demgegenüber insbesondere die Erfüllungsverweigerung vor Leistungserbringung. Insoweit bleibt es bei den allgemeinen Regeln des BGB.

5.5.1.1
Voraussetzungen für die Anwendung des § 5 Nr. 4 VOB/B

§ 5 Nr. 4 VOB/B nennt drei Gründe, aus denen der Auftraggeber Rechte herleiten kann: erstens die Verzögerung des Beginns der Bauausführung durch den Auftragnehmer, zweitens den Verzug mit der Vollendung der Bauleistung und drittens die Verletzung der in § 5 Nr. 3 VOB/B genannten Verpflichtung. Bei Vorliegen einer dieser drei Voraussetzungen hat der Auftraggeber die Möglichkeit, entweder am Vertrag festzuhalten und Ersatz des Verzögerungsschadens zu verlangen oder den Vertrag zu kündigen.

Eine Verzögerung des Ausführungsbeginns durch den Auftragnehmer liegt vor, wenn er eine im Vertrag hierfür vorgesehene Frist oder die Frist nach § 5 Nr. 2 VOB/B, mit der Ausführung binnen 12 Werktagen nach Aufforderung durch den Auftraggeber zu beginnen, nicht einhält. Wenn auch grundsätzlich kein Verschulden des Auftragnehmers erforderlich ist, liegt doch eine Verzögerung des Ausführungsbeginns i. S. d. § 5 Nr. 4 VOB/B nicht vor, wenn die Verzögerung auf Umständen beruht, die dem Aufgabenbereich des Auftraggebers zuzurechnen sind. Dazu gehört z. B. die Verletzung von Mitwirkungspflichten des Auftraggebers; er stellt beispielsweise die erforderlichen Planunterlagen nicht rechtzeitig zur Verfügung. Das gleiche gilt, wenn andere Unternehmer ihre Leistung, deren Fertigstellung Voraussetzung für den Ausführungsbeginn des Auftragnehmers ist, nicht rechtzeitig beendet haben und sich dadurch der Ausführungsbeginn verzögert. Weiter liegt eine Verzögerung i. S. d. § 5 Nr. 4 VOB/B nicht vor, wenn der Auftragnehmer durch Streik oder eine von der Berufsvertretung der Arbeitgeber angeordnete Aussperrung im Betrieb des Auftragnehmers oder in einem unmittelbar für ihn arbeitenden Betrieb oder durch höhere Gewalt oder andere für ihn unabwendbare Umstände behindert ist. Das folgt aus § 6 Nr. 2 VOB/B; denn wenn in diesen Fällen die Ausführungsfristen verlängert werden, so muß das gleiche für die Frist des Beginns der Leistung gelten. Allerdings wird man dem Auftragnehmer raten müssen, entsprechend § 6 Nr. 1 VOB/B den Auftraggeber von den Umständen, die den Beginn der Ausführung verzögern und nicht in seinem Verantwortungsbereich liegen, Mitteilung zu machen. Anderenfalls läuft er Gefahr, daß diese Umstände nicht zu seinen Gunsten berücksichtigt werden.

Der zweite Fall des § 5 Nr. 4 VOB/B ist der des Verzugs des Auftragnehmers mit der Vollendung seiner Bauleistung. Voraussetzung für den Eintritt des Verzugs ist nach dem insoweit anwendbaren § 284 Abs. 1 BGB grundsätzlich eine Mahnung des Auftraggebers nach Eintritt der Fälligkeit, also nach dem vom Auftragnehmer zu beachtenden Fertigstellungstermin. Die Mahnung ist die an den Auftragnehmer gerichtete Aufforderung des Auftraggebers, die versprochene Leistung, die Fertigstellung des geschuldeten Bauwerkes, zu erbringen. Sie kann frühestens bei Fälligkeit – nicht vorher – erklärt werden. Sie braucht eine Fristsetzung nicht zu enthalten; es genügt, daß zum Ausdruck gebracht wird, daß die Leistung verlangt wird. Entbehrlich ist eine solche Mahnung nach § 284 Abs. 2 BGB allerdings dann, wenn für die Leistung eine Zeit nach dem Kalender bestimmt ist, also für die Bauleistung ein bestimmter Fertigstellungstermin, z. B. ein bestimmtes Datum oder eine bestimmte Kalenderwoche vorgesehen ist. Dann gerät der Auftragnehmer ohne Mahnung in Verzug, wenn er nicht zu der bestimmten Zeit leistet. Notwendig ist zudem, daß der Auftragnehmer die Verzögerung zu vertreten hat, also diese fahrlässig oder vorsätzlich herbeigeführt hat. Dies unterstellt das Gesetz; der Auftragnehmer hat sich insoweit im Prozeß zu entlasten (§ 285 BGB).

Zu beachten ist, daß der Auftragnehmer sich auf die Verlängerung der Ausführungsfristen bei Vorliegen der Voraussetzungen des § 6 Nr. 2 VOB/B gemäß § 6 Nr. 1 VOB/B nur berufen kann, wenn er seine Behinderung dem Auftraggeber unverzüglich angezeigt hat, es sei denn, daß die Behinderung für den Auftraggeber offenkundig war.

Die dritte in § 5 Nr. 4 VOB/B genannte Fallkonstellation verlangt wiederum kein Verschulden des Auftragnehmers, sondern lediglich, daß objektiv die Voraussetzungen des § 5 Nr. 3 VOB/B erfüllt sind. § 5 Nr. 3 VOB/B bestimmt, daß der Auftragnehmer auf Verlangen unverzüglich Abhilfe schaffen muß, wenn Arbeitskräfte, Geräte, Gerüste, Stoffe oder Bauteile so unzureichend sind, daß die Ausführungsfristen offenbar nicht eingehalten werden können.

5.5.1.2
Aufrechterhaltung des Vertrags

Ist eine der drei Voraussetzungen des § 5 Nr. 4 VOB/B gegeben, kann der Auftraggeber den Vertrag kündigen oder an ihm festhalten, also auf weiterer Vertragserfüllung bestehen und unter den Voraussetzungen des § 6 Nr. 6 VOB/B Schadensersatz verlangen, allerdings nur, wie sich aus dem Wortlaut des § 6 Nr. 6 VOB/B ergibt, wenn der Auftragnehmer den zum Schadensersatz verpflichtenden Umstand zu vertreten hat, also vorsätzlich oder fahrlässig herbeigeführt hat. Insofern ist auch für die Verzögerung des Ausführungsbeginns und für den Verstoß gegen § 5 Nr. 3 VOB/B Verschulden erforderlich.

Zu ersetzen hat der Auftragnehmer gemäß § 6 Nr. 6 VOB/B den Schaden, der adäquat-ursächlich auf der Verzögerung des Ausführungsbeginns, auf dem Verzug mit der Fertigstellung oder auf dem Verstoß gegen § 5 Nr. 3 VOB/B beruht, allerdings mit der Einschränkung, daß der entgangene Gewinn vom Auftraggeber nur verlangt werden kann, wenn dem Auftragnehmer Vorsatz oder grobe Fahrlässigkeit hinsichtlich der Pflichtverletzung vorgeworfen werden kann, wofür den Auftraggeber die Beweislast trifft.

5.5.1.3
Kündigung des Vertrags

Als zweiten Weg sieht § 5 Nr. 4 VOB/B die Möglichkeit vor, dem Auftragnehmer eine angemessene Frist zur Vertragserfüllung zu setzen und zu erklären, daß ihm nach fruchtlosem Ablauf der Frist der Auftrag entzogen werde (§ 8 Nr. 3 VOB/B). Dabei hat der Auftraggeber folgendes zu berücksichtigen: Er muß bei der Fristsetzung die Vertragsverletzung, deren Beseitigung er vom Auftragnehmer fordert, zweifelsfrei angeben. Außerdem muß die Fristsetzung mit der Kündigungsandrohung verbunden sein. Anderenfalls entfällt das Recht zur Kündigung und der Auftragnehmer gerät lediglich in Verzug. In diesem Fall kann der Auftraggeber nur dann ohne Rechtsnachteile kündigen, wenn er eine neue Frist mit Kündigungsandrohung gesetzt hat, die fruchtlos verstrichen ist.

Der Fristsetzung und Kündigungsandrohung bedarf es nicht, wenn dem Auftraggeber angesichts der Pflichtverletzung des Auftragnehmers ein Festhalten am Vertrag nicht mehr zuzumuten ist oder wenn der Auftragnehmer ernsthaft und endgültig die Erfüllung seiner Pflichten verweigert. Diesen Ausnahmetatbestand muß der Auftraggeber beweisen.

Erst nach Ablauf der Frist entsteht das Kündigungsrecht nach § 8 Nr. 3 VOB/B. Deshalb kann die Kündigung nicht schon bedingt mit der Fristsetzung verbunden werden, vielmehr stets erst nach fruchtlosem Fristablauf ausgesprochen werden (BGH NJW 73, 1463). Die Kündigung selbst bedarf der Schriftform (§ 8 Nr. 5 VOB/B), und zwar auch dann, wenn der Auftragnehmer die Erfüllung des Vertrags bereits ernsthaft und endgültig verweigert hat. Die Beachtung der Schriftform ist Wirksamkeitsvoraussetzung für die Kündigung. Ob der Auftragnehmer die Verzögerung des Leistungsbeginns oder die Verletzung der Pflicht nach § 5 Nr. 3 VOB/B verschuldet hat, ist für das Kündigungsrecht des Auftraggebers ohne Bedeutung. Etwas anderes gilt nur für den Verzug mit der Fertigstellung der Bauleistung, weil Verzug nur bei Verschulden eintritt. Da die Kündigung im Gegensatz zum Rücktritt oder zur Wandelung den bisher erfüllten Vertrag unberührt läßt, kann der Auftragnehmer für seine geleisteten Arbeiten Bezahlung verlangen.

Der Auftraggeber ist berechtigt, den noch nicht vollendeten Teil der Leistung zu Lasten des Auftragnehmers durch einen Dritten ausführen zu lassen (§ 8 Nr. 3 Abs. 2 Satz 1, 1. Halbsatz VOB/B). Er kann darüber hinaus nach § 8 Nr. 3 Abs. 2 Satz 1, 2. Halbsatz VOB/B Ersatz eines etwa weiter entstandenen Schadens verlangen. Allerdings gewährt diese Vorschrift keinen selbständigen Schadensersatzanspruch, sondern bestimmt lediglich, daß bestehende Ansprüche aufrechterhalten bleiben. Voraussetzung für einen Schadensersatzanspruch ist deshalb Verzug des Auftragnehmers oder eine positive Forderungsverletzung, wofür in jedem Fall Verschulden des Auftragnehmers auch insoweit erforderlich ist, als dies § 5 Nr. 4 VOB/B hinsichtlich der Verzögerung des Baubeginns und des Verstoßes gegen § 5 Nr. 3 VOB/B nicht verlangt.

Zu beachten ist, daß der Auftraggeber Anspruch auf entgangenen Gewinn im Hinblick auf die Haftungsbeschränkung des § 6 Nr. 6 VOB/B nur hat, wenn er dem Auftragnehmer Vorsatz oder grobe Fahrlässigkeit nachweisen kann. Diese Einschränkung gilt dann nicht, wenn der Auftraggeber nach § 8 Nr. 3 Abs. 2 Satz 2 VOB/B Schadensersatz wegen Nichterfüllung des ganzen Vertrags verlangen kann, weil die weitere Ausführung der Bauleistung aus den Gründen, die zur Entziehung des Auftrags geführt haben, für ihn kein Interesse mehr hat (BGH BauR 74, 208, 210). Dabei handelt es sich jedoch um einen Ausnahmefall. Denn es genügt nicht, daß der Auftraggeber kein Interesse an der weiteren Tätigkeit durch den gekündigten Auftragnehmer hat, sondern der Interessenwegfall muß hinsichtlich der Bauleistung selbst bestehen. Zu denken ist hier an termingebundene Zweckbauten, die nur für eine bestimmte Zeit errichtet werden sollen oder Bauten für Veranstaltungen, die nur von bestimmter Dauer sind, z. B. Ausstellungen. Verzögert hier der Auftragnehmer die Fertigstellung oder den Beginn der Ausführung der Leistung und entzieht ihm deshalb der Auftraggeber gemäß § 5 Nr. 4 VOB/B den Auftrag, kann damit auch sein Interesse an der Errichtung des Bauwerkes selbst weggefallen sein.

5.5.2
BGB

Das BGB setzt sich nur in unspezifischer Weise mit Verspätungsfolgen beim Bauvertrag auseinander. Die §§ 284 ff und 326 BGB regeln die Verzugsfolgen für jede Art von Vertrag. Im Werkvertragsrecht regelt § 636 BGB die Folgen verspäteter Herstellung, verweist aber zusätzlich auf die allgemeinen Verzugsregelungen.

5.5.2.1
Rücktrittsrecht

§ 636 Abs. 1 Satz 1 BGB bestimmt, daß für den Fall, daß der Auftragnehmer das Werk ganz oder zum Teil nicht rechtzeitig herstellt, d. h. die vertraglich vereinbarten Fristen oder, falls solche nicht vorgesehen sind, die angemessene Frist überschreitet, die für die Wandelung geltenden Vorschriften des § 634 Abs. 1–3

BGB entsprechende Anwendung finden, wobei der Auftraggeber statt des Rechts auf Wandelung das Recht zum Rücktritt vom Vertrag nach § 327 BGB hat.

§ 636 BGB stellt allein auf die Tatsache ab, daß die Leistung nicht rechtzeitig fertiggestellt wird. Im Sinne der Vorschrift kann es ausreichend sein, daß die Überschreitung der Ausführungsfrist lediglich droht (BGH NJW-RR 92, 1141, 1142). Aus welchem Grund der Auftragnehmer die vereinbarte oder angemessene Herstellungsfrist überschreitet, ist für § 636 BGB ohne Bedeutung. Deshalb kommt es auch nicht darauf an, ob ihn ein Verschulden hieran trifft oder nicht (BGH a. a. O.). Die Rechte des § 636 BGB kann der Auftraggeber jedoch nicht in Anspruch nehmen, wenn ein vereinbarter oder mangels Vereinbarung angemessener Fertigstellungstermin unter den Voraussetzungen der in § 6 Nr. 2 VOB/B beschriebenen Gründe, also wenn die Verzögerung vom Auftraggeber zu vertreten ist, seine Verbindlichkeit verliert (BGH a. a. O.). Ein solcher Fall liegt insbesondere vor, wenn der Auftraggeber einer Mitwirkungsverpflichtung nicht nachkommt, etwa die erforderlichen Planunterlagen nicht zur Verfügung stellt. Dann verschiebt sich der Fälligkeitszeitpunkt um die Zeitspanne, während der sich die vom Auftraggeber ausgehende Behinderung ausgewirkt hat. Sind die hindernden Umstände so gravierend, daß der Zeitplan des Unternehmers völlig in Unordnung gerät, verliert eine vertragliche Fälligkeitsregelung ihre Gültigkeit insgesamt und die für die Fälligkeit maßgebende Zeitspanne der Werkherstellung ist unter dem Gesichtspunkt der Angemessenheit neu zu bestimmen.

Weiterhin kann der Auftraggeber die Rechte aus § 636 BGB nicht in Anspruch nehmen, wenn die zeitliche Verzögerung nur unerheblich ist (Abs. 1 Satz 1 i. V. m. § 634 Abs. 3 BGB).

Als Rechtsfolgen sieht § 636 BGB unter Verweis auf die Regelungen der §§ 634 und 327 BGB den Rücktritt vor. Das Recht zum Rücktritt hat der Auftraggeber entsprechend § 634 Abs. 1 BGB grundsätzlich erst, nachdem er dem Auftragnehmer eine angemessene Frist zur Fertigstellung mit der Erklärung bestimmt hat, daß er nach dem Ablauf der Frist die weitere Vertragserfüllung ablehne. Diese Frist kann er, wenn abzusehen ist, daß das Werk nicht rechtzeitig fertiggestellt werden kann, bereits während der Bauausführung setzen, allerdings darf die Frist nicht vor der für die Ablieferung bestimmten Frist ablaufen (§ 634 Abs. 1 Satz 2 BGB). Einer Fristbestimmung bedarf es nach § 634 Abs. 2 BGB überhaupt nicht, wenn die rechtzeitige Herstellung des Werkes unmöglich ist oder der Auftragnehmer die rechtzeitige Herstellung verweigert oder die sofortige Geltendmachung des Rücktrittsrechts durch ein besonderes Interesse des Auftraggebers gerechtfertigt ist. Letzteres ist insbesondere dann der Fall, wenn das Werk nach dem vorgesehenen Herstellungszeitpunkt für den Auftraggeber nicht mehr verwendbar ist, z. B. soll eine Baracke zur Lagerung von Baumaterialien zu einem bestimmten Zeitpunkt errichtet werden, die Fertigstellung der Baracke verzögert sich jedoch bis zu dem Zeitpunkt, zu dem die Baumaterialien eingebaut werden. Das sofortige Rücktrittsrecht ohne Fristsetzung wegen Interessenwegfalls kommt nur in Betracht, wenn die vereinbarte oder angemessene Frist für die Fertigstellung bereits überschritten worden ist oder mit Sicherheit feststeht, daß die Frist nicht eingehalten werden kann.

Nach fruchtlosem Fristablauf oder sofort, wenn eine Fristsetzung entbehrlich ist, kann der Auftraggeber vom Vertrag zurücktreten. Dies erfolgt durch eine einseitige, nicht formgebundene Erklärung des Auftraggebers bzw. eines dazu besonders bevollmächtigten Vertreters. Der Auftraggeber ist zu einem Rücktritt allerdings nicht verpflichtet; er kann weiterhin auf Vertragserfüllung bestehen. Hält der Auftragnehmer den erklärten Rücktritt nicht für berechtigt, trifft ihn nach § 636 Abs. 2 BGB die Beweislast, daß er das Werk rechtzeitig fertiggestellt habe. Den Beweis dafür, daß ein bestimmter Fertigstellungstermin vereinbart worden ist oder welche Zeit für die Fertigstellung angemessen ist, hat dagegen der Auftraggeber zu führen, ebenso dafür, daß er dem Auftragnehmer unter Ablehnungsandrohung eine Frist zur rechtzeitigen Leistung gesetzt hat und daß diese Frist ergebnislos abgelaufen ist oder daß eine Fristsetzung entbehrlich war.

Bei berechtigter Ausübung des Rücktrittsrechts haben beide Vertragsparteien, also sowohl Auftraggeber als auch Auftragnehmer, die empfangenen Leistungen entsprechend §§ 346–359 BGB zurückzugewähren (§ 327 BGB). Dies ist allerdings bei Bauleistungen, die mit dem Bauwerk fest verbunden sind, in der Regel für den Auftraggeber nicht möglich. Er hat dann dem Auftragnehmer, es sei denn, die Teilleistung ist für ihn unbrauchbar, Wertersatz zu leisten, der mit einer von ihm etwa geleisteten Anzahlung zu verrechnen ist.

5.5.2.2
Allgemeine Verzugsregelungen

§ 636 BGB regelt die Rechte des Auftraggebers bei nicht rechtzeitiger Fertigstellung nicht erschöpfend, wie Abs. 1 Satz 2 ausdrücklich betont. Danach bleiben die dem Auftraggeber wegen des Verzugs des Auftragnehmers zustehenden Rechte unberührt. Der Auftragnehmer kann also, anstatt nach § 636 BGB vorzugehen, die Ansprüche aus Verzug gemäß §§ 286, 326 BGB geltend machen.

Verzug tritt ein, wenn die Leistung fällig ist und der Schuldner gemahnt wird, es sei denn, für die Leistung ist eine Zeit nach dem Kalender bestimmt. Dann tritt der Verzug mit dem Ablauf dieses Zeitpunktes ohne weiteres ein (§ 284 BGB). Voraussetzung hierfür ist wie im Fall des § 636 BGB eine Überschreitung des vertraglich vorgesehenen Fertigstellungszeitpunktes oder der für die Fertigstellung angemessenen Frist, ohne daß die Verzögerung auf einem Verhalten des Auftraggebers beruht. Der Auftragnehmer gerät aber nur dann in Verzug, wenn er die Verzögerung zu vertreten hat, also vorsätzlich oder fahrlässig gehandelt hat. Allerdings obliegt es dem Auftragnehmer, den Nachweis fehlenden Verschuldens zu führen (§ 285 BGB).

Weitere Voraussetzung für den Eintritt des Verzugs nach § 284 Abs. 1 BGB ist grundsätzlich eine Mahnung des Auftraggebers nach Eintritt der Fälligkeit, also des vom Auftragnehmer zu beachtenden Fertigstellungstermins. Die Mahnung ist die an den Auftragnehmer gerichtete Aufforderung des Auftraggebers, die versprochene Leistung, die Fertigstellung des geschuldeten Bauwerkes, zu erbringen.

Sie kann frühestens bei Fälligkeit, nicht vorher erklärt werden; eine Fristsetzung ist nicht erforderlich. Entbehrlich ist eine solche Mahnung nach § 284 Abs. 2 BGB allerdings dann, wenn für die Leistung eine Zeit nach dem Kalender bestimmt ist, also für die Bauleistung ein bestimmter Fertigstellungstermin, z. B. ein bestimmtes Datum oder eine bestimmte Kalenderwoche, vorgesehen ist. Nicht ausreichend ist die Berechenbarkeit des Fertigstellungsdatums. So führt z. B. die vertragliche Regelung „Fertigstellung sechs Wochen nach Baubeginn" nicht ohne weiteres zum Verzug; eine Mahnung bleibt notwendig. Ist ein Zeitpunkt nach dem Kalender bestimmt, gerät der Auftragnehmer ohne Mahnung in Verzug, wenn er nicht zu der bestimmten Zeit leistet.

Im Fall des Verzugs hat der Auftragnehmer dem Auftraggeber nach § 286 BGB zunächst den durch die Verzögerung entstehenden Schaden zu ersetzen. Dazu gehören z. B. weitere Finanzierungskosten und entgangene Mieteinnahmen wegen verspäteter Vermietung.

Außerdem hat der Auftraggeber die Rechte gemäß § 326 BGB. Er kann dem Auftragnehmer eine angemessene Frist zur Fertigstellung mit der Erklärung bestimmen, daß er die Annahme der Leistung nach dem Ablauf der Frist ablehne. Diese Erklärung entspricht derjenigen, die dem Rücktritt gemäß § 636 BGB entsprechend den Grundsätzen des § 634 Abs. 1 BGB vorauszugehen hat. Sie muß eindeutig formuliert sein, und es muß klar aus ihr hervorgehen, daß der Auftraggeber nach Fristablauf nicht mehr gewillt ist, die Leistung des Auftragnehmers anzunehmen. Bestimmte Rechtsfolgen braucht er nicht anzudrohen. Die Erklärung bedarf keiner bestimmten Form. Nach fruchtlosem Ablauf der Frist ist der Bauvertrag ohne weiteres aufgelöst. Einer weiteren Erklärung des Auftraggebers bedarf es nicht. Die Beendigung des Vertragsverhältnisses tritt auch ohne den Willen des Auftraggebers ein.

Der Auftraggeber ist dann berechtigt, Schadensersatz wegen Nichterfüllung zu verlangen oder vom Vertrag zurückzutreten, wenn nicht die Leistung innerhalb der Frist erfolgt ist, also das Werk fertiggestellt wurde. Der Auftraggeber kann allerdings nicht mehr Erfüllung verlangen.

Die Rechtsfolgen des Rücktrittsrechts sind weitgehend die gleichen wie im Fall des § 636 BGB. Allerdings ist der Schadensersatz ausgeschlossen.

Beim Schadensersatzanspruch wegen Nichterfüllung ist der Auftraggeber so zu stellen, wie er stehen würde, wenn der Auftragnehmer den Vertrag ordnungsgemäß erfüllt hätte. Eine Beschränkung entsprechend § 6 Nr. 6 VOB/B gibt es nicht. Der Auftraggeber kann also die bei ordnungsgemäßer Vertragserfüllung nicht angefallenen Finanzierungskosten oder den Gewinn ersetzt verlangen, den er bei vertragsgemäßer, also rechtzeitiger Herstellung des Werkes erzielt hätte. Der Unterschied zwischen dem Verspätungsschaden gemäß § 286 BGB und dem Schadensersatz wegen Nichterfüllung nach § 326 BGB besteht darin, daß der Auftragnehmer nach § 286 BGB neben seiner Schadensersatzpflicht weiter zur Erfüllung des Vertrags, also zur vertragsgemäßen Herstellung des Werkes verpflichtet bleibt, während beim Schadensersatzanspruch wegen Nichterfüllung nach § 326 BGB der Anspruch auf weitere Vertragserfüllung gerade ausgeschlossen ist

(Abs. 1 Satz 2, letzter Halbsatz). Die beiderseits bisher erbrachten vertraglichen Leistungen sind also in diesem Fall entweder zurückzugewähren oder falls dies, wie häufig bei einer Bauleistung, nicht möglich ist, ihr Wert als Rechnungsposten im Rahmen des Schadensersatzanspruches des Auftraggebers zu berücksichtigen. Da aber der Auftraggeber gerade dadurch einen Schaden erleiden kann, daß der Auftragnehmer das Werk nicht fertigstellt, hat er gemäß § 326 BGB auch Anspruch auf Ersatz solcher Schäden, die durch die Beauftragung eines anderen Unternehmers mit der Fertigstellung zu höheren Kosten anfallen. Der Schadensersatzanspruch nach § 326 BGB reicht also weiter als der nach § 286 BGB.

Der nach § 326 Abs. 1 BGB grundsätzlich erforderlichen Fristsetzung mit Ablehnungsandrohung bedarf es ebenso wie im Fall des Rücktritts nach § 636 BGB nicht, wenn die Erfüllung des Vertrags infolge des Verzuges für den Auftraggeber kein Interesse mehr hat (§ 326 Abs. 2 BGB) oder vom Auftragnehmer endgültig verweigert wird (BGH NJW 92, 967, 971). Dies ist auch dann der Fall, wenn der Auftragnehmer, nachdem er bereits in Verzug geraten ist, die Erfüllung der Leistung für einen Zeitpunkt ankündigt, der nach Ablauf einer angemessenen Nachfrist liegt (BGH NJW 84, 48, 49).

5.6
Weitere Pflichtverletzungen des Auftragnehmers

Neben den vorgenannten Pflichten des Auftragnehmers, seine Leistung mangelfrei und rechtzeitig zu erbringen, hat der Auftragnehmer auch die übrigen Haupt- und Nebenpflichten, die der Vertrag ausdrücklich vorsieht, zu erfüllen. Darüber hinaus obliegen dem Auftragnehmer Nebenpflichten, die, auch wenn im Vertrag nicht genannt, zu beachten sind: insbesondere ist dies die Pflicht, das Eigentum des Auftraggebers, aber auch die Leistungen anderer Unternehmer sorgfältig zu behandeln und nicht zu beschädigen.

Verletzt der Auftragnehmer oder einer seiner Erfüllungsgehilfen diese Pflichten schuldhaft im Rechtssinne, also vorsätzlich oder fahrlässig, so ist er dem Auftraggeber schadensersatzpflichtig. Der VOB-Vertrag hat diesen allgemeinen Rechtsgedanken in § 10 Nr.1 VOB/B formuliert, der im gleichen Maß für den BGB-Vertrag gilt.

Schädigt der Auftragnehmer einen Dritten, so hat er grundsätzlich dafür selbst einzustehen. Darüber hinaus kommt es vor, daß beide Vertragspartner für Schädigungen Dritter einzustehen haben. Solche Fälle ergeben sich insbesondere im Bereich der Verkehrssicherungspflichten und der unzulässigen Vertiefung.

Schafft jemand eine Gefahrenquelle, z. B. eine Baustelle, so ist jeder, der Einfluß auf die Gefahrenquelle hat, verpflichtet, die notwendigen Vorkehrungen zum Schutze Dritter zu schaffen, die sog. Verkehrssicherungspflichten. Im Hinblick auf derartige Gefahrenquellen muß die Gefährdung Dritter ausgeschlossen werden. Die Pflicht trifft in erster Linie den Auftraggeber, aber auch den Auftragnehmer im Rahmen seiner Leistung, wie sich auch aus § 4 Nr. 2 Abs. 1 Satz 3 VOB/B ergibt. Wird ein Dritter geschädigt, weil beide Vertragspartner ihren Verkehrssicherungspflichten nicht nachkommen, haften beide.

Dies gilt ebenfalls, wenn Auftragnehmer und Auftraggeber die Verpflichtung nach § 909 BGB verletzen. Die Vorschrift verbietet es, durch Vertiefung des Baugrundstücks dem Nachbargrundstück die erforderliche Stütze zu entziehen. Auch hier können Auftraggeber und Auftragnehmer gemeinschaftlich verantwortlich und dem Eigentümer des Nachbargrundstücks zu Schadensersatz verpflichtet sein.

Haben beide für den Schaden einzustehen, so haften sie gesamtschuldnerisch gemäß § 840 Abs. 1 BGB, d. h., der Geschädigte kann sich an alle, aber auch nur an einen Schädiger seiner Wahl halten (§ 421 BGB). Dieser hat dann einen Rückgriffsanspruch gegen den anderen Schädiger, wobei beide im Zweifel zur Hälfte für den Schaden einzustehen haben (§ 426 Abs. 1 Satz 1 BGB). Bei unterschiedlichen Verantwortungsanteilen haftet jeder der Schädiger entsprechend seinem Anteil. Von dieser gesetzlichen Regelung weicht § 10 Nr. 2–6 VOB/B ab. Zu erwähnen ist insbesondere die Regelung des § 10 Nr. 2 Abs. 2 VOB/B, wonach der Auftragnehmer den Schaden allein zu tragen hat, wenn er diesen durch eine Versicherung gedeckt hat oder durch eine Versicherung zu üblichen Bedingungen hätte decken können.

5.7
Kostenbeteiligung des Auftraggebers

Wie wir gesehen haben, trägt der Auftragnehmer grundsätzlich sämtliche Kosten der Nachbesserung und hat alle Schäden zu ersetzen, die auf seiner vertragswidrigen Leistung beruhen. Es gibt jedoch zwei Ausnahmen zu diesem Grundsatz.

5.7.1
Mitverschulden des Auftraggebers

Es ist ein allgemein anerkannter Rechtsgrundsatz, daß derjenige, der einen Schaden erlitten hat, einen Teil davon selbst zu tragen hat, wenn er zur Entstehung des Schadens beigetragen hat, also mitverantwortlich für das Schadensgeschehen ist. Weiterhin ist der Geschädigte verpflichtet, einen etwaig entstandenen Schaden klein zu halten; kommt er dieser Verpflichtung nicht nach, so ist er u. U. ebenfalls am Schaden zu beteiligen.

Diese Grundsätze, die auch für den VOB/B-Vertrag gelten, haben ihren Niederschlag in § 254 BGB gefunden, der wie folgt lautet:

„(1) Hat bei der Entstehung des Schadens ein Verschulden des Beschädigten mitgewirkt, so hängt die Verpflichtung zum Ersatze sowie der Umfang des zu leistenden Ersatzes von den Umständen, insbesondere davon ab, inwieweit der Schaden vorwiegend von dem einem oder dem anderen Teil verursacht worden ist.

(2) Dies gilt auch dann, wenn sich das Verschulden des Beschädigten darauf beschränkt, daß er unterlassen hat, den Schuldner auf die Gefahr eines ungewöhnlich hohen Schadens aufmerksam zu machen, die der Schuldner weder kannte noch kennen mußte, oder daß er unterlassen hat, den Schaden abzuwenden oder zu mindern. Die Vorschrift des § 278 findet entsprechende Anwendung."

Ein Mitverschulden i. S. d. § 254 Abs. 1 BGB kann allerdings nur dann bejaht werden, wenn der Auftraggeber eine ihm gegenüber dem Auftragnehmer obliegende Verpflichtung verletzt. Wir verweisen insoweit auf die Ausführungen auf S. 40 ff, aus denen sich die Verpflichtungen des Auftraggebers ergeben. In diesem Zusammenhang ist darauf zu verweisen, daß der Auftraggeber sich jedenfalls in zwei Fallgestaltungen ein Mitverschulden wegen fehlender eigener Verpflichtung nicht zurechnen lassen muß. Dies betrifft zunächst die Frage der Überwachung bzw. Bauaufsicht. Der Auftraggeber ist zur Aufsicht der Tätigkeit des Auftragnehmers nicht verpflichtet. Selbst wenn er sich eines Architekten bedient, muß er sich dessen Fehler bei der Bauaufsicht nicht schadensmindernd entgegenhalten lassen (BGH BauR 97, 1021, 1025).

Der Auftragnehmer kann zudem dem Auftraggeber nicht schadensmindernd entgegenhalten, daß die Leistung des Vorunternehmers, auf der die Leistung des Auftragnehmers aufbaut, mangelhaft war und dieser Mangel auf die eigene Leistung durchgeschlagen ist. Denn der Vorunternehmer ist nicht Erfüllungsgehilfe des Auftraggebers im Verhältnis zum Auftragnehmer (BGH BauR 85, 561).

Hat demgegenüber z. B. eine mangelhafte Planung des Auftraggebers, wobei er sich ein Verschulden seines Architekten über § 278 BGB ebenfalls zurechnen lassen muß, zur Entstehung der vertragswidrigen Leistung beigetragen, so wird der Anspruch des Auftraggebers entsprechend gekürzt. Dies bedeutet im Fall der vom Auftragnehmer durchgeführten Nachbesserung, daß sich der Auftraggeber an den Kosten der Nachbesserung beteiligen muß (BGH BauR 81, 284, 287). Die Höhe des Zuschusses richtet sich danach, welche der beiden Parteien in welchem Maße zur Entstehung des Mangels beigetragen hat.

Gleiches gilt für die Ersatzvornahme durch den Auftraggeber sowie bei der Minderung.

Die gleichen Grundsätze sind anzuwenden bei der Geltendmachung von Schadensersatz. Hier ist zudem zu berücksichtigen, daß der Auftraggeber gemäß § 254 Abs. 2 Satz 1 BGB verpflichtet ist, den Schaden so gering wie möglich zu halten. Der Auftraggeber ist verpflichtet, nach Möglichkeit im Rahmen des Zumutbaren zur Minderung des vom Auftragnehmer zu ersetzenden Schadens beizutragen. Maßstab ist insoweit ein vernünftiger, wirtschaftlich denkender Mensch nach Lage der Sache (BGH NJW 89, 290, 291). Dies bedeutet z. B., daß der Auftraggeber sich um die baldmögliche Behebung eines Mangels zu bemühen hat, wenn er Schadensersatz wegen Nutzungsausfall verlangen will (BGH ZfBR 95, 256).

5.7.2
„Sowieso-Kosten" und Vorteilsausgleichung

Die zweite Fallgestaltung, bei der der Auftraggeber gehalten ist, einen finanziellen Beitrag zur Beseitigung der Vertragswidrigkeit zu leisten, sind die sog. „Sowieso-Kosten". Dabei handelt es sich um diejenigen Kosten, die jedenfalls bei einer mangelfreien Ausführung entstanden wären und zu deren Tragung der Auftragnehmer nicht verpflichtet ist. Dem liegt die Überlegung zugrunde, daß ein Geschädigter durch den Schadensfall nicht besser gestellt werden darf, als wenn sich der Schadensfall nicht ereignet hätte. Hätte daher die mangelfreie Erstellung der Bauleistung von vornherein mehr Kosten verursacht, als zunächst vorgesehen waren, so ist der Auftraggeber verpflichtet, diesen Betrag im Rahmen der Beseitigung der vertragswidrigen Leistung zuzuschießen (BGH BauR 94, 776, 779).

Es muß daher zunächst festgestellt werden, welche Kosten der Auftragnehmer aufgrund des Vertrags zu tragen hat. Hat der Auftragnehmer eine Bauleistung zu einem Pauschalpreis versprochen, so wird in der Regel kein Raum für „Sowieso-Kosten" sein. Denn er ist verpflichtet, den vertraglich vereinbarten Erfolg herzustellen (BGH NJW 94, 2825, 2826). Demgegenüber sind „Sowieso-Kosten" eher denkbar, wenn die Leistungen des Auftragnehmers auf einem detaillierten Leistungsverzeichnis des Auftraggebers beruht.

Ähnliche Überlegungen greifen dann ein, wenn die Leistung des Auftragnehmers aufgrund der Nachbesserung eine längere Lebensdauer erreicht. In diesem Fall hat der Auftraggeber ebenfalls einen entsprechenden Ausgleich zu gewähren, da er durch die Mangelbeseitigung einen Vorteil erhalten hat, auf den er aufgrund der ursprünglichen vertraglichen Vereinbarung keinen Anspruch hatte (sog. Vorteilsausgleichung). Dies ist aber dann nicht der Fall, wenn die verlängerte Lebensdauer auf einer verzögerten Mängelbeseitigung durch den Auftragnehmer beruht (BGH BauR 84, 510, 514).

5.8
Verantwortlichkeit mehrerer Beteiligter

5.8.1
ARGE

Haben sich mehrere Unternehmen zur Erbringung einer Bauleistung zusammengeschlossen, handelt es sich in der Regel um eine Arbeitsgemeinschaft (sog. ARGE). In rechtlicher Hinsicht ist diese als BGB-Gesellschaft gemäß §§ 705 ff BGB zu qualifizieren. In einem solchen Rahmen haften die einzelnen ARGE-Mitglieder gesamtschuldnerisch für die Vertragsgemäßheit der Leistung (§ 427 BGB), d. h., daß der Auftraggeber bei einer Vertragswidrigkeit beliebig eines der ARGE-Mitglieder in Anspruch nehmen kann, selbst wenn dieses nach der internen Arbeitsverteilung der ARGE für die vertragswidrige Leistung nicht zuständig war (§ 421 BGB).

5.8.2
Nebenunternehmer

Liegt die mögliche Mangelursache in den Leistungsbereichen verschiedener, nicht zum Zweck der Leistungserbringung verbundener Unternehmer (Nebenunternehmer), so ist der Auftraggeber grundsätzlich gehalten, den Nachweis zu führen, welcher der Unternehmer tatsächlich für den Schaden verantwortlich ist (BGH BauR 75, 130). Es gibt in diesem Fall regelmäßig keine Beweiserleichterung zugunsten des Auftraggebers. Auch eine Gesamtschuldnerschaft, etwa im Sinne einer ARGE, ist nicht anzunehmen. Eine Ausnahme besteht nur dann, wenn bei bestehenden Mängeln eine Aufteilung nach Verursachungsbeiträgen einzelner Unternehmer nicht möglich ist. In diesem Ausnahmefall haften die einzelnen Unternehmen voll und uneingeschränkt (BGH ZfBR 95, 83).

5.8.3
Auftragnehmer/Planer

Grundsätzlich schulden der Auftragnehmer und der Planer unterschiedliche Leistungen, dieser Planungs- und Aufsichtsleistungen, jener Bauleistungen. Dessen ungeachtet geht die Rechtsprechung davon aus, daß sie im Hinblick auf den Erfolg, nämlich das Entstehen einer mangelfreien und vertragsgemäßen Bauleistung, Gesamtschuldner i. S. d. § 427 BGB sind (BGHZ 43, 227, 232 ff).

Dies hat zur Folge, daß bei einer vertragswidrigen Leistung der Auftraggeber grundsätzlich beide unterschiedslos in Anspruch nehmen kann (§ 421 BGB), selbst wenn der Auftragnehmer zur Nachbesserung und der Planer zu Schadensersatz verpflichtet ist. Dies führt insbesondere dazu, daß der Auftraggeber auf diese Weise dem Auftragnehmer sein Recht auf Mangelbeseitigung abschneiden kann, indem er den Planer auf Schadensersatz in Anspruch nimmt. Eine nur subsidiäre Haftung des Planers besteht nicht.[60]

Eine Haftung des Auftragnehmers neben dem Planer scheidet allerdings aus, wenn der Mangel auf einem Planungsfehler bzw. einer fehlerhaften Anordnung des Planers beruht und der Auftragnehmer dies nicht entsprechend den Grundsätzen des § 4 Nr. 3 VOB/B erkennen konnte bzw. er seiner Pflicht nach § 4 Nr. 3 VOB/B genügt hat (BGHZ ZfBR 91, 61, 62).

Beruht der Mangel auf einem Planungsfehler bzw. einer fehlerhaften Anordnung des Planers, und der Auftragnehmer hätte dies erkennen können, so besteht grundsätzlich eine Haftung des Auftragnehmers. Er kann jedoch dem Anspruch des Auftraggebers den Einwand des Mitverschuldens i. S. d. § 254 BGB entgegenhalten, da der Planer insoweit Erfüllungsgehilfe des Auftraggebers ist, weil dieser für die Mangelfreiheit der Planung verantwortlich ist (BGH BauR 81, 284, 287). In diesem Fall hat der Auftraggeber einen Abzug hinzunehmen, der sich danach bemißt, in welchem Verhältnis der Planer einerseits und der Auftragnehmer andererseits für den Mangel verantwortlich ist.

Der Einwand des Mitverschuldens ist nicht möglich bei einem Überwachungsfehler des vom Auftraggeber eingeschalteten bauleitenden Architekten oder Ingenieurs, da der Auftraggeber zu einer Bauüberwachung des Auftragnehmers nicht verpflichtet ist und der Architekt oder Ingenieur dementsprechend nicht Erfüllungsgehilfe des Auftraggebers sein kann (BGH BauR 78, 405, 406).

Sind der Auftragnehmer und der Planer gesamtschuldnerisch für eine vertragswidrige Leistung verantwortlich und nimmt der Auftraggeber einen von ihnen in Anspruch, so hat der Inanspruchgenommene einen Ausgleichsanspruch gegen den

---

[60] Aus der nicht klaren Entscheidung BGH NJW 96, 2370 könnte sich etwas anderes ergeben.

anderen gemäß § 426 BGB. Die Verteilung der entstandenen Kosten richtet sich nach dem Verantwortungsanteil der Gesamtschuldner (§ 426 Abs. 1 Satz 1 BGB). Der Ausgleichsanspruch verjährt in 30 Jahren und kann vom Ausgleichsberechtigten selbst dann noch durchgesetzt werden, wenn der Gewährleistungsanspruch gegen den Ausgleichspflichtigen bereits verjährt ist (BGHZ 58, 216).

5.8.4
AGB

Unangemessen benachteiligt wird der Auftragnehmer durch folgende Klausel des Auftraggebers, die diesen von seiner Verpflichtung befreit, den Nachweis der Schadensverursachung zu führen (BGH BauR 97, 1036, 1038):

> *„Kommt neben dem Auftragnehmer auch ein Dritter als Schadensverursacher in Betracht, haftet dennoch der Auftragnehmer gegenüber dem Auftraggeber als Gesamtschuldner."*

5.9
Mehrere Auftraggeber

Nach der gesetzlichen Regelung des § 432 BGB ist bei mehreren Auftraggebern als Gläubiger der Leistung jeder der Auftraggeber berechtigt, die Leistung an alle zu fordern. Dies bedeutet, daß einer der Auftraggeber jegliche Ansprüche aus dem Vertrag geltend machen kann, allerdings mit der Einschränkung, daß an sämtliche Auftraggeber gemeinschaftlich geleistet werden muß. Dies gilt auch für Ansprüche aus Gewährleistung, und zwar auf Nachbesserung, Wandelung und Schadensersatz. Bei der Minderung kann jeder einzelne Auftraggeber die Minderung wirksam verlangen (§ 634 Abs. 4 i. V. m. § 474 Abs. 1 BGB).

Die gesetzliche Regelung hat in verschiedener Hinsicht Modifikationen erfahren. So steht bei sog. Gesamthandsgemeinschaften, z. B. der BGB-Gesellschaft, der OHG und KG, das Forderungsrecht grundsätzlich nur allen Gesellschaftern gemeinschaftlich zu.

Eine weitere bedeutende Ausnahme ist die Wohnungseigentümergemeinschaft. Im Zusammenhang mit der Gewährleistung beim Bauvertrag ergeben sich hier erhebliche Besonderheiten. Wie auf S. 10 f gesehen, ist der Erwerbsvertrag über neu errichtetes Wohnungseigentum als Werkvertrag zu qualifizieren, so daß die Ansprüche auf Nachbesserung und Gewährleistung Anwendung finden.

Zu unterscheiden ist insoweit zunächst zwischen Sonder- und Gemeinschaftseigentum. Hinsichtlich des Sondereigentums, also des Teils, der dem einzelnen Wohnungseigentümer ausschließlich zu Eigentum zugeordnet ist, bestehen keine Besonderheiten im Hinblick auf Nachbesserungs- und Gewährleistungsansprüche. Der jeweilige Wohnungseigentümer ist insoweit allein berechtigt, diese Rechte in Anspruch zu nehmen und durchzusetzen.

Anders ist es demgegenüber beim Gemeinschaftseigentum. Wegen der gemeinschaftlichen Bindung des Eigentums kann fraglich sein, inwieweit der einzelne Wohnungseigentümer Nachbesserung und Gewährleistung allein durchsetzen kann. Die Rechtsprechung billigt dem einzelnen Wohnungseigentümer dies zu, soweit es sich noch um Erfüllungsansprüche, also die Nachbesserung und die ihr gleichgestellten Ansprüche wie den Vorschußanspruch für die Nachbesserung durch Dritte bzw. den Kostenerstattungsanspruch für bereits zu Lasten des Auftragnehmers/Veräußerers durchgeführte Nachbesserungen, handelt (BGH NJW 79, 2207). Allerdings kann in einem solchen Fall auch die Wohnungseigentümergemeinschaft beschließen, derartige Ansprüche im Namen der Gemeinschaft geltend zu machen (BGH BauR 81, 467). Dadurch verliert der einzelne Wohnungseigentümer zwar nicht seine Berechtigung, die Ansprüche durchzusetzen, die geltend gemachten Ansprüche dürfen einander jedoch nicht widersprechen.

Zur Wandelung des Erwerbsvertrags, so weit diese vorgesehen ist, ist wiederum nur der einzelne Wohnungseigentümer berechtigt (BGH NJW 79, 2207). Dies gilt ebenfalls, wenn der Erwerber den sog. großen Schadensersatzanspruch geltend macht, d. h., daß er das Erhaltene gegen die Rückgewähr der geleisteten Zahlungen und den Ausgleich weiterer Schäden zurückgibt. Denn in diesen Fällen ist nur das Verhältnis Veräußerer/Erwerber betroffen, nicht jedoch die Gemeinschaft, da der Erwerbsvertrag insgesamt rückabgewickelt wird und Rechte der Gemeinschaft nicht betroffen sind.

Anders ist es, wenn Minderung oder der sog. kleine Schadensersatz verlangt wird. Letzterer liegt dann vor, wenn der Gläubiger des Schadensersatzanspruchs das Empfangene behält und nur die Vermögensdifferenz zwischen der mangelbehafteten und der mangelfreien Situation geltend macht. Hierüber müssen die Wohnungseigentümer grundsätzlich gemeinschaftlich beschließen, da ihnen das Recht verbleiben muß, über die Verwendung der aus der Geltendmachung der Rechte resultierenden finanziellen Mittel zu beschließen (BGH NJW 90, 1663, 1664). Eine Ausnahme gilt allerdings dann, wenn der Mangel nicht behoben werden kann und er sich nur auf das Sondereigentum auswirkt (BGH a. a. O.). Dann kann der einzelne Erwerber wiederum allein vorgehen. Dies gilt auch dann, wenn nur noch ein einzelner Wohnungseigentümer die Möglichkeit hat, die vorgenannten Rechte allein geltend zu machen, da diese gegenüber den anderen Eigentümern bereits verjährt ist (OLG Frankfurt NJW-RR 91, 665).

6 Pflichtverletzungen des Auftraggebers

Auch den Auftraggeber treffen beim Bauvertrag verschiedene Pflichten, deren Verletzung unterschiedliche Rechtsfolgen auslöst. Zu unterscheiden ist zwischen Haupt- und Nebenpflichten einerseits, die dem Auftragnehmer einklagbare Rechte gewähren, und sog. Obliegenheiten, die nicht einklagbar sind. Bei letzteren handelt es sich regelmäßig um Mitwirkungspflichten wie sie unter 3.1–3.3 (S. 40 ff) dargestellt sind. Deren korrekte Erfüllung ist zwar für den organisierten Ablauf der Leistung des Auftragnehmers von erheblicher Bedeutung, da ihre Nicht- oder Schlechterfüllung jedoch vordringlich dem Auftraggeber selbst schadet und dem Auftragnehmer ein einklagbarer Anspruch auf die Durchführung seiner Leistung regelmäßig nicht eingeräumt ist, entfällt auch eine Einklagbarkeit der Obliegenheiten.

Als Hauptpflichten des Auftraggebers sind seine Zahlungsverpflichtungen und die Abnahmepflichten anzusehen. Klagbare Nebenpflichten ergeben sich nicht unmittelbar aus BGB oder VOB/B. Vielmehr können die Vertragsparteien vertraglich solche Pflichten vereinbaren, indem sie z. B. die eigentlich als Obliegenheiten anzusehenden Mitwirkungspflichten so aufwerten, daß dem Auftragnehmer ein einklagbares Recht auf ihre Erfüllung zusteht.

6.1
Verletzung der Hauptpflichten

6.1.1
Abschlagszahlungen

6.1.1.1
VOB/B

Im Gegensatz zum BGB-Vertrag sieht § 16 Nr. 1 VOB/B, wie auf S. 84 ff dargelegt, die Möglichkeit vor, Abschlagszahlungen zu fordern, und regelt außerdem deren Fälligkeit. Zahlt der Auftraggeber trotz Fälligkeit nicht, so hat der Auftragnehmer zunächst die Möglichkeit, die Abschlagszahlung gerichtlich geltend zu machen. Weitere Reaktionsmöglichkeiten ergeben sich aus § 16 Nr. 5 VOB/B, der insoweit die gesetzliche Regelung, insbesondere des Verzugs (§§ 284 ff BGB), verdrängt (BGH NJW 64, 1223).

Nach der genannten Vorschrift kann der Auftragnehmer einen Verzugsschaden geltend machen und seine Arbeiten einstellen, wenn er dem Auftraggeber frühestens bei Fälligkeit eine angemessene Nachfrist zur Zahlung gesetzt hat und diese fruchtlos verstrichen ist (Abs. 3 Satz 1). Der Verzug tritt daher nicht, wie bei der gesetzlichen Regelung, allein durch eine Mahnung oder nach Ablauf eines bestimmten Datums, wenn feste Zahlungsziele im Vertrag vorgesehen sind, ein; die Setzung einer Frist ist unerläßlich. Die Fristsetzung bedarf keiner bestimmten Form und ist an den Auftraggeber direkt zu richten. Ein Hinweis auf die Rechtsfolgen eines fruchtlosen Fristablaufs ist grundsätzlich nicht nötig; nach einer strittigen Auffassung muß jedoch die Arbeitseinstellung angedroht werden.[61] Die Fristsetzung ist nur dann entbehrlich, wenn der Auftraggeber unmißverständlich deutlich macht, daß er keine Zahlung leisten wird.

Nach Ablauf der Frist kann der Auftragnehmer seinen Verzugsschaden geltend machen, jedenfalls Zinsen in Höhe von 1 % über dem Lombardsatz der Bundesbank, wenn er nicht einen höheren Schaden nachweist (Abs. 3 Satz 2).

Weiter ist der Auftragnehmer berechtigt, seine Leistungen bis zur Zahlung einzustellen (Abs. 3 Satz 3). Deswegen entstehende Kosten kann der Auftragnehmer im Wege des Schadensersatzes ersetzt verlangen. Im übrigen hat er Anspruch auf Verlängerung der Ausführungsfrist gemäß § 6 Nr. 2 Abs. 1a VOB/B.

Weiterhin hat der Auftragnehmer das Recht, den Vertrag gemäß § 9 Nr. 1b VOB/B zu kündigen, wenn der Auftraggeber die fällige Abschlagszahlung nicht leistet. Allerdings muß der Auftragnehmer zuvor dem Auftraggeber gemäß § 9 Nr. 2 VOB/B ohne Erfolg eine angemessene Frist zur Zahlung mit der Erklärung gesetzt haben, daß er nach fruchtlosem Ablauf der Frist den Vertrag kündige. Die Fristsetzung bedarf keiner bestimmten Form und ist an den Auftraggeber direkt zu richten. Bei einer unmißverständlichen und endgültigen Zahlungsverweigerung des Auftraggebers ist eine Nachfristsetzung ausnahmsweise entbehrlich. Hat der Auftraggeber innerhalb der Frist nicht gezahlt, kann der Auftragnehmer den Vertrag kündigen, wofür Schriftform Voraussetzung ist.

Die Zahlungsansprüche des Auftragnehmers ergeben sich für den Fall der Kündigung ebenso wie bei der Verletzung einer Mitwirkungspflicht aus § 9 Nr. 3 VOB/B, so daß auf die Ausführungen S. 142 f verwiesen werden kann.

6.1.1.2
BGB

Wie auf S. 88 festgestellt, sieht das gesetzliche Werkvertragsrecht regelmäßig keine Abschlagszahlungen vor. Sie müssen also, damit der Auftragnehmer sie zu fordern berechtigt ist, vertraglich vereinbart sein. Ist dies der Fall und sind die Voraussetzungen für eine Abschlagszahlung gegeben, die Abschlagszahlung also fällig, so hat der Auftragnehmer, wie beim VOB-Vertrag, mehrere Möglichkeiten, gegen den Auftraggeber, der keine Zahlung leistet, vorzugehen. Die Voraussetzungen dafür weichen jedoch von denen der VOB/B ab.

Der Auftragnehmer kann zunächst die fällige Abschlagszahlung gerichtlich geltend machen, also den Anspruch einklagen.

---

[61] so Heiermann u. a. B § 16 Rdnr. 121

Er ist weiterhin berechtigt, die Fortsetzung seiner Arbeit bis zur Zahlung gemäß § 320 Abs. 1 Satz 1 BGB einzustellen, um dadurch den Auftraggeber kurzfristig zur Zahlung zu zwingen. Im Gegensatz zur VOB/B ist dafür eine Nachfristsetzung nicht erforderlich. Es genügt, daß der Zahlungsanspruch des Auftragnehmers fällig ist und nicht ausgeglichen wurde.

Schadensersatz wegen Verzugs kann der Auftragnehmer nach den Regeln der §§ 284 ff BGB geltend machen. Voraussetzungen sind, daß der Auftraggeber die Zahlungsverzögerung im Rechtssinne zu vertreten, also fahrlässig oder vorsätzlich herbeigeführt hat und der Auftragnehmer ihn nach Fälligkeit der Forderung gemahnt hat (§ 284 Abs. 1 Satz 1 BGB). Letzteres ist nicht erforderlich, denn die Zahlungsfrist ist durch den Vertrag kalendermäßig bestimmt (Abs. 2 Satz 1). Den durch den Verzug entstehenden Schaden hat der Auftraggeber zu ersetzen (§ 286 Abs. 1 BGB), also den Schaden, der dem Auftragnehmer durch die Zahlungsverzögerung entsteht, z. B. die Zinsen für einen von ihm zu tilgenden Kredit. Außerdem hat der Auftraggeber die Abschlagszahlung vom Zeitpunkt des Verzugs an nach § 288 Abs. 1 Satz 1 BGB mit 4 % zu verzinsen. Sind beide Vertragsparteien Kaufleute i. S. d. HGB und hat der Auftraggeber den Bauvertrag im Rahmen seines Handelsgeschäfts abgeschlossen, so kann der Auftragnehmer Zinsen, und zwar in Höhe von 5 %, auf die Abschlagszahlungen bereits vom Zeitpunkt der Fälligkeit an verlangen, ohne daß Verzug notwendig ist (§§ 352, 353 HGB).

Ein Kündigungsrecht für den Auftragnehmer sieht das BGB nicht vor; gleiche Rechtsfolgen ergeben sich jedoch aus der Regelung des § 326 BGB. Befindet sich der Auftraggeber in Verzug mit der Abschlagszahlung, so kann der Auftragnehmer dem Auftraggeber eine Nachfrist zur Zahlung mit der Erklärung setzen, daß er nach fruchtlosem Ablauf der Frist die Annahme der Zahlung ablehne (Abs. 1 Satz 1). Läuft die Frist fruchtlos ab, so gilt der Vertrag ohne weiteres als aufgelöst; einer weiteren Erklärung des Auftragnehmers bedarf es nicht. Die Fristsetzung kann formlos erfolgen, muß jedoch unzweideutig die Ablehnungsandrohung enthalten. Fehlt diese vollständig oder ist sie nicht eindeutig formuliert, so erfolgt keine Auflösung des Vertrags. Die Fristsetzung hat gegenüber dem Auftraggeber direkt zu erfolgen. Sie ist ausnahmsweise dann entbehrlich, wenn der Auftraggeber unmißverständlich und endgültig seine Zahlungsverweigerung erklärt hat. Dann treten die Rechtsfolgen des § 326 Abs. 1 Satz 2 BGB allerdings erst ein, wenn der Auftragnehmer durch eine Erklärung gegenüber dem Auftraggeber die weitere Erfüllung ablehnt (BGH NJW-RR 88, 1100).

Nach Ablauf der Frist hat der Auftragnehmer das Recht, zwischen Schadensersatz wegen Nichterfüllung und Rücktritt vom Vertrag zu wählen. Der Anspruch auf weitere Erfüllung des Vertrags ist allerdings ausgeschlossen (Abs. 1 Satz 2). Im Fall des Rücktritts sind die bisherigen Leistungen der Vertragspartner zurückzugewähren. Soweit dies nicht möglich ist, wie im Regelfall bei Bauleistungen, ist ihr Wert zu vergüten. Im Rahmen des Schadensersatzanspruches wegen Nichterfüllung kann der Auftragnehmer verlangen, so gestellt zu werden, als ob der Vertrag ordnungsgemäß erfüllt worden wäre. Er hat also das Recht, den Gewinn zu fordern, den er gehabt hätte, wenn der Vertrag vollständig durchgeführt worden wäre. Der Auftragnehmer wird sich also für das Recht zum Rücktritt nur entschließen, wenn der Vertrag für ihn keinen Gewinn gebracht hätte.

6.1.2
Schlußzahlung

Leistet der Auftraggeber die fällige Schlußzahlung nicht, sind die Rechte des Auftragnehmers im Vergleich zu der Situation bei nicht geleisteten Abschlagszahlungen eingeschränkt. Dem Auftragnehmer fehlt das wesentliche Druckmittel, die Arbeiten notfalls einstellen zu können, da die Schlußzahlung erst nach Fertigstellung der Bauleistung fällig wird. Auch das Kündigungsrecht kann nur während der Bauausführung ausgeübt werden kann.

6.1.2.1
VOB/B

Der Auftragnehmer kann bei einer Zahlungsverweigerung den Auftraggeber auf Zahlung verklagen, also gerichtlich vorgehen. Andere Möglichkeiten, den Auftraggeber zur Zahlung zu zwingen, bestehen nicht.

Der Auftragnehmer hat einen Anspruch auf Verzinsung seiner Forderung. Er kann, wenn er dem Auftraggeber nach Fälligkeit eine Nachfrist gemäß § 16 Nr. 5 Abs. 3 Satz 1 VOB/B gesetzt hat, Zinsen jedenfalls in Höhe von 1 % über dem jeweiligen Lombardzinssatz der Deutschen Bundesbank geltend machen. Fälligkeitszinsen wie bei § 641 Abs. 2 BGB stehen dem Auftragnehmer nicht zu, weil § 16 Nr. 5 Abs. 3 Satz 2 VOB/B eine abschließende Regelung der Verzinsung von Bauforderungen enthält (BGH NJW 64, 1223).

Weiterhin hat der Auftragnehmer Anspruch auf den Ersatz eines weiteren Verzugsschadens gemäß § 286 Abs. 1 BGB, allerdings ebenfalls nur dann, wenn er dem Auftraggeber nach Fälligkeit eine Nachfrist gemäß § 16 Nr. 5 Abs. 3 VOB/B setzt.

6.1.2.2
BGB

Auch hier bleibt dem Auftragnehmer nur der Weg zu den Gerichten, um den Auftraggeber zur Zahlung zu zwingen.

Gemäß § 641 Abs. 2 BGB ist die Schlußzahlungssumme ab Abnahme in Höhe von 4 % zu verzinsen (§ 246 BGB). Wenn beide Vertragsparteien Kaufleute i. S. d. HGB sind und der Auftraggeber den Bauvertrag für sein Handelsgeschäft abgeschlossen hat, beträgt der Zinssatz 5 % nach § 352 HGB.

Verzugsschaden nach § 286 Abs. 1 BGB kann der Auftraggeber verlangen, wenn er den Auftragnehmer wegen der Schlußzahlung in Verzug gesetzt hat. Die Möglichkeit, nach § 326 BGB vorzugehen, besteht allerdings nicht mehr, weil nach der Erfüllung des Vertrags durch den Auftragnehmer weder eine Rückabwicklung noch Schadensersatz wegen Nichterfüllung des gesamten Vertrags denkbar ist.

6.1.2.3
Das Problem der letzten Rate

Für den Auftragnehmer stellt sich häufig das Problem, daß die letzten Abschlagszahlungen vom Auftraggeber zögerlich oder gar nicht geleistet werden. Insoweit stellt sich die Frage, wie dem entgegengewirkt werden kann, ohne daß ein Prozeß durchgeführt werden muß. Das Gesetz und die VOB/B bieten insoweit keine Lösung an, wie bereits gesehen. Dies betrifft auch die Sicherheitsleistung des Auftraggebers gemäß § 648a BGB, wie im einzelnen noch zu zeigen sein wird. Sie sichert den Auftragnehmer nur gegen das Insolvenzrisiko des Auftraggebers ab.

Es bleibt allein die Möglichkeit, über eine vertragliche Regelung dieses Problem zu lösen, wobei allerdings die Neigung der Auftraggeber gering sein dürfte, derartigen Regelungen zuzustimmen, zumal es sich dabei nicht um übliche Regelungen handelt. Um einen Rechtsstreit wegen einer restlichen Werklohnforderung zu vermeiden, können Vorauszahlungen des Auftraggebers vereinbart werden; Rückforderungsansprüche des Auftraggebers könnten über eine Bürgschaft abgesichert werden. Denkbar ist weiterhin eine Bürgschaft auf erstes Anfordern, die Zahlungsverweigerungen abdecken soll, oder eine Zahlungsgarantie.

6.1.3
Abnahme

Verweigert der Auftraggeber die Schlußabnahme, so steht dem Auftragnehmer sowohl beim VOB- als auch beim BGB-Vertrag die Möglichkeit offen, die Verpflichtung des Auftraggebers zur Abnahme gerichtlich feststellen zu lassen. Regelmäßig erfolgt dies im Rahmen einer Klage auf Zahlung der Schlußrechnungsforderung. Da für deren Fälligkeit die Abnahme Voraussetzung ist, wird die Frage der Abnahmefähigkeit der Leistung als Vorfrage in diesem Verfahren geklärt. Aber auch eine isolierte Klage auf die Feststellung der Abnahmefähigkeit der Leistung ist zulässig (BGH BauR 96, 386, 387).

Grundsätzlich gilt das Vorgenannte auch für Teilabnahmen. In diesem Zusammenhang bestehen jedoch weitere Möglichkeiten des Vorgehens, die jedoch beim VOB- und BGB-Vertrag unterschiedlich sind.

6.1.3.1
VOB/B

Ist eine Teilabnahme möglich (§ 12 Nr. 2a VOB/B) und verweigert der Auftraggeber diese zu Unrecht, so hat der Auftragnehmer die Möglichkeit, nach § 9 Nrn. 1b, 2 VOB/B vorzugehen. Er kann dem Auftraggeber eine angemessene Frist zur Vornahme der Abnahme verbunden mit einer Kündigungsandrohung setzen und nach fruchtlosem Ablauf der Frist den Vertrag schriftlich kündigen. Auch in diesem Fall ist eine Fristsetzung ausnahmsweise entbehrlich, wenn der Auftraggeber die Abnahme ernsthaft und endgültig verweigert.

Die Vergütungsfolgen ergeben sich aus § 9 Nr. 3 VOB/B. Nach Satz 1 hat der Auftragnehmer Anspruch auf die Vergütung der bisherigen Leistungen. Satz 2 gewährt ihm einen Anspruch auf angemessene Entschädigung gemäß § 642 BGB. Die Höhe der Entschädigung bemißt sich nach der Dauer des Verzugs und der Höhe der vereinbarten Vergütung einerseits und nach demjenigen, was der Auftragnehmer aufgrund des Verzugs an Aufwendungen erspart hat oder durch anderweitige Verwendung seiner Arbeitskraft erwerben konnte (§ 642 Abs. 2 BGB). Es handelt sich demnach um eine Einzelfallentscheidung und soll dem Auftragnehmer für seine Mühewaltung und Aufwendungen wegen der vorzeitigen Beendigung einen Ausgleich schaffen. Ausgeglichen werden sollen jedenfalls die Kosten der Gerätevorhaltung und der Verdienstausfall (BGH Sch-F Z 2.511 Bl. 8). Daneben bleiben dem Auftragnehmer weitere Ansprüche erhalten, etwa auf Schadensersatz, wenn die Verweigerung der Teilabnahme schuldhaft zu Unrecht erfolgte. Die Schadensersatzansprüche unterliegen nicht den Beschränkungen des § 6 Nr. 6 VOB/B.

Nimmt der Auftragnehmer die rechtswidrige Verweigerung der Teilabnahme nicht zum Anlaß, eine Kündigung auszusprechen, so kann er seine Leistungen gemäß § 320 BGB zurückhalten. Nach der Wiederaufnahme der Leistungen steht ihm ein Anspruch auf Verlängerung der Ausführungsfrist zu (§ 6 Nr. 2 Abs. 1a VOB/B). Daneben steht ihm in diesem Fall ein Anspruch auf Schadensersatz gemäß § 6 Nr. 6 VOB/B zu.

6.1.3.2
BGB

Beim BGB-Vertrag ist eine Verpflichtung zur Teilabnahme nur möglich, wenn dies ausdrücklich vertraglich vereinbart ist, da das Gesetz diese nicht vorsieht. Ist die Teilabnahme vorgesehen und verweigert der Auftraggeber diese zu Unrecht, so hat der Auftragnehmer zunächst die Möglichkeit, gemäß § 320 BGB seine Leistungen zurück zu halten. Weiterhin kann der Auftragnehmer nach § 326 BGB vorgehen, da es sich bei der Abnahme um eine Hauptpflicht handelt. Ist der Auftraggeber mit seiner Verpflichtung im Verzug, so kann ihm der Auftragnehmer eine angemessene Nachfrist verbunden mit der Ankündigung, die Leistung nach Ablauf der Frist nicht mehr anzunehmen, setzen. Nach fruchtlosem Ablauf der Frist erlöschen die gegenseitigen Leistungspflichten ohne weiteres. Der Auftragnehmer ist berechtigt, vom Vertrag zurückzutreten oder Schadensersatz wegen Nichterfüllung geltend zu machen.

Ausnahmsweise ist eine Nachfristsetzung überflüssig, wenn der Auftraggeber seine Verpflichtung endgültig und ernsthaft verweigert.

Setzt der Auftragnehmer keine Nachfrist, sondern stellt nur Verzug her, hat er Anspruch auf den Verzugsschaden (§ 286 Abs. 1 BGB).

6.1.4
Verletzung weiterer Haupt- und Nebenpflichten

Sind vertraglich weitere Pflichten als Hauptpflichten ausgestaltet, so gelten für ihre Verletzung die Ausführungen zur Teilabnahme entsprechend. Beim VOB-Vertrag gilt dies auch für die Nebenpflichten.

In keinem Fall liegt ein Kündigungsgrund darin, daß der Auftraggeber von seinen Rechten nach §§ 1 Nr. 3; 4 Nr. 1 Abs. 3 und 4 VOB/B Gebrauch macht (BGH BauR 97, 300).

Beim BGB-Vertrag ergeben sich die Folgen von Nebenpflichtverletzungen nicht aus den §§ 320 ff BGB, sondern insbesondere aus §§ 275 ff BGB. Die Verletzung von Nebenpflichten führt, soweit sie vom Auftraggeber zu vertreten sind, zu Schadensersatzansprüchen wegen positiver Vertragsverletzung. Weiterhin sind die Verzugsregelungen der §§ 284 ff BGB zu berücksichtigen. Bei Verzug mit der Erfüllung einer Nebenpflicht ist eine Beendigung nur unter den Bedingungen des § 286 Abs. 2 BGB möglich, und zwar dann, wenn der Auftragnehmer aufgrund des Verzugs kein Interesse an der Vertragserfüllung hat. Dies wird allerdings nur selten der Fall sein. Unter den Voraussetzungen des § 273 BGB steht dem Auftragnehmer auch ein Zurückbehaltungsrecht zu.

6.2
Verletzung der Mitwirkungspflichten

Verletzt der Auftraggeber seine Mitwirkungspflichten, so hat dies unterschiedliche Auswirkungen auf den Bauablauf. Regelmäßig führt dies zu zeitlichen Verzögerungen sowie zu einer Verlängerung der Ausführungsfrist wegen Behinderung oder Unterbrechung (vgl. § 6 Nr. 2 VOB/B). Dem Auftragnehmer können weiterhin Kündigungsrechte und finanzielle Entschädigungen zu Gebote stehen. Soweit die Verletzung von Mitwirkungspflichten zu einer mangelhaften Leistung des Auftragnehmers führt, etwa aufgrund von mangelhaften Planungen, so ist er regelmäßig entweder von seiner Gewährleistungspflicht frei oder er hat Anspruch auf eine Beteiligung des Auftraggebers an den Kosten unter dem Gesichtspunkt des Mitverschuldens (§ 254 BGB). Dieser Aspekt wird im Zusammenhang mit den Gewährleistungspflichten näher behandelt (s. S. 132 f).

6.2.1
VOB/B

Die VOB/B enthält für die Konsequenzen der Verletzung von Mitwirkungspflichten des Auftraggebers in §§ 6, 9 VOB/B eine detaillierte Regelung, die die gesetzlichen Bestimmungen der §§ 642, 643, 645 Abs. 1 Satz 2 BGB zusammenfaßt und teilweise modifiziert. Unter Beachtung der jeweiligen Voraussetzungen kann der Auftragnehmer kündigen und einen finanziellen Ausgleich verlangen oder am Vertrag festhalten und Anspruch auf Verlängerung der Ausführungsfristen und Schadensersatz haben.

6.2.1.1
Aufrechterhaltung des Vertrags

Will der Auftragnehmer am Vertrag festhalten, so hat er zunächst einen Anspruch auf Verlängerung der Ausführungsfrist, wenn sich durch die fehlende Mitwirkungshandlung eine Verzögerung bei der Ausführung ergibt (§ 6 Nr. 2 Abs. 1a

VOB/B). Soweit im Rahmen dieser Vorschrift von vom Auftraggeber zu vertretenden Umständen die Rede ist, sind sämtliche Umstände gemeint, die dem Verantwortungsbereich des Auftraggebers zuzuordnen sind. Ein Verschulden im rechtlichen Sinn, also ein vorsätzliches oder fahrlässiges Herbeiführen der Verzögerung ist nicht erforderlich. Zu den fristverlängernden Umständen gehören daher neben den Mitwirkungshandlungen auch Verzögerungen bei den Leistungen von Vorunternehmern oder Verzögerungen aufgrund von geänderten oder zusätzlichen Leistungen nach § 1 Nr. 3, 4 VOB/B.

Schadensersatzansprüche stehen dem Auftragnehmer zu, soweit die Voraussetzungen des § 6 Nr. 6 VOB/B erfüllt sind, die er allerdings auch im Falle der Kündigung behält, weil nach § 9 Abs. 3 Satz 2, letzter Halbsatz VOB/B weitergehende Ansprüche des Auftragnehmers unberührt bleiben. § 6 Nr. 6 VOB/B tritt hier an die Stelle der positiven Forderungsverletzung, die beim BGB-Vertrag nach der Rechtsprechung des BGH über §§ 642, 645 Abs. 1 Satz 2 BGB hinausgehende Schadensersatzansprüche eröffnet.

Voraussetzung für einen Anspruch nach § 6 Nr. 6 VOB/B ist zunächst das Vorliegen hindernder Umstände, also in diesem Fall die nicht pflichtgemäße Vornahme einer Mitwirkungshandlung. Im Gegensatz zur Regelung des § 6 Nr. 2 Abs. 1a VOB/B genügt es nicht, daß die hindernden Umstände der Risikosphäre des Auftraggebers entstammen. Es muß sich vielmehr um vertragliche Pflichten des Auftraggebers handeln (BGH BauR 97, 1021, 1025). Deshalb hat nach der Rechtsprechung des BGH (BauR 85, 561) der Auftraggeber dem Auftragnehmer nicht für die verspätete Fertigstellung von Leistungen des Vorunternehmers einzustehen, da der Auftraggeber nicht die Herstellung einer mangelfreien Vorleistung schulde. Hat der Auftraggeber mit dem Auftragnehmer allerdings feste Termine für die Bereitstellung des Baugrundstücks vereinbart, so ist der Vorunternehmer insoweit Erfüllungsgehilfe des Auftraggebers, für den dieser einzustehen hat (OLG Celle BauR 94, 629; vom BGH durch Nichtannahme der Revision bestätigt).

Diese Pflichtverletzung muß nach dem Wortlaut der Bestimmung vom Auftraggeber „zu vertreten" sein, d. h. der Auftraggeber muß seine Mitwirkungspflicht also vorsätzlich oder fahrlässig verletzt haben. Im Gegensatz zur Regelung des § 6 Nr. 2 Abs. 1a VOB/B wird hier ein Verschulden im Rechtssinne verlangt.

Weitere Voraussetzung für einen Schadensersatzanspruch des Auftragnehmers ist die Einhaltung der Bestimmung des § 6 Nr. 1 VOB/B (BGH BauR 71, 202, 203). Der Auftragnehmer muß also dem Auftraggeber unverzüglich anzeigen, daß er sich durch die unterlassene Mitwirkungshandlung in der ordnungsgemäßen Ausführung seiner Leistung behindert glaubt. Die in § 6 Nr. 1 Satz 1 VOB/B vorgesehene Schriftform ist keine Wirksamkeitsvoraussetzung, sondern hat lediglich Beweisfunktion. Kann also der Auftragnehmer eine mündliche Anzeige nachweisen, so genügt dies für § 6 Nr. 1 VOB/B. Unterläßt der Auftragnehmer die Anzeige, hat er nach Satz 2 Nr. 1 nur dann Anspruch auf Berücksichtigung der hindernden Umstände, d. h., er kann nur dann Schadensersatz nach § 6 Nr. 6 VOB/B verlangen, wenn dem Auftraggeber offenkundig die unterlassene Mitwirkungshandlung und deren hindernde Wirkung bekannt waren.

Der Auftraggeber hat dem Auftragnehmer den durch seine Pflichtverletzung tatsächlich entstandenen Schaden zu ersetzen. Dies bedeutet, daß durch eine konkrete, auf das spezifische Bauvorhaben bezogene Abrechnung eine Vermögenseinbuße darzutun ist. Abstrakte Schadensberechnungen reichen nicht aus. Bei hinreichender Darlegung von Indizien kann die Höhe des Schadens jedoch vom Gericht geschätzt werden (§ 287 ZPO; BGH BauR 86, 347, 349).

Ein Anspruch auf Ersatz des entgangenen Gewinns hat der Auftragnehmer nach § 6 Nr. 6, letzter Halbsatz VOB/B aber nur, wenn dem Auftraggeber Vorsatz oder grobe Fahrlässigkeit hinsichtlich der Verletzung seiner Mitwirkungspflicht zur Last gelegt werden kann.

6.2.1.2
Kündigung des Vertrags

Nach § 9 Nr. 1a VOB/B hat der Auftragnehmer das Recht, den Vertrag zu kündigen, wenn der Auftraggeber eine ihm obliegende Handlung unterläßt und dadurch der Auftragnehmer außerstand gesetzt wird, die Leistung auszuführen, also ein Fall des Annahmeverzugs des Auftraggebers, der in §§ 293 ff BGB geregelt ist, vorliegt. Annahmeverzug liegt vor, wenn der Auftraggeber seine Verpflichtung – auch unverschuldet – nicht erfüllt, obwohl er dazu verpflichtet und der Auftragnehmer seinerseits leistungsbereit ist und seine Leistung ordnungsgemäß anbietet. Es genügt insoweit die Aufforderung des Auftragnehmers, die Mitwirkungshandlung vorzunehmen (§ 295 BGB).

Ist die Mitwirkungspflicht des Auftraggebers als einklagbare Nebenpflicht ausgestaltet, so kann deren Verletzung nur dann zur Kündigung führen, wenn sich der Auftraggeber insoweit in Verzug befindet (§ 9 Nr. 1b VOB/B), setzt also Fälligkeit des Anspruchs, Mahnung durch den Auftragnehmer und Verschulden des Auftraggebers voraus.

Weiter ist für die Kündigung des Vertrags bei jedweder Verletzung von Mitwirkungspflichten nach § 9 Abs. 2 Satz 2 VOB/B Voraussetzung, daß der Auftragnehmer dem Auftraggeber ohne Erfolg eine angemessene Frist zur Vertragserfüllung mit der Erklärung setzt, daß er nach fruchtlosem Ablauf der Frist den Vertrag kündigen werde. Die Erklärung bedarf keiner Form, muß aber die Kündigungsandrohung enthalten. Ohne die Androhung ist eine Kündigung rechtswidrig. Die Erklärung hat gegenüber dem Auftraggeber zu erfolgen. Sie ist ausnahmsweise dann entbehrlich, wenn der Auftraggeber unmißverständlich erklärt, seinen Pflichten nicht nachzukommen.

Nach Fristablauf bzw. bei entbehrlicher Fristsetzung ist der Auftragnehmer berechtigt, aber nicht verpflichtet, zu kündigen. Die Kündigung hat schriftlich zu erfolgen (Abs. 2 Satz 1). Die Schriftform ist Wirksamkeitsvoraussetzung der Kündigung.

Nach erfolgter Kündigung sind gemäß Abs. 3 Satz 1 die bisherigen Leistungen nach den Vertragspreisen abzurechnen. Außerdem hat der Auftragnehmer für die Zeit von Beginn des Annahmeverzugs bis zur Kündigung einen Anspruch auf angemessene Entschädigung nach § 642 BGB. Anders als beim BGB-Vertrag kann der Anspruch auf eine angemessene Entschädigung gemäß § 9 Abs. 3 Satz 2 VOB/B aber nur im Falle der Kündigung geltend gemacht werden (OLG Düsseldorf BauR 91, 774, 776). Darüber hinaus stehen dem Auftragnehmer weitere Ansprüche zu, die ihm aufgrund weiterer Anspruchsgrundlagen, z. B. Verzug, entstanden sind.

6.2.2
BGB

Verletzt der Auftraggeber eine Mitwirkungspflicht, so sieht das gesetzliche Werkvertragsrecht in §§ 642, 643 BGB hierfür besondere Ansprüche des Auftragnehmers vor, wobei auch hier der Vertrag unter finanziellen Sanktionen für den Auftraggeber aufrechterhalten oder durch den Auftragnehmer gekündigt werden kann.

6.2.2.1
Aufrechterhaltung des Vertrags

Nach § 642 Abs. 1 BGB kann der Auftragnehmer, wenn der Auftraggeber durch das Unterlassen der Mitwirkungshandlung in Verzug der Annahme kommt, eine angemessene Entschädigung verlangen. Annahme- oder Gläubigerverzug ist in §§ 293 ff BGB geregelt. Er setzt Verschulden des Gläubigers nicht voraus, sondern lediglich die objektive Verletzung einer den Gläubiger treffenden Verpflichtung. Allerdings muß vorher der Schuldner seine Leistungsbereitschaft erklärt haben. Dafür genügt nach § 295 BGB, wenn der Gläubiger bzw. der Auftraggeber, wie im Fall des § 642 Abs. 1 BGB, eine erforderliche Mitwirkungshandlung unterläßt, die mündliche Erklärung des Schuldners bzw. des Auftragnehmers, die geschuldete Leistung erbringen zu wollen.

Wie die vom Auftraggeber zu zahlende Entschädigung zu bemessen ist, bestimmt § 642 Abs. 2 BGB. Danach ist für die Höhe der Entschädigung die Dauer des Annahmeverzugs und die Höhe der vereinbarten Vergütung maßgebend, wobei von dem zugunsten des Auftragnehmers ermittelten Betrag die Aufwendungen abzuziehen sind, die der Auftragnehmer infolge des Annahmeverzugs erspart hat, sowie die Einkünfte, die er durch anderweitige Verwendung seiner Arbeitskraft erzielen kann. Der Auftragnehmer soll nur dafür entschädigt werden, daß er Arbeitskraft und Kapital bereithält und daß seine zeitliche Disposition durchkreuzt wird. Wird das Bauwerk vom Auftragnehmer infolge des Annahmeverzugs später als vorgesehen fertiggestellt, so besteht neben dem Anspruch auf die vereinbarte Vergütung für die Dauer des Annahmeverzugs der Entschädigungsanspruch gemäß § 642 BGB.

6.2.2.2
Kündigung

Neben dem Anspruch aus § 642 BGB hat der Auftragnehmer außerdem die Möglichkeit, nach § 643 BGB dem Auftraggeber zur Nachholung der Mitwirkungshandlung eine angemessene Frist mit der Erklärung zu bestimmen, daß er den

Vertrag kündige, wenn die Handlung nicht bis zum Ablauf der Frist vorgenommen werde. Mit fruchtlosem Ablauf der Frist gilt der Vertrag ohne weiteres als aufgehoben. Einer besonderen Kündigungserklärung, wie beim VOB-Vertrag, bedarf es nicht.

Die Aufhebung des Vertrags läßt den Entschädigungsanspruch nach § 642 BGB für die Zeit von Beginn des Annahmeverzugs bis zur Kündigung unberührt. Außerdem kann der Auftragnehmer nach § 645 Abs. 1 Satz 2 BGB einen seiner geleisteten Arbeit entsprechenden Teil der Vergütung und Ersatz der in der Vergütung nicht inbegriffenen Auslagen verlangen.

6.2.2.3
Schadensersatz

Neben den Rechten aus §§ 642, 643, 645 Abs. 1 Satz 2 BGB hat der Auftragnehmer nach der Rechtsprechung des BGH (BGHZ 50, 175, 178 f) Ansprüche aus positiver Forderungsverletzung, weil hierunter nicht nur alle Schuldnerpflichten, sondern auch die reinen Gläubigerobliegenheiten wie die zur Herstellung der Leistung erforderlichen Mitwirkungshandlungen des Gläubigers fallen sollen. Voraussetzung für einen solchen Anspruch des Auftragnehmers ist allerdings im Gegensatz zum Gläubigerverzug ein Verschulden des Auftraggebers, also eine vorsätzliche oder fahrlässige Verletzung der Mitwirkungspflicht. Aus dem Gesichtspunkt der positiven Forderungsverletzung kann der Auftragnehmer einen durch § 642 oder § 645 Abs. 1 Satz 2 BGB nicht gedeckten Schaden vom Auftraggeber ersetzt verlangen. Er kann außerdem trotz seiner grundsätzlichen Vorleistungspflicht bereits vor Fertigstellung des Werkes Zahlung des vollen Werklohnes beanspruchen, wenn der Auftraggeber die erforderlichen Mitwirkungshandlungen endgültig ablehnt (BGH a. a. O.). Ist allerdings das Verhalten des Auftraggebers als jederzeit zulässige Kündigungserklärung gemäß § 649 BGB zu werten, so kann der Auftragnehmer nicht auf Vertragserfüllung bestehen, sondern nur den sich aus dieser Vorschrift ergebenden vollen Vergütungsanspruch, allerdings abzüglich der ersparten Aufwendungen, geltend machen.

7 Sicherung der Ansprüche der Vertragspartner

Bei der Durchführung eines Vertrags ist für die Vertragspartner nicht nur die Frage von Bedeutung, welche Ansprüche sie gegeneinander haben, sondern wirtschaftlich von kaum geringerem Interesse ist es für sie, welche Sicherungsmöglichkeiten wegen ihrer Ansprüche bestehen. Das beste Beispiel hierfür bieten die Banken im Zusammenhang mit einer Kreditgewährung an einen Kunden. Wohl keine Bank begnügt sich bei der Einräumung eines größeren Kredits allein mit ihrem Zins- und Rückzahlungsanspruch, sondern sie verlangt zusätzlich Sicherheiten, um ihre Ansprüche auch wirtschaftlich durchsetzen zu können, z. B. die Bürgschaft eines Dritten für den Rückzahlungsanspruch, die Verpfändung eines Wertpapierdepots oder die Bestellung eines Grundpfandrechts. Wegen der besonderen wirtschaftlichen Bedeutung, die ein Bauvertrag oft für die Vertragspartner hat, bestehen für Auftragnehmer und Auftraggeber kraft Gesetzes Sicherungen für ihre Ansprüche. Darüber hinaus werden häufig vertraglich Sicherheiten bestellt.

7.1
Sicherungen des Auftragnehmers

7.1.1
Anspruch auf Eintragung einer Bauhandwerkersicherungshypothek

Da der Auftragnehmer das versprochene Werk wegen der Vergütung erstellt, hat er ein besonderes Interesse an der Sicherung seines Vergütungsanspruchs. § 648 Abs. 1 BGB gewährt ihm für seine Werklohnforderung den Anspruch auf Einräumung einer Sicherungshypothek am Baugrundstück des Auftraggebers. Der Anspruch gemäß § 648 Abs. 1 BGB besteht auch bei einem VOB-Vertrag; denn die Geltung dieser Vorschrift ist in der VOB/B weder ausdrücklich ausgeschlossen noch enthält die VOB/B Sonderregeln über die Sicherung des Vergütungsanspruchs des Auftragnehmers.

Der Grund für die Regelung des § 648 Abs. 1 BGB besteht darin, daß der Unternehmer vorleistungspflichtig ist, also seine Leistung ganz oder teilweise vorab erbringen muß, um seine Vergütung ganz oder teilweise fordern zu können. Gerade durch diese Vorleistung tritt eine Wertsteigerung des Baugrundstücks ein, für die die Sicherungshypothek einen Ausgleich zugunsten des Auftragnehmers darstellen soll.

Nach § 648 Abs. 1 BGB entsteht eine Sicherungshypothek für den Auftragnehmer nicht kraft Gesetzes, sondern der Auftragnehmer erhält lediglich einen, auch einklagbaren, Anspruch auf Einräumung der Hypothek. Die Hypothek kann nur vom Eigentümer bzw. vom Erbbauberechtigten des Baugrundstücks bewilligt werden.

Voraussetzung für den Anspruch ist, daß der Auftragnehmer aufgrund einer werkvertraglichen Verpflichtung Bauleistungen auf einem Grundstück ausführt. Nicht sicherungsfähig sind Zahlungsansprüche, die auf anderen Vertragstypen, wie Kauf- oder Dienstvertrag, beruhen. Daher hat der Baustofflieferant keinen Anspruch auf eine Sicherungshypothek.

Eigentümer des Grundstücks bzw. Erbbauberechtigter und Auftraggeber müssen, juristisch gesehen, identisch sein (BGHZ 102, 95). Die wirtschaftliche Identität reicht regelmäßig nicht aus: z. B., daß das zu bebauende Grundstück dem Alleingesellschafter einer GmbH gehört, die den Auftrag erteilt. Subunternehmer, die lediglich einen Vertrag mit einem Hauptunternehmer, aber nicht mit dem Grundstückseigentümer abgeschlossen haben, können daher nicht die Rechte aus § 648 Abs. 1 BGB in Anspruch nehmen. Ansprüche nach § 648 Abs. 1 BGB können auch gegenüber einem Neuerwerber des Grundstücks nicht geltend gemacht werden, da dieser nicht Auftraggeber der Bauleistung ist. Ist die Sicherungshypothek allerdings im Grundbuch eingetragen, dann wirkt diese auch gegenüber dem Erwerber.

Nur auf dem Baugrundstück, nicht dagegen auf anderen Grundstücken des Auftraggebers, kann die Einräumung der Sicherungshypothek verlangt werden, wie § 648 Abs. 1 BGB ausdrücklich besagt, weil nur auf dem Baugrundstück durch die Bauleistung eine Wertsteigerung eingetreten ist, die Rechtsgrund für den Anspruch des Auftragnehmers ist.

Der Auftragnehmer muß nicht den gesamten Bau erstellen, sondern es genügt für § 648 Abs. 1 BGB, daß er einzelne Bauleistungen ausführt. Daher genießt den Schutz des § 648 Abs. 1 BGB auch, wer nur einzelne Gewerke, wie Schreiner-, Maurer-, Klempner- oder Dachdeckerarbeiten ausführt. Wesentlich ist allein, ob die Arbeiten der Errichtung oder dem Bestand bzw. der Erhaltung eines Bauwerkes dienen. Daher fallen unter § 648 Abs. 1 BGB nicht Arbeiten am Grundstück ohne Bezug zu einem Bauwerk, z. B. Gärtnerarbeiten.

Der Vergütungsanspruch, für den der Auftragnehmer die Sicherungshypothek eintragen lassen will, braucht noch nicht fällig zu sein. Auch eine Abnahme der Leistungen ist nicht notwendig. Allerdings kann der Auftragnehmer, wie § 648 Abs. 1 Satz 2 BGB bestimmt, lediglich eine Sicherungshypothek für einen der geleisteten Arbeit entsprechenden Teil der Vergütung verlangen. Vor Vollendung seiner Leistung hat er deshalb z. B. keinen Anspruch auf eine Sicherungshypothek in Höhe der Gesamtvergütung. Ist das Werk noch nicht fertiggestellt, kann er daher die Einräumung einer Sicherungshypothek für einen der geleisteten Arbeit entsprechenden Teil der Vergütung verlangen. Ist die Leistung des Auftragnehmers mangelhaft, so hat er nur Anspruch auf Einräumung einer Sicherungshypothek in Höhe des Wertes der mangelfreien Leistung. Sicherbar sind allerdings auch andere Ansprüche, die ihre Grundlage im Bauvertrag finden, wie Entschädigungen nach § 642 BGB oder Schadensersatzansprüche wegen Verzuges oder aus anderen Gründen (BGHZ 102, 95, 106).

Die Sicherungshypothek entsteht durch Eintragung im Grundbuch. Sie setzt eine Eintragungsbewilligung des Auftraggebers voraus (§ 873 BGB). Ist der Auftraggeber hierzu freiwillig nicht bereit, kann ihn der Auftragnehmer auf Abgabe der Eintragungsbewilligung verklagen. Aus dem obsiegenden Urteil kann er gemäß § 894 ZPO nach Eintritt der Rechtskraft vollstrecken, also die Eintragung im Grundbuch erreichen. Da dies ein zeitraubender Weg ist, hat der Gesetzgeber die Möglichkeit vorgesehen, in einem einstweiligen Verfügungsverfahren, einem beschleunigten Verfahren, das Recht auf Eintragung einer Vormerkung im Grundbuch durchzusetzen (§ 885 Abs. 1 BGB). Die aufgrund der einstweiligen Verfügung einzutragende Vormerkung hat zwar nicht die Wirkung der Sicherungshypothek selbst, sie sichert aber dem Auftragnehmer den Rang für die von ihm zu erwirkende Sicherungshypothek, stellt also ein vorläufiges Sicherungsmittel dar. Stets muß der Auftragnehmer noch eine Eintragungsbewilligung für eine Sicherungshypothek erlangen, die dann an die Stelle der Vormerkung tritt. Die eingetragene Sicherungshypothek gibt dem Auftragnehmer nach § 1147 BGB das Recht, in das Grundstück zu vollstrecken, wenn der Auftraggeber den Vergütungsanspruch, zu dessen Sicherung die Hypothek besteht, bei Fälligkeit nicht erfüllt. Allerdings bedarf es auch hier wieder eines Vollstreckungstitels gegen den Auftraggeber auf Duldung der Zwangsvollstreckung in das Grundstück.

Der Auftragnehmer muß also im Regelfall wiederum zunächst den Auftraggeber verklagen. Die Zwangsvollstreckung in das Grundstück selbst erfolgt dann nach den Vorschriften des Zwangsversteigerungsgesetzes (ZVG), entweder durch Zwangsversteigerung oder Zwangsverwaltung. Dabei ist zu beachten, daß zunächst die der Sicherungshypothek vorgehenden Rechte am Grundstück, also grundsätzlich die vorher eingetragenen Rechte, befriedigt werden. Übersteigt der Versteigerungserlös den Wert dieser Rechte nicht, so fällt der Auftragnehmer mit seiner Sicherungshypothek aus. Das gleiche gilt, wenn im Fall der Zwangsverwaltung die Einkünfte aus dem Grundstück die laufenden Zahlungsverpflichtungen aus den vorhergehenden Rechten nicht abdecken. Darin zeigt sich neben dem recht umständlichen Verfahren zur Erlangung einer Sicherungshypothek deren Schwäche bei der Realisierung. Vielfach wird nämlich das Grundstück, bevor der Auftragnehmer seinen Anspruch wenigstens durch eine Vormerkung im Grundbuch sichern läßt, bereits durch vorrangige Rechte über den Wert hinaus belastet sein.

7.1.2
Sicherheitsleistung des Auftraggebers gemäß § 648a BGB

Der Gesetzgeber war sich der im vorgenannten Abschnitt genannten Schwierigkeiten bezüglich der Sicherung der Werklohnansprüche des Auftragnehmers bewußt und hat daher zum 1.5.1993 § 648a BGB eingefügt, der ebenfalls ohne Abstriche bei einem VOB-Vertrag Anwendung findet. Auch diese Vorschrift findet nur bei einem Werkvertrag Anwendung und schließt Ansprüche insbesondere aus Kaufverträgen, wie regelmäßig beim Baustofflieferanten, aus.

Nach dieser Vorschrift hat der Auftragnehmer Anspruch darauf, daß ihm der Auftraggeber eine Sicherheit für den Werklohn für die zu erbringenden Vorleistungen stellt. Verpflichteter ist jeder Auftraggeber, unabhängig davon, ob die Leistung auf seinem eigenen Grundstück erbracht wird oder nicht. Gemäß Abs. 6 gelten jedoch Ausnahmen für juristische Personen des öffentlichen Rechts oder ein öffentlich-rechtliches Sondervermögen bzw. eine natürliche Person, die Leistungen für die Herstellung oder Instandsetzung eines Einfamilienhauses mit oder ohne Einliegerwohnung beauftragt hat, es sei denn, der letztgenannte Auftraggeber läßt sich durch einen Baubetreuer vertreten.

Gesichert werden im Gegensatz zu § 648 BGB nicht nur Leistungen an Bauwerken, sondern auch an Außenanlagen, z. B. gärtnerische Arbeiten.

Die Höhe der Sicherheitsleistung bestimmt sich nach dem voraussichtlichen gesamten Vergütungsanspruch. Aufgrund von Leistungsänderungen kann es auch zu Änderungen bei der Höhe der Sicherheit kommen: bei Leistungsminderungen ist der Auftragnehmer zu einer teilweisen Herausgabe der Sicherheit verpflichtet, bei Nachträgen ist der Auftraggeber zu einer Erhöhung verpflichtet. Nicht gesichert werden können, im Gegensatz zur Bauhandwerkersicherungshypothek, z. B. Schadensersatzansprüche. Entgegen dem mißverständlichen Wortlaut der Vorschrift sind allerdings nicht nur noch zu erbringende Leistungen sicherbar, sondern auch bereits erbrachte, aber noch nicht bezahlte Leistungen (OLG Karlsruhe NJW 97, 263, 264 für einen BGB-Vertrag).

Bezüglich der Art der Sicherheit bestimmt § 648 a Abs. 2 Satz 1 BGB, daß diese „auch durch eine Garantie oder ein sonstiges Zahlungsversprechen" geleistet werden kann. Dies bedeutet zunächst, daß die Vorschriften des BGB über Sicherheitsleistung (§§ 232–240 BGB) anwendbar sind. Nach § 232 Abs. 1 BGB sind dies vordringlich Hinterlegung von Geld oder Wertpapieren, die Verpfändung bestimmter Forderungen oder beweglicher Sachen sowie die Hypothekenbestellung an Grundstücken und Schiffen. Erst für den Fall, daß solche Sicherheiten nicht geleistet werden können, ist eine Bürgschaft zulässig (§ 232 Abs. 2 BGB). Um dem Auftraggeber mehr Möglichkeiten zur Sicherheitsleistung zu geben und damit seinen finanziellen Spielraum nicht zu sehr einzuengen, sind zusätzlich die Sicherheiten des § 648 a Abs. 2 Satz 1 BGB vorgesehen. Die Kosten der Sicherheit sind vom Auftragnehmer bis zur Höhe von maximal 2 % des gesicherten Betrags zu tragen (Abs. 3).

Der Auftragnehmer kann dem Auftraggeber eine angemessene Frist zur Beibringung der Sicherheit mit der Erklärung setzen, daß er nach Ablauf der Frist seine Leistung verweigere (Abs. 1 Satz 1). Nach fruchtlosem Ablauf der Frist hat der Auftragnehmer zunächst das Recht, die Arbeiten einzustellen. Ferner kann er dem Auftraggeber eine weitere angemessene Frist stellen, verbunden mit der Erklärung, den Vertrag nach Ablauf der Frist zu kündigen (Abs. 5 i. V. m. § 643 BGB). Verstreicht die Frist ungenutzt, so gilt der Vertrag als aufgehoben, ohne daß es einer weiteren Handlung des Auftragnehmers bedarf (§ 643 Satz 2 BGB). Dies gilt auch beim VOB-Vertrag entgegen der grundsätzlichen Verpflichtung (§ 9 Nr. 2 Satz 1 VOB/B), Kündigungen stets schriftlich auszusprechen.

Nach Aufhebung des Vertrags sind die erbrachten Leistungen abzurechnen. Weiterhin hat der Auftragnehmer Anspruch auf Ersatz der in der insoweit berechneten Vergütung nicht enthaltenen Auslagen (Abs. 5 i. V. m. § 645 Abs. 1 Satz 1 BGB). Der Auftragnehmer hat zudem Anspruch auf Schadensersatz, und zwar auf das sog. negative Interesse (Abs. 5), d. h., daß der Auftragnehmer denjenigen Schaden ersetzt erhält, den er dadurch erlitten hat, daß er auf das Bestehen des Vertrags vertraut hat. Dieser Schadensersatz umfaßt insbesondere nicht den entgangenen Gewinn aus dem beendeten Vertrag, soweit dieser nicht bereits Bestandteil der Vergütung für die erbrachten Leistungen ist.

Die Vorschrift ist zwingendes Recht und kann vertraglich nicht abgeändert werden (Abs. 7).

7.1.3
AGB

§ 648 BGB kann nur durch eine individualvertragliche Regelung abbedungen werden; durch AGB ist dies nicht möglich (BGH BauR 84, 413).

§ 648a BGB kann, wie bereits gesehen, weder abbedungen noch modifiziert werden (§ 648a Abs. 7 BGB).

7.2
Sicherungen des Auftraggebers

Für den Auftraggeber besteht ein Interesse daran, die rechtzeitige und mangelfreie Fertigstellung des Werkes durch den Auftragnehmer zu sichern. Weder das BGB noch die VOB/B sehen hierfür Sicherungsmittel vor, die ohne eine gesonderte Vereinbarung eingreifen. Die häufigsten Sicherungsmittel bei beiden Vertragsarten sind die Vertragsstrafe sowie die Sicherheitsleistung.

7.2.1
Vertragsstrafe

7.2.1.1
BGB und VOB/B

Das BGB regelt in §§ 339 bis 345 die Möglichkeit, die ordnungsgemäße Erfüllung einer vertraglichen Verpflichtung durch eine Vertragsstrafe zu sichern. Die VOB/B nimmt auf diese Regelung in § 11 Bezug, so daß die Regelungen für beide Vertragsarten weitgehend übereinstimmen.

Ein Anspruch auf Zahlung einer Vertragsstrafe besteht nur, wenn dies vertraglich vereinbart wurde. Dies gilt auch beim VOB/B-Vertrag, wie sich aus § 11 Nr. 1 VOB/B eindeutig ergibt. Auch durch Allgemeine Geschäftsbedingungen, die Bestandteil des Bauvertrags geworden sind, kann wirksam eine Vertragsstrafe vorgesehen werden (BGH BauR 83, 80).

Gemäß § 339 Satz 1 BGB kann die nicht gehörige Erfüllung bei entsprechender vertraglicher Vereinbarung durch Zahlung eines Geldbetrags strafbewehrt sein. Die Vertragsstrafe kann demnach auch den Anspruch des Auftraggebers auf eine mangelfreie Leistung sichern, da auch die mangelhafte Leistung eine nicht gehörige Erfüllung ist. Bei Bauverträgen ist dies jedoch die Ausnahme. Ganz überwiegend dient die Vertragsstrafe der Sicherung der rechtzeitigen Leistung des Auftragnehmers. Von dieser Möglichkeit wird gerade bei Bauverträgen, insbesondere solchen größeren Umfangs, sehr häufig Gebrauch gemacht.

Die Vertragsstrafe fällt an, wenn der Auftragnehmer seine Leistung nicht ordnungsgemäß erbringt. Es ist nicht notwendig, daß dem Auftraggeber ein Schaden entsteht. Die Vertragsstrafe hat die Aufgabe, als „Druckmittel" insbesondere die Einhaltung der vorgesehenen Ausführungsfrist unabhängig vom Nachweis eines Schadens des Auftraggebers sicherzustellen. Der Auftraggeber soll der Schwierigkeit enthoben werden, Art und Umfang eines durch die Überschreitung der Ausführungsfrist entstandenen Schadens zu berechnen und zu beweisen.

Der Auftraggeber kann die Vertragsstrafe geltend machen, wenn der Auftragnehmer mit der Fertigstellung der Leistung im Verzug ist. Wenn individualvertraglich nicht anders vereinbart, ist die Vertragsstrafe auf einen eventuellen Schadensersatz anzurechnen (§ 340 Abs. 2 BGB). Andererseits wird dem Auftraggeber durch eine Vertragsstrafe nicht die Möglichkeit genommen, wegen der verspäteten Fertigstellung einen ihm etwa entstandenen höheren Schaden geltend zu machen (§§ 341 Abs. 2, 340 Abs. 2 BGB).

Die Höhe der Vertragsstrafe kann, wenn das Vertragsstrafenversprechen einzelvertraglich ausgehandelt worden ist, von den Vertragspartnern beliebig festgesetzt werden. Im Regelfall beträgt die Vertragsstrafe für jeden Tag der Fristüberschreitung einen bestimmten Prozent- oder Promillesatz der Auftragssumme. Kommt es zum Streit über den Verfall der Vertragsstrafe, hat der Richter nach § 343 Abs. 1 BGB die Möglichkeit, eine unverhältnismäßig hohe Strafe auf Antrag des Auftragnehmers durch Urteil auf den angemessenen Betrag herabzusetzen. Die Möglichkeit besteht jedoch nicht, wenn der Auftragnehmer Vollkaufmann i. S. d. HGB ist und er den Bauvertrag im Rahmen seines Gewerbebetriebs abgeschlossen hat (§ 348 HGB). Ist eine Vertragsstrafe allerdings in Allgemeinen Geschäftsbedingungen vorgesehen, so ist das Vertragsstrafenversprechen insgesamt unwirksam, wenn die Strafe unangemessen hoch (BGH BauR 81, 374) oder zeitlich nicht beschränkt ist (BGH BauR 83, 80, 83).

Der Anspruch auf Zahlung der Vertragsstrafe wegen nicht rechtzeitiger Fertigstellung ist gegeben, wenn der Auftragnehmer in Verzug gerät. Das ergibt sich aus § 339 Satz 1 BGB und wird für den VOB-Vertrag in § 11 Nr. 2 bestätigt. Auf die Ausführungen zur Leistungszeit und zum Verzug des Auftragnehmers mit seiner Verpflichtung zur Fertigstellung des Werkes kann verwiesen werden (S. 35 ff). Im Fall der vorzeitigen Beendigung des Bauvertrags durch Kündigung ist zu beachten, daß die Vertragsstrafe nur bis zum Tag der Kündigung geltend gemacht werden kann (vgl. § 8 Nr. 7 VOB/B).

Eine wesentliche, häufig übersehene Voraussetzung für die Geltendmachung des Vertragsstrafenanspruchs sieht § 341 Abs. 3 BGB – das gleiche gilt für den VOB-Vertrag nach § 11 Nr. 4 – vor. Danach kann die Vertragsstrafe nur verlangt werden, wenn sich der Auftraggeber das Recht hierzu bei der Abnahme vorbehalten hat. Der Sinn dieser Regelung besteht darin, daß die Abnahme die Entgegennahme der Leistung als eine im wesentlichen vertragsgemäße Erfüllung bedeutet und es ein widersprüchliches Verhalten des Auftraggebers darstellte, wenn er einerseits die Leistung ohne Vorbehalt abnimmt, andererseits später eine Vertragsstrafe wegen nicht ordnungsgemäßer Erfüllung forderte. Aus diesem Grunde ist ein Vorbehalt nicht notwendig, wenn die Abnahme, ob berechtigt oder nicht, verweigert wird bzw. eine Ersatzvornahme gemäß § 633 Abs. 3 BGB durchgeführt wird (BGH BauR 97, 640).

Der Vorbehalt ist bei der Abnahme zu erklären, ein vorheriger oder späterer Vorbehalt genügt grundsätzlich nicht (BGHZ 33, 236). Hat allerdings der Auftraggeber die Vertragsstrafe vor der Abnahme bereits eingeklagt und ist der Prozeß noch nicht entschieden, ist ein Vorbehalt bei der späteren Abnahme nicht notwendig; denn deutlicher als durch die Einreichung einer Klage kann der Vertragsstrafenanspruch nicht vorbehalten werden (BGH BauR 75, 55).

Eine bestimmte Form oder ein bestimmter Inhalt ist für den Vorbehalt nicht erforderlich. Es genügt jede Äußerung, aus der sich der Vorbehaltswille zweifelsfrei ergibt. Findet allerdings eine förmliche Abnahme statt, ist der Vorbehalt in das Abnahmeprotokoll aufzunehmen (so ausdrücklich für den VOB-Vertrag § 12 Nr. 4 Abs. 1 Satz 4).

Der Vorbehalt ist gegenüber dem Auftragnehmer oder einer von ihm bevollmächtigten Person zu erklären, wobei im Zweifel anzunehmen ist, daß derjenige, der vom Auftragnehmer bevollmächtigt ist, die Abnahme durchzuführen, auch die Vollmacht zum Empfang des Vorbehalts hat. Den Vorbehalt erklären kann nur der Auftraggeber oder ein hierzu von ihm bevollmächtigter Dritter. Die Übertragung der Bauleitung auf einen Architekten durch den Auftraggeber enthält im Zweifel eine derartige Vollmacht nicht.

7.2.1.2
AGB

Von dem Erfordernis des Vorbehalts können die Vertragspartner durch Individualabrede absehen, nicht jedoch in AGB (BGHZ 85, 305, 310). Allerdings ist es auch in AGB noch zulässig, vorzusehen, daß der Vorbehalt nicht bereits bei der Abnahme, sondern bis zur Schlußzahlung geltend gemacht werden kann (BGH BauR 79, 56).[62]

Einen Verstoß gegen wesentliche Grundgedanken des Gesetzes liegt grundsätzlich bei einer Klausel vor, die die Vertragsstrafe entgegen § 11 Nr. 2 VOB/B, § 339 Satz 1 BGB verschuldensunabhängig ausgestaltet, also einen Verfall der Vertragsstrafe ohne Verzug im Rechtssinne vorsieht (BGH BauR 88, 86, 87). Aus

---

[62] anderer Ansicht: OLG Düsseldorf NJW-RR 97, 1378, 1380

diesem Grund ist auch folgende Klausel unwirksam, da sie zu einer verschuldens-unabhängigen Vertragsstrafe führen könnte (OLG Hamm, BauR 97, 661, vom BGH durch Nichtannahme der Revision bestätigt):

„Vor und während der Bauzeit festgelegte Fertigstellungstermine sind für den Auftragnehmer in jedem Fall bindend, wenn der Auftragnehmer nicht rechtzeitig unter Angaben von triftigen Gründen mitteilt, daß ihm die Fertigstellung der Arbeiten zum vorgegebenen Termin nicht möglich ist.“

Eine wirksame Vereinbarung einer Vertragsstrafe setzt zudem voraus, daß der Umfang der Vertragsstrafe begrenzt ist, sowohl was den einzelnen Zeitabschnitt als auch die Gesamtstrafe anbetrifft. So ist folgende Klausel wirksam (BGH BauR 87, 92):

„... so hat AN Vertragsstrafe von 1 ‰ für jeden Werktag der Verspätung, höchstens jedoch 10 % der Auftragssumme zu zahlen.“

Eine Vertragsstrafe in Höhe von 20 % ist demgegenüber nicht mehr angemessen (OLG Zweibrücken BauR 94, 509, 511). Unzulässig ist auch folgende Klausel:

„Neben der Vertragsstrafe kann Schadensersatz geltend gemacht werden.“

Dies verstößt gegen die gesetzliche Wertung § 340 Abs. 2, § 341 Abs. 2 BGB, wonach Schadensersatz nur insoweit geltend gemacht werden kann, als dieser die Vertragsstrafe übersteigt (BGH NJW 92, 1096).

7.2.2
Sicherung des Anspruchs des Auftraggebers
auf mangelfreie Leistung

Neben der Sicherung des Anspruches auf rechtzeitige Leistung hat der Auftraggeber ein besonderes Interesse daran, die mangelfreie Ausführung der Bauleistung zu sichern.

7.2.2.1
Zurückbehaltungsrecht

Eine gewisser Schutz ergibt sich aus der Vorschrift des § 320 Abs. 1 Satz 1 BGB. Danach kann bei einem gegenseitigen Vertrag wie dem Bauvertrag ein Vertragspartner die ihm obliegende Leistung bis zur Bewirkung der Gegenleistung verweigern. Der Auftraggeber braucht also nach Fertigstellung und Abnahme des Bauwerkes die Schlußrechnung nicht zu bezahlen, bevor der Auftragnehmer die bestehenden Mängel beseitigt hat. Dieses Recht besteht gleichermaßen bei einem BGB- sowie einem VOB-Vertrag. Allerdings ist der Auftraggeber nicht berechtigt, in jedem Fall die volle Schlußrechnungssumme einzubehalten. Aus § 320 Abs. 2 BGB folgt, daß der Umfang der Mängel zur Höhe der von dem Auftraggeber geschuldeten Zahlung nicht außer Verhältnis stehen darf. Einen Betrag der dreifachen Höhe der voraussichtlichen Nachbesserungskosten darf der Auftraggeber aber regelmäßig zurückhalten (BGH BauR 82, 579, 580). In diesem Rahmen obliegt der Beweis, daß der zurückbehaltene Betrag unangemessen ist, dem Auftragnehmer (BGH ZfBR 97, 31).

Das gleiche Recht, fällige Zahlungen einzubehalten, hat der Auftraggeber, wenn der Auftragnehmer Abschlagszahlungen geltend macht, seine bis dahin erbrachten Leistungen aber Mängel aufweisen.

7.2.2.2
Sicherheitsleistung

Mit dem Zurückbehaltungsrecht sind die Interessen des Auftraggebers an einer mangelfreien Leistung des Auftragnehmers nicht hinreichend abgesichert. Insbesondere treten Mängel an einem Bauwerk vielfach erst auf, wenn die Schlußrechnung bereits ausgeglichen ist und dem Auftraggeber daher keine offenen Zahlungen, die er einbehalten könnte, zur Verfügung stehen. Für diesen Fall werden Sicherheitsleistungen vereinbart, dies sowohl nach der VOB/B als auch nach dem BGB zulässig sind.

Zu beachten ist, daß dem Auftraggeber eine Sicherheitsleistung weder kraft Gesetzes noch aufgrund der VOB/B ohne weiteres zusteht. Die Sicherheitsleistung setzt stets eine besondere vertragliche Vereinbarung der Vertragspartner voraus. Dies ergibt sich für den BGB-Vertrag ohne weiteres, da die Regelungen des Werkvertragsrechts ausdrücklich eine Sicherheitsleistung nicht vorsehen. Beim VOB-Vertrag ist zwar die Sicherheitsleistung in § 17 ausführlich geregelt, in § 17 Nr. 1 heißt es allerdings: „Wenn Sicherheitsleistung vereinbart ist, gelten die §§ 232 bis 240 BGB, soweit sich aus den nachstehenden Bestimmungen nichts anderes ergibt." Die Regeln über die Sicherheitsleistung finden also nach dem eindeutigen Wortlaut der Nr. 1 nur Anwendung, wenn die Parteien überhaupt eine Sicherheitsleistung im Vertrag vorgesehen haben.

Wegen der besonderen Bedeutung der Sicherheitsleistung, wird diese in ihren Einzelheiten im folgenden Kapitel gesondert erläutert.

8 Sicherheitsleistung des Auftragnehmers

Der Auftragnehmer schuldet dem Auftraggeber eine Sicherheitsleistung nur, wenn dies ausdrücklich vereinbart ist, wobei insoweit eine Vereinbarung in Allgemeinen Geschäftsbedingungen ausreichend ist. Die Regelungen der VOB/B einerseits und des BGB andererseits zur Sicherheitsleistung differieren allerdings erheblich, insbesondere da das BGB eine für den Bauvertrag spezifische Sicherheitsleistung nicht vorsieht.

8.1
VOB/B

§ 17 VOB/B enthält eine umfangreiche Regelung der Sicherheitsleistung, verweist allerdings zunächst auf die gesetzliche Regelung der §§ 232–240 BGB, die grundsätzlich weiter Anwendung findet, soweit die VOB/B nichts anderes vorsieht (§ 17 Nr. 1 Abs. 1 VOB/B). Die Regelung des § 17 VOB/B findet im übrigen nur auf die Sicherheitsleistung des Auftragnehmers Anwendung, nicht auf eine eventuell vorgesehene Sicherheit des Auftraggebers (§ 17 Nr. 1 Abs. 2 VOB/B).

Eine Sicherheitsleistung ist nur dann wirksam vereinbart, wenn festgelegt ist, welche Ansprüche gesichert werden sollen. Dies wird im Regelfall in dem der Sicherheit zugrunde liegenden Bauvertrag geschehen. Üblich beim Baugeschehen sind Vertragserfüllungs- bzw. Gewährleistungssicherheiten. Grundsätzlich sichern erstere die Erfüllung der Verpflichtungen des Auftragnehmers bis zur Beendigung der Leistung, letztere die Gewährleistungsverpflichtungen des Auftragnehmers. Welche Ansprüche konkrete gesichert sind, ergibt sich aus dem Wortlaut der der Sicherheit zugrundeliegenden Vereinbarung. Die Parteien haben daher ein Interesse daran, den Umfang der Sicherheit genau zu definieren.

Ist eine ausdrückliche Regelung des Sicherungszweckes unterblieben, so hat dies beim VOB-Vertrag auf die Wirksamkeit der Abrede keinen Einfluß. Denn nach § 17 Nr. 1 Abs. 2 VOB/B dient die Sicherheit dazu, die vertragsgemäße Ausführung der Leistung, also die Vollständigkeit und Rechtzeitigkeit, sowie die Gewährleistung sicherzustellen. Danach sind insbesondere die Kosten der Nachbesserung und eines eventuell dafür notwendigen Kostenvorschusses gesichert (BGH NJW 92, 1881, 1882). Ist eine Sicherheit nur im vorgenannten Umfang zu leisten, wird durch sie allerdings nicht die Rückzahlung von Überzahlungen gesichert (BGH BauR 80, 574).

Im Regelfall wird in der Sicherungsabrede auch die Art und Höhe der Sicherheitsleistung bestimmt. Fehlt eine solche Bestimmung, so bleibt die Sicherungsabrede dennoch wirksam.

Hinsichtlich der Art der Sicherheitsleistung findet sich eine Regelung in § 17 Nr. 2 VOB/B. Hiernach kann, soweit nichts anderes vereinbart ist, Sicherheit durch Einbehalt oder Hinterlegung von Geld oder durch eine Bürgschaft eines in der Europäischen Gemeinschaft zugelassenen Kreditinstituts oder Kreditversicherers geleistet werden. Die Wahl der Sicherheit steht dem Auftragnehmer zu (§ 17 Nr. 3 VOB/B).

Fehlt eine Angabe über die Höhe der Sicherheitsleistung – im Regelfall wird vertraglich ein bestimmter Prozentsatz der Auftragssumme vorgesehen – kann sie der Auftraggeber nach § 316 BGB festsetzen. Allerdings darf er die Bestimmung nicht willkürlich, sondern muß sie entsprechend § 315 BGB nach billigem Ermessen treffen. Im Regelfall wird dies der übliche Satz von 5 % der Bruttoschlußrechnungssumme sein (vgl. § 14 Nr. 2 Satz 2 VOB/A).

8.1.1
Arten der Sicherheitsleistung

8.1.1.1
Sicherheitseinbehalt

Die Sicherheitsleistung durch Einbehalt von Zahlungen wird am häufigsten von den Parteien vereinbart. Der Auftraggeber ist berechtigt, den festgelegten, bei fehlender Abrede einen angemessenen Betrag von der an den Auftragnehmer zu zahlenden Vergütung abzuziehen und einzubehalten.

Für den VOB-Vertrag trifft § 17 Nr. 6 bestimmte Regelungen für den Sicherheitseinbehalt. Zunächst ist dort in Abs. 1 Satz 1 vorgesehen, daß der Auftraggeber die Abschlagszahlungen um bis zu 10 % kürzen kann, bis der vereinbarte Sicherheitseinbehalt erreicht ist, jedoch nur dann, wenn die Vertragspartner vereinbart haben, daß die Sicherheit in Teilbeträgen einbehalten werden darf. Fehlt eine solche Vereinbarung, ist der Einbehalt erst von der Schlußrechnungssumme zulässig.

Von Bedeutung ist, daß der Sicherheitseinbehalt nach § 17 Nr. 6 VOB/B nicht dem Vermögen des Auftraggebers zugute kommen soll. Vielmehr hat er dem Auftragnehmer über die Höhe des einbehaltenen Betrags Mitteilung zu machen und diesen Betrag binnen 18 Werktagen nach der Mitteilung auf ein Sperrkonto bei einem Geldinstitut einzuzahlen. Diese Verpflichtung hat er auch, wenn der Einbehalt in Teilbeträgen erfolgt. Lediglich bei kleineren oder kurzfristigen Aufträgen darf der Auftraggeber in einem solchen Fall nach Nr. 6 Abs. 2 den einbehaltenen Betrag erst bei der Schlußzahlung auf das Sperrkonto einzahlen, über das nur beide Parteien gemeinsam verfügungsbefugt sind. Die Bankzinsen auf den einbehaltenen Betrag stehen dem Auftragnehmer zu (§ 17 Nr. 6 Abs. 1 Satz 4 i. V. m. Nr. 5 Satz 2). Eine Sonderregelung gilt für die öffentlichen Auftraggeber:

sie können den Sicherheitseinbehalt auf ein eigenes Verwahrkonto nehmen, auf dem der Betrag nicht verzinst wird (Nr. 6 Abs. 4).

Zahlt der Auftraggeber den einbehaltenen Betrag nicht rechtzeitig ein, kann ihm der Auftragnehmer nach Nr. 6 Abs. 3 hierfür eine angemessene Nachfrist setzen. Läßt der Auftraggeber diese verstreichen, kann der Auftragnehmer die sofortige Auszahlung des einbehaltenen Betrages verlangen und braucht dann keine Sicherheit mehr zu leisten.

8.1.1.2
Hinterlegung

Eine in der Praxis seltene Form der Sicherheitsleistung ist die Hinterlegung. Bei ihr hat der Auftragnehmer den Betrag der Sicherheitsleistung auf ein Sperrkonto eines Kreditinstituts einzuzahlen, über das nur beide Vertragspartner gemeinsam verfügungsberechtigt sind. Das ergibt sich aus § 17 Nr. 5 VOB/B. Die Zinsen des hinterlegten Betrags stehen nach Nr. 5 Satz 2 dem Auftragnehmer zu.

8.1.1.3
Gewährleistungsbürgschaft

Eine häufig verwendete Form der Sicherheitsleistung ist die Gewährleistungsbürgschaft. Sie hat im Gegensatz zum Sicherheitseinbehalt und zur Hinterlegung für den Auftragnehmer den wirtschaftlichen Vorteil, daß er die Vergütung voll ausgezahlt erhält und seinerseits kein Geld zur Sicherung der Ansprüche des Auftraggebers bei einem Kreditinstitut einzahlen muß. Die Gewährleistungsbürgschaft kostet ihn lediglich die Avalprovision. Aus diesem Grunde machen Auftragnehmer, wozu sie bei einem VOB-Vertrag nach § 17 Nr. 3 VOB/B berechtigt sind, häufig davon Gebrauch, einen vereinbarten Sicherheitseinbehalt durch eine Gewährleistungsbürgschaft zu ersetzen.

Nach § 17 Nr. 4 Satz 1 VOB/B muß es sich um einen tauglichen Bürgen handeln. Dies ist nach § 17 Nr. 2 VOB/B nur ein in den Europäischen Gemeinschaften zugelassenes Kreditinstitut oder ein Kreditversicherer. Der Auftragnehmer hat auf Anforderung die Tauglichkeit des Bürgen in diesem Sinne nachzuweisen.

Das Wesen der Bürgschaft besteht nach § 765 Abs. 1 BGB darin, daß sich der Bürge gegenüber dem Gläubiger eines Dritten verpflichtet, für die Erfüllung der Verbindlichkeit des Dritten einzustehen.

Entgegen der weit verbreiteten Meinung handelt es sich bei der Bürgschaft nicht lediglich um eine einseitige Verpflichtungserklärung des Bürgen, sondern die Bürgschaft erfordert einen Vertrag zwischen dem Bürgen und dem Gläubiger des Dritten. Allerdings ist der Bürgschaftsvertrag lediglich ein einseitig verpflichtender Vertrag, durch den allein der Bürge Verpflichtungen eingeht. Es bedarf aber zur Wirksamkeit dieser Verpflichtung stets der Annahme der Bürgschaftserklärung durch den Gläubiger des Dritten, weil nur auf diese Weise der Bürgschaftsvertrag zustande kommt. Sicherheitsleistung durch Stellung einer Gewährleistungsbürgschaft bedeutet also, daß der Bürge mit dem Auftraggeber einen Vertrag schließt, in dem er sich verpflichtet, für die Gewährleistungsansprüche des

Auftraggebers einzustehen. Eine so umfassende Verpflichtung ist allerdings in der Praxis die Ausnahme. Da die Sicherheitsleistung auch beim Sicherheitseinbehalt oder der Hinterlegung nur einen bestimmten Prozentsatz der Vergütung ausmacht, wird im Rahmen einer Gewährleistungsbürgschaft in der Regel ebenfalls vereinbart, daß der Bürge nur bis zur Höhe eines bestimmten Betrags in Anspruch genommen werden kann.

§ 17 Nr. 4 Satz 2 VOB/B bestimmt, daß die Verpflichtungserklärung des Bürgen der Schriftform bedarf. Sie muß zudem die Person des Gläubigers, also des Auftraggebers, des Hauptschuldners, also des Auftragnehmers, sowie die fremde Schuld, für die gebürgt werden soll, beinhalten (BGH NJW 92, 1448). Der Bürge muß zudem auf die Einrede der Vorausklage gemäß § 771 BGB verzichten. Die Einrede der Vorausklage erlaubt dem Bürgen, den Bürgschaftsgläubiger zunächst an den Schuldner zu verweisen. Dies soll bei der Bürgschaft, wenn sie als Sicherheit geschuldet ist, nicht möglich sein, wie sich bereits aus dem Gesetz (§ 239 Abs. 2 BGB) ergibt. Die Bürgschaftserklärung darf außerdem nicht zeitlich begrenzt sein.

Eine besondere Form der Bürgschaft ist die sog. Bürgschaft „auf erstes Anfordern". In diesem Fall kann der Bürge, wenn er vom Auftraggeber in Anspruch genommen wird, grundsätzlich keine Einwendungen gegen das Bestehen und die Höhe des vom Auftraggeber geltend gemachten Anspruchs erheben. Der Auftraggeber braucht lediglich darzulegen, daß und in welcher Höhe eine Verpflichtung des Auftragnehmers besteht, hierfür aber keinen Beweis zu erbringen, um von dem Bürgen Zahlung zu erhalten. Einwendungen gegen seine Verpflichtung kann der Bürge, außer in Mißbrauchsfällen, erst in einem späteren Rückforderungsprozeß geltend machen, in dem er von dem Auftraggeber Rückzahlung verlangen kann, falls ein Anspruch des Auftraggebers nicht gegeben war (BGH BauR 97, 134).

Die Bürgschaft „auf erstes Anfordern" ist in der Praxis durchaus verbreitet. Sie hat für den Auftraggeber den Vorteil, schnell die zur Erfüllung seiner Ansprüche benötigten Gelder zu bekommen. Auch für den Bürgen kann sie von Vorteil sein, weil er sich mit dem Auftraggeber nicht auf einen Streit über das Bestehen und die Höhe des behaupteten Gewährleistungsanspruchs einlassen muß. Er hat vielmehr Zahlung zu leisten und kann Erstattung des gezahlten Betrags vom Auftragnehmer gemäß § 774 Abs. 1 BGB verlangen. Dem Auftragnehmer bleibt es dann überlassen, den Streit mit dem Auftraggeber über dessen geltend gemachten Gewährleistungsanspruch auszutragen.

Eine solche Bürgschaft kann jedenfalls von Banken und Kreditversicherern übernommen werden (BGH NJW 92, 1881, 1883). Ob dies auch Personen können, die nicht Kaufmann i. S. d. HGB sind, ist noch nicht abschließend entschieden (BGH NJW 92, 1446). Die Literatur behält dies ausschließlich Banken und Kreditversicherern vor.[63]

---

[63] z. B. Ingenstau/Korbion B § 17 Rdnr. 46

8.1.2
Ersetzungsbefugnis

Gemäß § 17 Nr. 3 VOB/B hat der Auftragnehmer das Recht, eine gestellte Sicherheit durch eine andere zu ersetzen. Dieses Recht kann der Auftragnehmer auch mehrfach ausüben. Der Auftraggeber ist verpflichtet, eine ersetzte Sicherheit unverzüglich herauszugeben; er kann daran kein Zurückbehaltungsrecht geltend machen. Wird die ersetzte Sicherheit nicht herausgegeben, kann der Auftragnehmer die ersetzende Sicherheit zurückverlangen (BGH NJW 97, 2958).

8.1.3
Inanspruchnahme der Sicherheit

Dem Zweck der Sicherheitsleistung entsprechend, kann sie der Auftraggeber in Anspruch nehmen, wenn dies zur Erfüllung der gesicherten Verpflichtungen des Auftragnehmers erforderlich ist. Der Auftraggeber kann also verlangen, daß der Auftragnehmer in die Auszahlung eines hinterlegten Betrags oder eines eingezahlten Sicherheitseinbehalts einwilligt, wenn der Auftragnehmer z. B. seiner Nachbesserungsverpflichtung nicht nachgekommen und damit der Auftraggeber zur Ersatzvornahme auf Kosten des Auftragnehmers berechtigt ist oder ihm sonst Minderungs- oder Schadensersatzansprüche zustehen.

Willigt der Auftragnehmer in die Auszahlung an den Auftraggeber nicht ein, muß ihn der Auftraggeber hierauf verklagen, wobei er nachzuweisen hat, daß und in welcher Höhe ihm Gewährleistungsansprüche gegen den Auftragnehmer zustehen. Das gleiche gilt, wenn er gegen den Gewährleistungsbürgen vorgehen will; denn der Bürge haftet nach § 767 Abs. 1 Satz 1 BGB nur in dem Umfang wie der Auftragnehmer. Der Auftraggeber muß also in einem Rechtsstreit mit dem Bürgen beweisen, daß und in welcher Höhe der Auftragnehmer und damit zugleich der Bürge zum Ausgleich von Gewährleistungsansprüchen verpflichtet ist.

Eine Ausnahme von diesem Grundsatz besteht nur dann, wenn sich der Bürge „auf erstes Anfordern" verpflichtet hat. Dann kann der Bürge, wenn er vom Auftraggeber in Anspruch genommen wird, grundsätzlich keine Einwendungen gegen das Bestehen und die Höhe des von dem Auftraggeber geltend gemachten Anspruchs erheben (vgl. dazu 8.1.1.3, S. 161).

8.1.4
Rückgabe der Sicherheit

Haben die Vertragspartner keine Bestimmung über den Zeitpunkt getroffen, zu dem eine geleistete Sicherheit zurück- oder freizugeben ist, besteht eine solche Verpflichtung des Auftraggebers spätestens nach Ablauf der Verjährungsfrist für die Gewährleistung. Das ergibt sich für den VOB-Vertrag ausdrücklich aus § 17 Nr. 8 Satz 1 VOB/B. Da die Sicherheitsleistung regelmäßig den Zweck hat, Gewährleistungsansprüche des Auftraggebers abzusichern, ist ihr Zweck erfüllt, wenn derartige Ansprüche im Hinblick auf die inzwischen eingetretene Verjährung nicht mehr durchgesetzt werden können. Der Auftraggeber muß also dann in die Auszahlung eines hinterlegten oder als Sicherheitseinbehalt eingezahlten Betrags an den Auftragnehmer einwilligen bzw. er muß dem Gewährleistungsbürgen die Bürgschaftsurkunde zurückgeben. Auf die Einwilligung in die Auszahlung bzw. die Rückgabe der Bürgschaft besteht ein einklagbarer Anspruch.

Allerdings besteht ein derartiger Rückgabeanspruch nicht, wenn Gewährleistungsansprüche des Auftraggebers nach Ablauf der Verjährungsfrist noch nicht erfüllt sind. Dann darf der Auftraggeber den Teil der Sicherheit zurückhalten, der für die Erfüllung benötigt wird. Dies folgt für den VOB-Vertrag ausdrücklich aus § 17 Nr. 8 Satz 2 VOB/B, gilt aber als allgemeiner Grundsatz auch für den BGB-Vertrag. Erfaßt werden hiervon die Fälle, in denen der Auftraggeber seine Gewährleistungsansprüche innerhalb der Verjährungsfrist geltend gemacht hat, also Mängel gerügt hat, diese Ansprüche aber noch nicht abgewickelt sind, etwa weil die erforderlichen Nachbesserungsarbeiten noch nicht beendet oder jedenfalls noch nicht abgerechnet sind (BGH ZfBR 93, 120).

8.2
BGB

Wie bereits ausgeführt, sieht das Werkvertragsrecht des BGB eine spezifische Sicherheitsleistung nicht vor. Insoweit ist auf die allgemeinen Vorschriften der §§ 232 bis 240 BGB zurückzugreifen, die jedoch den spezifischen Anforderungen des Bauvertrags nicht gerecht werden. Notwendig ist insoweit jedenfalls im Vertrag eine detaillierte Regelung der Sicherheitsleistung. Gegebenenfalls kann ohne weiteres auf § 17 VOB/B Bezug genommen werden.

Besonderes Augenmerk ist zunächst auf den Sicherungszweck der Sicherheit zu wenden. Im Gegensatz zu § 17 Nr. 1 Abs. 2 VOB/B definiert das BGB den Sicherungszweck auch nicht ansatzweise. Die fehlende Angabe des Sicherungszweckes macht die Sicherungsvereinbarung unwirksam. Die Sicherungsabrede sollte möglichst auch die Höhe der zu leistenden Sicherheit bestimmen; im Zweifelsfall wird der Gläubiger ansonsten gemäß §§ 316, 315 BGB das Bestimmungsrecht haben.

8.2.1
Arten der Sicherheit

Insoweit bestimmt § 232 BGB, wie die Sicherheit zu leisten ist. Primär erfolgt dies durch die Hinterlegung von Geld oder Wertpapieren, die Verpfändung von Schuldbuchforderungen bzw. beweglichen Sachen, die Bestellung von Hypotheken bzw. die Verpfändung von grundbuchlichen Sicherheiten (§ 232 Abs. 1 BGB). Nur wenn die Sicherheit in der vorgenannten Weise nicht geleistet werden kann, ist eine Bürgschaft zulässig (§ 232 Abs. 2 BGB).

Primär ist dementsprechend Sicherheit durch Hinterlegung von Geld oder Wertpapieren zu leisten. Aufgrund der Hinterlegung erwirbt der Auftraggeber ein Pfandrecht an dem hinterlegten Guthaben (§ 233 BGB). Aufgrund dieses Pfandrechtes darf die Hinterlegungsstelle gemäß § 1281 BGB nur an den Auftraggeber und den Auftragnehmer gemeinsam leisten.

Die ggf. erwirtschafteten Zinsen stehen dem Auftragnehmer zu und können an diesen ausbezahlt werden, solange der Auftraggeber der Hinterlegungsstelle nicht mitteilt, daß er die Zinsen ebenfalls beansprucht (§ 1289 BGB).

Kommt unter Berücksichtigung des § 232 Abs. 2 BGB die Stellung einer Bürgschaft in Betracht, so kann diese gemäß § 239 Abs. 1 BGB nur von einem Bürgen gestellt werden, der ein der Höhe der zu leistenden Sicherheit angemessenes Vermögen besitzt und seinen allgemeinen Gerichtsstand im Inland hat. Gemäß § 766 Abs. 1 BGB bedarf die Bürgschaft der Schriftform, es sei denn, daß die Bürgschaft auf seiten des Bürgen ein Handelsgeschäft ist (§ 350 HGB), wie dies regelmäßig bei Banken der Fall ist. Die Schriftform wird jedoch auch hier aus Beweisgründen regelmäßig beibehalten. Denn die Bürgschaftserklärung muß die Person des Gläubigers, also des Auftraggebers, des Hauptschuldners, also des Auftragnehmers, sowie die fremde Schuld, für die gebürgt werden soll, bezeichnen (BGH NJW 92, 1448). Die Bürgschaftserklärung muß den Verzicht auf die Einrede der Vorausklage (§ 771 BGB) enthalten (§ 239 Abs. 2 BGB).

Eine Ersetzungsbefugnis des Auftragnehmers gibt es nur in dem beschränkten Umfang des § 235 BGB. Danach können nur hinterlegte Wertpapiere durch Geld bzw. umgekehrt ersetzt werden. Weitergehende Umtauschrechte bestehen nicht.

8.2.2
Inanspruchnahme und Rückgabe der Sicherheiten

Bezüglich der Inanspruchnahme bzw. der Rückgabe der Sicherheiten kann auf die Ausführungen im Zusammenhang mit der VOB/B verwiesen werden (vgl. 8.1.3, 8.1.4), da es sich insoweit um allgemeine Grundsätze handelt.

8.3
AGB

Wie bereits gesehen, ist beim BGB-Vertrag eine ergänzende Regelung von Sicherheiten unabdingbar. § 17 VOB/B kann ohne weiteres vereinbart werden. Bedenken wegen des AGBG bestehen nicht. Im übrigen sind verschiedene Grundsätze zu beachten, die auch im Rahmen von abändernden Vereinbarungen bei der VOB/B zu beachten sind.

Nach der Rechtsprechung des BGH (BauR 97, 829) ist nach dem gesetzlichen Leitbild davon auszugehen, daß der Auftragnehmer nach der Abnahme Anspruch auf den vollen Werklohn und auf Verzinsung hat (§ 641 BGB). Dem steht das berechtigte Interesse des Auftraggebers entgegen, für die Gewährleistungszeit über eine Sicherheit zu verfügen. Diese darf jedoch nicht zu einer einseitigen Bevorzugung des Auftraggebers führen, indem die einbehaltene Sicherheit die Liquidität des Auftraggebers erhöht und der Auftragnehmer während dieser Zeit das Bonitätsrisiko des Auftraggebers zu tragen hat. So sind Klauseln als unwirksam anzusehen, die den Auftragnehmer zur Leistung einer Sicherheit verpflichten, ohne daß er dafür eine Kompensation erhält. Dies ist z. B. der Fall, wenn die Verpflichtung des Auftraggebers ausgeschlossen wird, den Sicherheitseinbehalt auf ein Sperrkonto einzuzahlen (KG NJW-RR 88, 1365). Auch der Ausschluß der Verzinsung führt zur Unwirksamkeit einer entsprechenden Klausel (OLG Zweibrücken BauR 94, 509, 512).

Der Auftragnehmer muß daher die Möglichkeit haben, Austauschrechte, wie sie § 17 VOB/B vorsieht, ausüben zu können. Dementsprechend ist eine Klausel als wirksam angesehen worden, die dem Auftragnehmer das Recht einräumt, den Sicherheitseinbehalt durch eine Gewährleistungsbürgschaft abzulösen (OLG Düsseldorf BauR 92, 677).

Nicht ausreichend in diesem Sinn ist allerdings, die Barsicherheit nur durch eine Bürgschaft auf erstes Anfordern ersetzen zu können, da diese ebenfalls zu einer sofortigen Liquidität des Auftraggebers führt (BGH BauR 97, 829).

Nicht abschließend geklärt ist, ob in AGB der Auftragnehmer zur Stellung einer Bürgschaft auf erstes Anfordern verpflichtet werden kann. Dagegen hat sich das OLG München (BauR 92, 234) ausgesprochen. Allerdings ergibt sich aus der Entscheidung des BGH (a. a. O.) wohl, daß Bürgschaften auf erstes Anfordern auch in AGB vereinbart werden können.

9 Vorzeitige Beendigung des Bauvertrags und ihre Folgen

Von einer vorzeitigen Beendigung des Bauvertrags kann man nur sprechen, wenn der Bauvertrag aufgelöst worden ist, bevor der Auftragnehmer eine abnahmereife Leistung erstellt hat. Ist dies geschehen, hat der Auftragnehmer seine Leistungsverpflichtung erfüllt und da er die für den Bauvertrag charakteristische Leistung erbringt, kommt danach keine vorzeitige Beendigung des Bauvertrags mehr in Betracht, auch wenn noch die Zahlung durch den Auftraggeber aussteht.

Die Gründe und die rechtlichen Möglichkeiten, einen Bauvertrag vorzeitig aufzulösen, sind recht zahlreich und die hiermit verbundenen Rechtsfolgen unterschiedlich. Die Auflösung muß auch keineswegs stets nur von einem Vertragspartner beabsichtigt und gegen den Willen des anderen durchgesetzt werden. Vielmehr kann die vorzeitige Vertragsbeendigung durchaus auf einer gütlichen Einigung der Parteien beruhen.

9.1 Kündigung

Der häufigste Fall der vorzeitigen Beendigung des Bauvertrags ist die Kündigung. Die Kündigung beendet den Vertrag für die Zukunft und läßt die Verpflichtungen der Vertragsparteien für den bereits abgewickelten Vertragsteil bestehen. Dies bedeutet, daß ein Kündigungsrecht nur bis zur Vollendung der Leistung durch den Auftragnehmer ausgeübt werden kann. Andererseits verbleibt dem Auftragnehmer grundsätzlich die Pflicht und das Recht, mangelhafte Leistungen nachzubessern. Das Recht zur Kündigung ist für den Auftraggeber und Auftragnehmer im BGB und in der VOB/B unterschiedlich geregelt. Während das BGB nur zwei Vorschriften über die Kündigung durch den Auftraggeber und eine Vorschrift über die Kündigung durch den Auftragnehmer enthält, ist die Regelung der VOB/B detaillierter.

Wegen der Bedeutung der Kündigung wird diese in einem gesonderten Kapitel erläutert.

9.2 Einverständliche Vertragsaufhebung

Wie jeder andere Vertrag kann auch der Bauvertrag durch eine Vereinbarung der Vertragspartner wieder aufgehoben werden. Weder das BGB noch die VOB/B sehen allerdings eine solche Vertragsaufhebung ausdrücklich vor. Ihre Zulässigkeit ist aber dennoch allgemein anerkannt und folgt aus dem das Zivilrecht beherrschenden Grundsatz der Vertragsfreiheit.

Der Aufhebungsvertrag bedarf keiner Form, auch wenn die Parteien für den Bauvertrag Schriftform vorgesehen haben. Folge des Aufhebungsvertrags ist, daß der Auftragnehmer zu weiteren Bauleistungen nicht mehr verpflichtet ist. Er muß aber die bereits erbrachten Leistungen dem Auftraggeber überlassen und erhält hierfür die vertraglich vorgesehene Vergütung. Etwas anderes gilt nur dann, wenn die Vertragspartner eine abweichende Vereinbarung getroffen haben, etwa dergestalt, daß der Auftragnehmer seine Leistungen, soweit möglich, beseitigt und hierfür keine Vergütung zu beanspruchen hat.

Verbleiben die Leistungen dem Auftraggeber, kann jeder Vertragspartner verlangen, daß insoweit eine Abnahme durchgeführt wird. Diese Abnahme kann einmal für die Feststellung des Umfangs der bisher erbrachten Leistungen von Bedeutung sein, zum anderen aber auch wegen der Feststellung etwaiger Mängel. Gewährleistungsansprüche des Auftraggebers hinsichtlich der ausgeführten Leistungen bleiben auch nach der Vertragsaufhebung gegen den Auftragnehmer bestehen.

Von erheblichem Interesse ist für den Auftragnehmer die Frage, ob er für die nicht durchgeführten Leistungen eine Vergütung fordern kann, wenn die Vertragspartner im Aufhebungsvertrag hierüber keine Abrede getroffen haben. Grundsätzlich besteht ein Vergütungsanspruch abzüglich der ersparten Aufwendungen oder der Einnahmen, die der Auftragnehmer durch die anderweitige Verwendung seiner Arbeitskraft erzielt hat, weil nicht davon ausgegangen werden kann, daß der Auftragnehmer auf seinen Vergütungsanspruch für nicht erbrachte Leistungen verzichten will (so für den Architektenvertrag BGH BauR 74, 213, 214). Etwas anderes gilt jedoch dann, wenn der Auftraggeber im Zeitpunkt der Vertragsaufhebung den Vertrag aus vom Auftragnehmer zu vertretenden Gründen hätte kündigen können. Dann schuldet er dem Auftragnehmer für die nicht erbrachten Leistungen keine Vergütung; dieser kann vielmehr zu Schadensersatz verpflichtet sein, wenn die Voraussetzungen des § 4 Nr. 7 Satz 2 VOB/B im Zeitpunkt der Vertragsaufhebung gegeben waren (BGH BauR 73, 319). Dabei braucht er den Kündigungsgrund nicht bereits bei der Vertragsaufhebung anzugeben, sondern kann ihn auch noch später im Rahmen der Abrechnung der erbrachten Leistungen „nachschieben" (BGH BauR 76, 139).

9.3
Anfechtung des Bauvertrags gemäß §§ 119, 123 BGB

Wie jeder andere Vertrag kann auch der Bauvertrag unter den Voraussetzungen der §§ 119, 123 BGB durch Anfechtung rückwirkend vernichtet werden. Die praktische Bedeutung dieser Aufhebungsmöglichkeit ist allerdings nicht groß.

Das Recht zur Anfechtung besteht für jeden Vertragspartner. Es setzt nach § 119 BGB voraus, daß ein Vertragspartner bei der Abgabe seiner Willenserklärung, also bei Abschluß des Bauvertrags, über deren Inhalt im Irrtum war oder eine Erklärung dieses Inhalts überhaupt nicht abgeben wollte oder sich im Irrtum über solche Eigenschaften des Vertragspartners oder des Gegenstands der Bauleistung befand, die im Verkehr als wesentlich angesehen werden. Ein Irrtum über den Inhalt der Erklärung liegt z. B. beim Auftraggeber dann vor, wenn er sich bei der Höhe der zu zahlenden Vergütung verschrieben hat, ein Irrtum über die Person des Auftragnehmers, wenn er von falschen Voraussetzungen hinsichtlich dessen Sachkunde oder Zuverlässigkeit ausgegangen ist. Rechtlich problematisch sind die Fälle, in denen der Auftragnehmer sich bei der Angebotsabgabe bezüglich des Preises geirrt hat. Liegt dem Irrtum ein Kalkulationsfehler zugrunde, der nach außen nicht zu Tage tritt, sog. interner Kalkulationsirrtum, ist eine Anfechtung ausgeschlossen. Anders kann es sein, wenn die Kalkulation während der Vertragsverhandlungen erkennbar hervorgetreten ist. Erkennt der Auftraggeber die falsche Kalkulation positiv und nutzt dies aus, dann kann er zu einer Preisanpassung (BGH BauR 95, 842, 843 f) oder zu Schadensersatz verpflichtet sein (OLG Köln BauR 95, 98). Derartige Fälle entziehen sich jedoch grundsätzlich der Kategorisierung und sind nach dem Umständen des Einzelfalls zu entscheiden.

Ein Anfechtungsgrund nach § 123 BGB besteht dann, wenn ein Vertragspartner den anderen durch Drohung oder arglistige Täuschung zum Abschluß des Bauvertrags bestimmt hat. Eine arglistige Täuschung ist anzunehmen, wenn z. B. der Auftragnehmer dem Auftraggeber wahrheitswidrig vorgespiegelt hat, daß er für die auszuführenden Bauleistungen eine besondere Sachkunde besitze oder der Auftraggeber dem Auftragnehmer wahrheitswidrig erklärt hat, daß das Bauvorhaben in finanzieller Hinsicht durch die Kreditgewährung einer Bank gesichert sei.

Allein die Möglichkeit einer Anfechtung beseitigt den Bauvertrag nicht. Es bedarf hierfür vielmehr der Abgabe einer Anfechtungserklärung des Anfechtungsberechtigten gegenüber dem Vertragspartner, die im Falle einer Anfechtung nach § 119 BGB unverzüglich nach Kenntnis des Anfechtungsgrundes, im Falle des § 123 BGB binnen Jahresfrist nach dieser Kenntnis zu erfolgen hat.

Die Anfechtung hat nach § 142 Abs. 1 BGB die Wirkung, daß der Bauvertrag von Anfang an als nichtig anzusehen ist. Der Auftragnehmer hat also keinen vertraglichen Vergütungsanspruch, auch nicht für die bereits erbrachten Leistungen, und der Auftraggeber kann vom Auftragnehmer keine weiteren Leistungen mehr verlangen. Die bereits erbrachten Leistungen sind nach dem Recht der ungerechtfertigten Bereicherung (§§ 812 ff BGB) zurückzugewähren. Soweit dies bei Bauleistungen nicht mehr möglich ist, weil sie bereits mit dem Grund und Boden oder mit dem Bauwerk untrennbar verbunden sind, ist ihr Wert vom Auftraggeber zu ersetzen.

Wenn auch der Bauvertrag durch die Anfechtung nichtig ist, hat der Anfechtende im Falle einer Anfechtung nach § 119 BGB dennoch dem Vertragspartner nach § 122 BGB den Schaden zu ersetzen, den der Vertragspartner dadurch erleidet, daß er auf die Gültigkeit des Vertrags vertraut hat, es sei denn, daß der Vertragspartner den Anfechtungsgrund kannte oder hätte kennen müssen. Der Auftraggeber hat also, wenn er nach § 119 BGB anficht, dem Auftragnehmer beispielsweise die Kosten zu ersetzen, die der Auftragnehmer im Vertrauen auf die

Wirksamkeit des Vertrags mit dem Auftraggeber aufgewandt hat. Im Falle einer Anfechtung nach § 123 BGB besteht eine Ersatzpflicht des Anfechtenden nach § 122 BGB nicht. Vielmehr kann hier der Anfechtungsgegner, der den Anfechtenden arglistig getäuscht oder bedroht hat, aus dem Gesichtspunkt der unerlaubten Handlung gemäß § 823 BGB oder des Verschuldens bei Vertragsschluß zum Schadensersatz verpflichtet sein.

10 Kündigung des Bauvertrags

Die vorzeitige Beendigung des Bauvertrags durch eine Kündigung setzt eine Kündigungserklärung eines der Vertragspartner voraus. Es handelt sich dabei um eine einseitige, empfangsbedürftige Willenserklärung, sie muß also dem Vertragspartner zugehen. Zwar sind Kündigungserklärungen auslegungsfähig; es muß sich jedoch eindeutig aus der Erklärung ergeben, daß der Kündigende das Vertragsverhältnis beenden will.

Die Kündigung wird wirksam mit ihrem Zugang. Dadurch wird der Vertrag für die Zukunft beendet. Demgegenüber bleiben die vertraglichen Verpflichtungen für die bereits erbrachten Leistungen bestehen. Der Auftraggeber bleibt dementsprechend verpflichtet, die Vergütung zu bezahlen, der Auftragnehmer bleibt zur Gewährleistung verpflichtet.

Die Voraussetzungen und Folgen der Kündigung unterscheiden sich bei Auftragnehmer und Auftraggeber. Zudem sehen BGB und VOB/B unterschiedliche Regelungen vor.

10.1
Kündigung durch den Auftraggeber nach VOB/B

Für alle Kündigungen gilt, soweit diese nicht nach § 648 a BGB erfolgen, daß sie nach § 8 Nr. 5 VOB/B schriftlich zu erklären sind. Die Schriftform ist dabei Wirksamkeitsvoraussetzung für die Kündigung; eine mündlich erklärte Kündigung ist grundsätzlich unwirksam.

§ 8 Nr. 6 VOB/B gibt dem Auftragnehmer zudem das Recht, Aufmaß und Abnahme der von ihm ausgeführten Leistung zu verlangen. Dies dient zur Vorbereitung der Abrechnung der Leistungen des Auftragnehmers. Im Fall der Kündigung ist die Abnahme allerdings keine Fälligkeitsvoraussetzung (BGH BauR 87, 95). Die Regelung des § 8 Nr. 6 VOB/B gilt für alle Kündigungen.

10.1.1
Die freie Kündigung

Die VOB/B sieht in § 8 Nr. 1 Abs. 1 ein jederzeitiges Kündigungsrecht des Auftraggebers vor. Eines Grundes bedarf es dafür nicht. Zulässig ist auch, obwohl dies nicht ausdrücklich vorgesehen ist, eine Teilkündigung eines abgeschlossenen Teils der Leistung.

Die Folge für den Vergütungsanspruch des Auftragnehmers ergibt sich aus Nr. 1 Abs. 2: dem Auftragnehmer steht die vereinbarte Vergütung zu, er muß sich jedoch dasjenige anrechnen lassen, was er infolge der Aufhebung des Vertrags an Kosten erspart oder durch anderweitige Verwendung seiner Arbeitskraft und seines Betriebes erwirbt oder zu erwerben böswillig unterläßt. Sinn der Regelung ist, daß der Auftragnehmer bezüglich seiner Vergütung aufgrund der Kündigung nicht schlechter, aber auch nicht besser stehen soll, als bei einem vollständig durchgeführten Vertrag. Der Auftragnehmer ist bei der Abrechnung seiner Leistung verpflichtet, seine Ersparnisse darzulegen, da der Auftraggeber hierzu regelmäßig nicht in der Lage ist. Als erspart anzusehen sind die Aufwendungen, die der Auftragnehmer bei Ausführung des Vertrags hätte machen müssen und die er wegen der Kündigung nicht mehr machen muß. Maßstab ist der konkrete Vertrag (BGH BauR 96, 382).

10.1.2
Die Kündigung aus wichtigem Grund

Die VOB/B enthält in § 8 Nr. 2 bis 4 Regelungen für eine Kündigung des Auftraggebers aus Gründen, die in der Person des Auftragnehmers liegen und für die die Vergütungsregelung des jederzeitigen Kündigungsrechts nach Nr. 1 Abs. 2 nicht gilt. § 8 Nr. 2 bis 4 VOB/B ist nicht abschließend. Es sind weitere Gründe denkbar, die es für den Auftraggeber unzumutbar machen, weiter mit dem Auftragnehmer zusammenzuarbeiten.

10.1.2.1
§ 8 Nr. 2 VOB/B

Nach § 8 Nr. 2 Abs. 1 VOB/B kann der Auftraggeber den Vertrag kündigen, wenn der Auftragnehmer seine Zahlungen einstellt, das Vergleichsverfahren beantragt oder in Konkurs gerät.

Eine Zahlungseinstellung liegt vor, wenn der Auftragnehmer wegen eines voraussichtlich dauernden Mangels an Zahlungsmitteln erkennbar nicht in der Lage ist, seine wesentlichen und sofort fälligen Geldschulden zu erfüllen. Eine Zahlungseinstellung liegt noch nicht vor, wenn der Auftragnehmer nur vorübergehend in Geldnöten ist.

Mit dem in § 8 Nr. 2 Abs. 1 VOB/B genannten Vergleichsverfahren ist das gerichtliche Vergleichsverfahren auf der Grundlage der Vergleichsordnung (VerglO) gemeint. Das Verfahren dient dazu, den Konkurs des Schuldners zu vermeiden (§ 1 VerglO), indem alle Gläubiger auf einen bestimmten Anteil an ihrer Forderung verzichten. Der Vergleichsvorschlag bedarf der Zustimmung der Gläubiger (§ 74 VerglO) und der Bestätigung durch das Gericht (§ 78 Abs. 1 VerglO). Kündigungsgrund ist die Beantragung des Vergleichsverfahrens. Die gerichtliche Eröffnung des Verfahrens selbst ist nicht Voraussetzung, da der Antrag nur durch den Betroffenen selbst gestellt werden (§ 2 VerglO) und somit von finanziellen Schwierigkeiten des Betroffenen ausgegangen werden kann.

Anders ist es hinsichtlich des Konkurses. Für diesen Kündigungsgrund muß, wie sich aus den Worten „in Konkurs gerät" ergibt, das Konkursverfahren durch Beschluß des Konkursgerichts eröffnet worden sein. Allein der Antrag auf Eröffnung des Verfahrens genügt nicht, da dieser Antrag von jedermann gestellt werden kann.

§ 8 Nr. 2 Abs. 2 Satz 1 VOB/B verweist hinsichtlich der Vergütung im Falle einer Kündigung nach Abs. 1 auf § 6 Nr. 5 VOB/B. Die bis zur Kündigung ausgeführten Leistungen des Auftragnehmers sind also nach den Vertragspreisen abzurechnen und der Auftragnehmer hat außerdem Anspruch auf Ersatz der Kosten, die ihm bereits entstanden, aber in den Vertragspreisen des nicht ausgeführten Teils der Leistung, für die er keine Vergütung beanspruchen kann, enthalten sind.

Dem Vergütungsanspruch des Auftragnehmers steht das Recht des Auftraggebers nach Nr. 2 Abs. 2 Satz 2 gegenüber, hinsichtlich des nicht ausgeführten Teils der Leistung Schadensersatz wegen Nichterfüllung zu fordern. Der Anspruch geht nicht auf Schadensersatz wegen Nichterfüllung des gesamten Vertrags, sondern es ist zwischen den vom Auftragnehmer erbrachten und nicht erbrachten Leistungen zu trennen. Der Schadensersatzanspruch betrifft nur den nicht ausgeführten Teil der Leistung. Er hat vor allem für die Fälle Bedeutung, in denen dem Auftraggeber für die Fertigstellung des Bauwerkes erhöhte Kosten entstehen. Der Auftraggeber kann hier als Schadensersatz den Differenzbetrag verlangen, der sich aus dem Vergleich der mit dem ursprünglichen Auftragnehmer für die nicht erbrachten Leistungen vereinbarten Vergütung im Verhältnis zu der Vergütung ergibt, die er hierfür tatsächlich einem Drittunternehmer zu zahlen hat. Für den Schadensersatzanspruch ist ein Verschulden des Auftragnehmers hinsichtlich der Umstände, die zur Zahlungseinstellung, dem Antrag auf Eröffnung des Vergleichsverfahrens oder der Eröffnung des Konkursverfahrens geführt haben, nicht Voraussetzung.

10.1.2.2
§ 8 Nr. 3 VOB/B

Nach § 8 Nr. 3 Abs. 1 VOB/B hat der Auftraggeber einen Kündigungsgrund, wenn der Auftragnehmer vor Abnahme Mängel nicht beseitigt, obwohl ihm der Auftraggeber dazu eine angemessene Frist gesetzt hat, verbunden mit der Androhung, den Auftrag nach fruchtlosem Fristablauf zu entziehen (§ 4 Nr. 7 Satz 3 VOB/B)[64] bzw. der Auftragnehmer die unter den Voraussetzungen des § 5 Nr. 4 VOB/B[65] gesetzte Frist fruchtlos verstreichen läßt.

Nach der Kündigung hat der Auftragnehmer Anspruch auf Werklohn für die erbrachten Leistungen, es sei denn, die erbrachte Leistung ist in Folge von Mängeln wertlos (BGH NJW 93, 1972, 1973). Als erbracht in diesem Sinn sind jedoch nicht noch nicht eingebaute Bauteile anzusehen, selbst wenn diese eigens für das Bauvorhaben gefertigt wurden (BGH NJW 95, 1837, 1838).

---

[64] hierzu im einzelnen S. 101 ff
[65] hierzu im einzelnen S. 126 f

Der Auftraggeber hat demgegenüber das Recht, die Restleistungen von dritter Seite auf Kosten des Auftragnehmers fertigstellen zu lassen und einen darüber hinaus bestehenden Schaden zu liquidieren (Nr. 3 Abs. 2 Satz 1). Für die Weiterführung der Arbeiten kann der Auftraggeber Geräte, Gerüste, auf der Baustelle vorhandene andere Einrichtungen und angelieferte Stoffe und Bauteile gegen angemessene Vergütung in Anspruch nehmen (Nr. 3 Abs. 3). Zu einer Inanspruchnahme von Stoffen und Bauteilen im vorgenannten Sinn ist der Auftraggeber jedoch nur in Ausnahmefällen verpflichtet, und zwar unter Berücksichtigung des Gebots von Treu und Glauben (§ 242 BGB). Zu berücksichtigen sind alle Umstände, insbesondere, ob der Auftragnehmer ansonsten keine Verwendungsmöglichkeiten für die Bauteile hat, diese uneingeschränkt tauglich sind und ihre Verwendung dem Auftraggeber zumutbar ist (BGH a. a. O.).

Gemäß Nr. 3 Abs. 4 hat der Auftraggeber dem Auftragnehmer innerhalb von 12 Werktagen nach Abrechnung mit dem Dritten eine Aufstellung über Mehrkosten und seine weiteren Ansprüche zu übersenden. Die Versäumung der Frist führt nicht zu einem Anspruchsverlust, sondern allenfalls zu Schadensersatzansprüchen des Auftragnehmers, wenn er durch die verspätete Übersendung einen Schaden erleidet.[66]

10.1.2.3
§ 8 Nr. 4 VOB/B

Zudem steht dem Auftraggeber gemäß § 8 Nr. 4 VOB/B ein Kündigungsrecht aus wichtigem Grund zu, wenn der Auftragnehmer aus Anlaß der Vergabe des Auftrags eine Abrede getroffen hatte, die eine unzulässige Wettbewerbsbeschränkung enthält. Damit sind sämtliche Abreden des Auftragnehmers mit Dritten erfaßt, die einen Verstoß gegen das Gesetz gegen Wettbewerbsbeschränkungen (GWB, auch Kartellgesetz genannt) darstellen. In der Regel handelt es sich um Preisabsprachen unter den Bewerbern der Ausschreibung für das Bauvorhaben, durch die sich die Vertragspartner verpflichten, ihren Angeboten bestimmte Preise zugrunde zu legen. Eine solche, nach § 1 GWB nichtige Vereinbarung führt nicht zur Nichtigkeit des Bauvertrags, sondern gewährt dem Auftraggeber lediglich das Kündigungsrecht nach § 8 Nr. 4 VOB/B, ohne daß es darauf ankommt, ob er durch die verbotene Kartellabrede einen Schaden erlitten hat. Der Auftraggeber muß die Kündigung nach Nr. 4 Satz 2 innerhalb von 12 Werktagen nach Bekanntwerden des Kündigungsgrundes aussprechen.

Für die Abwicklung des gekündigten Bauvertrags gilt die Regelung wie bei einer Kündigung nach § 8 Nr. 3 (§ 8 Nr. 4 Satz 3 VOB/B). Der Auftragnehmer behält also für die ausgeführten Leistungen seinen Vergütungsanspruch, der Auftraggeber kann aber die nicht ausgeführten Leistungen auf Kosten des Auftragnehmers fertigstellen lassen und u. U. Ersatz eines etwa weiteren Schadens beanspruchen.

---

[66] Heiermann u. a. B § 8 Rdnr. 41

10.1.2.4
Weitere Kündigungsgründe

Bei den in § 8 Nr. 2 bis 4 VOB/B genannten Kündigungsmöglichkeiten handelt es sich um solche aus wichtigem Grund in der Person des Auftragnehmers. Damit sind aber die Fälle einer derartigen Kündigung nicht abschließend geregelt. Es sind weitere Fälle denkbar, in denen dem Auftraggeber die Fortsetzung des Bauvertrags aus einem in der Person oder dem Verhalten des Auftragnehmers liegenden Grund nicht zugemutet werden kann, es aber andererseits nicht gerechtfertigt wäre, den Auftraggeber auf das jederzeitige Kündigungsrecht nach § 8 Nr. 1 VOB/B mit der Folge zu verweisen, daß er dem Auftragnehmer die volle Vergütung abzüglich der ersparten Aufwendungen zahlen muß. In derartigen Fällen ist es geboten, die Abwicklung des gekündigten Bauvertrags entsprechend § 8 Nr. 3 VOB/B durchzuführen (BGH BauR 80, 465, 466).

Ein Kündigungsrecht des Auftraggebers, das zu einer entsprechenden Anwendung des § 8 Nr. 3 VOB/B führt, ist anzunehmen, wenn der Auftragnehmer den Vertragszweck grob gefährdet, seine bisherigen Teilleistungen schwerwiegende Mängel aufweisen, er die Erfüllung ernsthaft und endgültig verweigert oder sich eines groben Vertrauensbruchs schuldig macht. Solche Gründe sind beispielsweise zu bejahen, wenn der Auftragnehmer für die Ausführung der Bauleistung ständig fachlich unqualifizierte Arbeiter einsetzt oder über den Auftraggeber ohne Grund Dritten gegenüber herabsetzende Äußerungen abgibt.

Bei schweren Vertragsverletzungen sind grundsätzlich Fristsetzungen mit Kündigungsandrohungen nicht notwendig, insbesondere wenn der Auftragnehmer auf Abmahnungen nicht reagierte (BGH BauR 96, 704, 706).

Ein Kündigungsrecht wird weiterhin dann angenommen, wenn die Geschäftsgrundlage des Vertrags entfallen[67] und eine Vertragsanpassung nicht möglich ist (BGH NJW 69, 233, 234).

10.1.3
Sonderkündigungsrecht nach § 6 Nr. 7 VOB/B

Nach dieser Vorschrift hat der Auftraggeber das Recht zur Vertragskündigung, wenn die Bauausführung länger als drei Monate unterbrochen war. Voraussetzung ist eine Unterbrechung, also ein Stillstand der Leistungen. Eine Behinderung reicht nicht aus.

Die Kündigung hat schriftlich zu erfolgen. Der Auftragnehmer kann seine Leistungen dann nach § 6 Nr. 5 VOB/B abrechnen: die erbrachten Leistungen sind nach den Vertragspreisen abzurechnen sowie die Kosten zu vergüten, die bereits entstanden, aber in den Vertragspreisen der bereits ausgeführten Leistungen nicht enthalten sind. Soweit der Auftragnehmer den Grund der Unterbrechung nicht zu vertreten hat, hat er auch Anspruch auf die Kosten der Baustellenräumung, soweit diese nicht in den Preisen des bereits erbrachten Leistungsteils enthalten sind (Nr. 7 Satz 2 Halbsatz 2).

---

[67] s. hierzu S. 65

Für den Fall, daß der Auftragnehmer die Unterbrechung im Rechtssinn zu vertreten hat, also fahrlässig oder schuldhaft verursacht hat, ist er dem Auftraggeber gemäß § 6 Nr. 6 VOB/B zudem schadensersatzpflichtig.

10.1.4
Kündigungsrecht wegen Überschreitung des Kostenanschlags (§ 650 BGB)

Das in § 650 Abs. 1 BGB geregelte Kündigungsrecht steht dem Auftraggeber auch bei einem VOB-Vertrag zu. Ist dem Bauvertrag ein Kostenanschlag des Auftragnehmers zugrunde gelegt worden, ohne daß der Auftragnehmer die Gewähr für die Richtigkeit des Anschlags übernommen hat, und ergibt sich, daß das Werk nicht ohne wesentliche Überschreitung des Anschlags ausführbar ist, kann der Auftraggeber den Bauvertrag kündigen.

Das Kündigungsrecht hat also zwei Voraussetzungen: zunächst ist ein Kostenanschlag des Auftragnehmers erforderlich, der dem Vertrag zugrunde gelegt worden ist. Dieser Kostenanschlag muß unverbindlich sein. Garantiert der Auftragnehmer die Preisansätze des Voranschlags, übernimmt er also die Gewähr für die Richtigkeit des Voranschlags, wird der darin vorgesehene Preis Vertragsbestandteil. Der Auftragnehmer kann dann nur die Preise des Voranschlags verlangen. Ein Bedürfnis für ein Kündigungsrecht des Auftraggebers gemäß § 650 BGB besteht hier nicht.

Die zweite Voraussetzung des § 650 BGB ist, daß die Leistung nicht ohne wesentliche Überschreitung des Voranschlags ausgeführt werden kann. Eine Überschreitung, die auf zusätzlichen oder geänderten Leistungen beruht, ist nicht zu berücksichtigen. Im übrigen ist der Anwendungsbereich der Vorschrift beim VOB-Vertrag insoweit begrenzt, als § 2 Nr. 3 VOB/B als vertraglich vorgesehenes Preisanpassungsrecht § 650 BGB vorgeht und in ihrem Anwendungsbereich die Anwendung von § 650 BGB ausschließt. Wann im übrigen eine wesentliche Überschreitung des Voranschlags anzunehmen ist, hängt vom Einzelfall ab. Eine Abweichung bis 10 % dürfte jedenfalls unschädlich sein, eine Überschreitung von mehr als 25 % grundsätzlich das Recht zur Kündigung nach § 650 BGB begründen.[68] Dazwischen kommt es auf die konkreten Umstände des Einzelfalles an.

Um dem Auftraggeber die Möglichkeit zur Reaktion zu geben, sieht § 650 Abs. 2 BGB vor, daß der Auftragnehmer ihn unverzüglich informieren muß, wenn eine Überschreitung des Kostenvoranschlags zu erwarten ist.

Ein Verschulden des Auftragnehmers an der Überschreitung ist nicht notwendig. Ist dies der Fall, so kommt ein Schadensersatzanspruch des Auftraggebers in Betracht.

Kündigt der Auftraggeber nach § 650 BGB, steht dem Auftragnehmer ein Vergütungsanspruch gemäß § 645 Abs. 1 BGB zu, d. h., der Auftragnehmer kann einen der geleisteten Arbeit entsprechenden Teil der Vergütung und Ersatz der in der Vergütung nicht inbegriffenen Auslagen verlangen.

---

[68] Ingenstau/Korbion vor B §§ 8 und 9 Rdnr. 6

10.2
Kündigung durch den Auftraggeber nach BGB

Die Kündigung bedarf im Gegensatz zur VOB/B keiner besonderen Form. Ebenso wie im Fall der einverständlichen Vertragsaufhebung kann bei einer Kündigung die Abnahme der bis zur Kündigung erbrachten Leistungen verlangt werden. Wenn auch die Abnahme anders als bei Durchführung des Bauvertrags nicht Fälligkeitsvoraussetzung für den Vergütungsanspruch des Auftragnehmers ist, besteht hieran doch Interesse, um den Umfang der Teilleistungen und etwa vorhandener Mängel festzustellen, denn der Auftragnehmer bleibt für seine Teilleistung gewährleistungspflichtig, weil die Kündigung den Vertrag nur mit Wirkung für die Zukunft aufhebt, also die bis zur Kündigung entstandenen Rechte und Pflichten nicht berührt werden.

10.2.1
Die freie Kündigung

§ 649 BGB, dem § 8 Nr. 1 VOB/B nachgebildet ist, gewährt ebenfalls dem Auftraggeber das jederzeitige Recht, den Bauvertrag bis zur Vollendung des Werkes zu kündigen. Kündigungsgründe, etwa in der Person oder der Leistung des Auftragnehmers, sind nicht notwendig. Es genügt vielmehr, daß er gegenüber dem Auftragnehmer die Kündigung ausspricht. Eine besondere Form hierfür ist nicht vorgesehen. Die Kündigung kann also auch mündlich erfolgen.

Eine freie Kündigung hat allerdings wie bei der VOB/B für den Auftraggeber zur Folge, daß er dem Auftragnehmer nach § 649 Satz 2 BGB die vereinbarte Vergütung zu zahlen hat. Der Auftragnehmer muß sich lediglich dasjenige anrechnen lassen, was er infolge der Aufhebung des Vertrags an Aufwendungen erspart oder durch anderweitige Verwendung seiner Arbeitskraft erwirbt oder zu erwerben böswillig unterläßt. Die Regelung dient dem Vertrauensschutz des Auftragnehmers, der im Hinblick auf die Erfüllung des Vertrags finanzielle Dispositionen vorgenommen hat und durch die Kündigung finanziell keine Einbuße erleiden soll. Für die Höhe der Vergütung ist der Auftragnehmer beweispflichtig. Ebenso hat er die Höhe der ersparten Aufwendungen darzulegen, da der Auftraggeber dazu aus eigener Kenntnis nichts vortragen kann.

10.2.2
Die Kündigung aus wichtigem Grund

Diese Vergütungsregelung ist in den Fällen nicht gerechtfertigt, in denen der Auftraggeber den Vertrag kündigt, weil ihm aus Gründen, die in der Person oder dem Verhalten des Auftragnehmers liegen, die weitere Fortsetzung des Vertrags nicht mehr zuzumuten ist. Die Rechtsprechung hat deshalb den Grundsatz aufgestellt, daß § 649 Satz 2 BGB nicht gilt, wenn der Auftragnehmer dem Auftraggeber einen wichtigen Grund für die Kündigung gegeben hat (BGH BauR 75, 280, 281). Dann hat der Auftragnehmer nur Anspruch auf Vergütung für die bereits von ihm erbrachten Leistungen. Stellt der Kündigungsgrund eine schuldhafte Vertragsverletzung dar, so haftet der Auftragnehmer für den daraus resultierenden Schaden.

Ein solcher wichtiger Kündigungsgrund liegt in jedem Verhalten des Auftragnehmers, durch das der Vertragszweck gröblich gefährdet wird, etwa bei groben Mängeln der bisher erbrachten Teilleistungen (BGH a. a. O.), oder wenn der Auftragnehmer für die Bauleistungen völlig ungeeignete Arbeiter einsetzen will. Der Auftraggeber braucht sich auf den wichtigen Grund nicht bereits in seiner Kündigungserklärung zu berufen, um die Vergütungsregelung des § 649 Satz 2 BGB auszuschließen. Entscheidend ist allein, ob der wichtige Grund im Zeitpunkt der Kündigungserklärung vorlag. Dann kann der Auftraggeber diesen Kündigungsgrund später jederzeit „nachschieben" (BGH a. a. O.).

Eine Kündigung kann auch dann gerechtfertigt sein, wenn die Geschäftsgrundlage des Vertrags entfallen[69] und eine Anpassung des Vertrags nicht möglich ist (BGH NJW 69, 233, 234).

10.2.3
§ 650 BGB

Das Kündigungsrecht nach § 650 BGB ist bereits im Rahmen der VOB-Regelung geschildert. Hierauf kann verwiesen werden (S. 175). Zu berücksichtigen ist allerdings insoweit, daß die Regelung des § 2 Nr. 3 VOB/B beim BGB-Vertrag nicht gilt, so daß der Anwendungsbereich der Vorschrift erheblich weiter ist.

10.3
AGB

§ 8 VOB kann ohne weiteres auch isoliert vereinbart werden, ein Verstoß gegen das AGBG ist nicht ersichtlich. Neben den in § 8 Nr. 2–4 VOB/B vorgesehenen Kündigungsgründen können weitere Anlässe vereinbart werden, die zur Kündigung aus wichtigem Grund berechtigen.

Es ist strittig, ob es möglich ist, das freie Kündigungsrecht des Auftraggebers einzuschränken und nur eine Kündigung aus wichtigem Grund zuzulassen.[70]

Die Regelung, wonach der Auftragnehmer im Fall der freien Kündigung durch den Auftraggeber seinen vollen Werklohnanspruch behält, ist in AGB nicht abdingbar. Eine für den Auftraggeber folgenfreie Kündigung ist nicht angemessen (BGH NJW 95, 526).

Dies stellt insbesondere auch einen Eingriff in den Kernbereich der VOB/B dar, so daß diese nicht mehr als Ganzes vereinbart anzusehen ist. Der BGH (a. a. O.) hat in diesem Sinne zu folgender Klausel Stellung genommen:

„Der HU ist jederzeit berechtigt, vom Vertrag mit dem NU zurückzutreten, wenn die Arbeiten durch höhere Gewalt oder vom AG des HU eingestellt, gar

---

[69] dazu S. 65
[70] dafür Ingenstau/Korbion B § 8 Rdnr. 16

nicht oder nur teilweise ausgeführt werden. Der NU hat in einem solchen Fall nur Anspruch auf Abrechnung der bereits ausgeführten Arbeiten, es sei denn, der NU weist nach, daß er in bestimmter Höhe weitergehende Aufwendungen hatte. "

Ebenso unwirksam sind Klauseln, die dem Auftragnehmer im Fall der freien Kündigung eine vorläufige Vergütung ohne jeden Abzug für ersparte Aufwendungen sichert (vgl. BGHZ 60, 353, 356).

Fraglich ist, inwieweit der Auftragnehmer die ersparten Aufwendungen pauschalieren kann, so wie dies in den allgemeinen Vertragsbestimmungen der Architekten regelmäßig geschieht. Hierzu hat der BGB (NJW 97, 259, 260) folgende Grundsätze aufgestellt: Derartige Klauseln müssen sich an §§ 11 Nr. 5b und 10 Nr. 7 AGBG messen lassen. Dies heißt, daß dem Vertragspartner des Auftragnehmers in entsprechender Anwendung des § 11 Nr. 5b AGBG die Möglichkeit eingeräumt werden muß nachzuweisen, daß die ersparten Aufwendungen ggf. höher als die in den AGB vorgesehene Pauschale ist. Weiterhin darf eine solche Klausel nicht zu einer unangemessen hohen Vergütung des Auftragnehmers führen (§ 10 Nr. 7 AGBG). Prüfungsmaßstab für die Angemessenheit der pauschalierten Vergütung ist jeweils das, was ohne die Klausel geschuldet würde, wobei zu berücksichtigen ist, daß der Auftragnehmer aus einer freien Kündigung regelmäßig keinen größeren Vorteil ziehen darf als bei einem durchgeführten Vertrag (BGH a. a. O.).

Die vorgenannten Regeln sind auch im kaufmännischen Verkehr anzuwenden (BGH NJW 94, 1060, 1068).

Im Fall eines Fertighausvertrags hat der BGH (BauR 95, 546) einen pauschalierten Vergütungsanspruch in Höhe von 10 % des Vertragspreises wohl als angemessen angesehen.

10.4
Kündigung durch den Auftragnehmer

Im Gegensatz zum Auftraggeber hat der Auftragnehmer weder bei einem BGB- noch bei einem VOB-Vertrag ein freies Kündigungsrecht. Der Grund hierfür ist einleuchtend. Die Möglichkeit einer freien Kündigung durch den Auftraggeber hat für den Auftragnehmer die Folge, daß er seinen Vergütungsanspruch, allerdings abzüglich der ersparten Aufwendungen, behält. Der Auftragnehmer, der ein Interesse an der Zahlung der Vergütung hat, erleidet also durch die Kündigung des Auftraggebers keinen Nachteil. Anders wäre es, wenn auch der Auftragnehmer das Recht hätte, den Bauvertrag beliebig aufzulösen. Der Auftraggeber, der die Bauarbeiten einem Dritten übertragen müßte, würde unter Umständen einen Schaden dadurch erleiden, daß er für die Beauftragung des Dritten erhöhte Kosten aufwenden müßte und sich außerdem die Durchführung des Bauvorhabens verzögern würde. Deshalb steht dem Auftragnehmer das Recht zur Kündigung nur zu, wenn ein besonderer Kündigungsgrund gegeben ist.

10.4.1
VOB/B

10.4.1.1
Kündigung aus wichtigem Grund

Kündigungsrechte des Auftragnehmers sind in § 9 Nr. 1 VOB/B geregelt. Daneben hat der Auftragnehmer das Recht zur Kündigung des Bauvertrags aus wichtigem Grund immer dann, wenn ihm aufgrund eines Verhaltens des Auftraggebers die Fortsetzung des Vertrags nicht mehr zuzumuten ist. Ein solcher Fall liegt z. B. vor, wenn der Auftraggeber den Auftragnehmer unberechtigt Straftaten bezichtigt oder die Zahlung von fälligen Abschlagszahlungen ernsthaft und endgültig verweigert. Die Rechtsfolgen der Kündigung aus Gründen, die in der VOB/B nicht vorgesehen sind, entsprechen den in der VOB/B geregelten.

Nach Nr. 1a kann der Auftragnehmer den Vertrag kündigen, wenn der Auftraggeber eine ihm obliegende Handlung unterläßt und dadurch den Auftragnehmer außerstande setzt, die Leistung auszuführen. Weiter besteht ein Kündigungsrecht für den Auftragnehmer nach Nr. 1b, wenn der Auftraggeber eine fällige Zahlung nicht leistet oder sonst in Schuldnerverzug gerät. Die Voraussetzungen einer Kündigung nach Nr. 1 und die Folgen der Kündigung sind bereits dargestellt worden.[71]

Gemäß § 9 Nr. 2 Satz 1 VOB/B hat die Kündigung stets schriftlich zu erfolgen. Die Rechtsfolgen der Kündigung ergeben sich aus § 9 Nr. 3 VOB/B: der Auftragnehmer hat das Recht, die erbrachten Leistungen nach den Vertragspreisen abzurechnen sowie einen Anspruch auf eine Entschädigung gemäß § 642 BGB.[72] Ein Schadensersatzanspruch besteht dann, wenn der Auftraggeber den zur Kündigung berechtigenden Grund im Rechtssinne zu vertreten hat.

10.4.1.2
Sonderkündigungsrecht nach § 6 Nr. 7 VOB/B

Das Recht, den Vertrag nach dreimonatiger Unterbrechung der Leistung schriftlich zu kündigen, steht auch dem Auftragnehmer zu. Die Abrechnung der erbrachten Leistungen erfolgt gemäß § 6 Nr. 5. Kosten, die in den Preisen der erbrachten Leistungen nicht enthalten sind, können ebenfalls abgerechnet werden, die Kosten der Baustellenräumung nur dann, wenn der Auftragnehmer die Unterbrechung nicht zu vertreten hat. Weiter hat der Auftragnehmer Schadensersatzansprüche, soweit der Auftraggeber die Unterbrechung zu vertreten hat (§ 6 Nr. 6 VOB/B).

---

[71] s. S. 139, 142, 146 f
[72] s. S. 142 f

10.4.2
BGB

Der Auftragnehmer hat nach § 643 BGB die Möglichkeit, den Bauvertrag zu kündigen, wenn der Auftraggeber mit einer ihn treffenden Mitwirkungspflicht im Annahmeverzug ist. Die Einzelheiten dieses Kündigungsrechts und seine Folgen sind im Zusammenhang mit den Pflichtverletzungen des Auftraggebers dargestellt worden (S. 147 f).

Darüber hinaus hat der Auftragnehmer auch beim BGB-Vertrag das Recht zur Kündigung des Bauvertrags aus wichtigem Grund immer dann, wenn ihm aufgrund eines Verhaltens des Auftraggebers die Fortsetzung des Vertrags nicht mehr zuzumuten ist.

Kündigt der Auftragnehmer, steht ihm grundsätzlich nur ein Vergütungsanspruch für die bisher geleistete Arbeit sowie der Entschädigungsanspruch gemäß § 642 BGB zu. Den entgangenen Gewinn für die nicht erbrachten Leistungen kann er nur dann beanspruchen, wenn im Verhalten des Auftraggebers eine schuldhafte positive Vertragsverletzung vorliegt, die den Auftragnehmer zum Schadensersatz berechtigt. Allerdings wird dies in der Regel anzunehmen sein, wenn der Auftragnehmer einen wichtigen Grund zur Kündigung hat.

10.5
Weitere Auflösungsmöglichkeiten bei einem BGB-Vertrag

Während ein VOB-Vertrag außer durch Anfechtung oder einverständliche Vertragsauflösung nur durch eine Kündigung vorzeitig aufgelöst werden kann, ist dies bei einem BGB-Vertrag beim Vorliegen entsprechender rechtlicher Voraussetzungen auch durch Rücktritt, Wandelung oder das Verlangen auf Schadensersatz wegen Nichterfüllung möglich. Die Gründe für die genannten Auflösungsvarianten berechtigen allerdings auch einen Vertragspartner bei einem VOB-Vertrag zur vorzeitigen Beendigung des Bauvertrags. Nur sieht die VOB/B für die Auflösung einheitlich die Kündigung vor.

10.5.1
Rechte des Auftraggebers

Der Auftraggeber hat nach § 636 BGB das Recht, vom Bauvertrag zurückzutreten, wenn der Auftragnehmer seine Leistung nicht rechtzeitig erbringt. Außerdem kann er unter den Voraussetzungen des § 326 BGB Schadensersatz wegen Nichterfüllung verlangen, wodurch ebenfalls der Bauvertrag vorzeitig beendet wird, weil der Auftragnehmer zur weiteren Ausführung der Bauleistung nicht mehr verpflichtet ist. Zu berücksichtigen ist, daß die Rechte aus § 326 BGB dem Auftraggeber neben den Rechten aus §§ 633 bis 635 BGB zustehen (BGH NJW 97, 50). Die Voraussetzungen und die Folgen des Anspruchs gemäß §§ 636, 326 BGB sind bereits auf S. 127 ff dargestellt worden. Die § 636 BGB entsprechende Regelung für den VOB-Vertrag findet sich in § 5 Nr. 4 i. V. m. § 8 Nr. 3.

Weiter hat der Auftraggeber das Recht, den Bauvertrag durch Wandelung vorzeitig zu beenden. Allerdings hat dies kaum praktische Bewandtnis, da die Frist für die Beseitigung der Mängel nicht vor der Ablieferung des Bauwerkes ablaufen darf (§ 634 Abs. 1 Satz 2 BGB). Die Voraussetzungen und Folgen dieses Rechts sind auf S. 107 f dargestellt. Die korrespondierende, inhaltlich aber abweichende Regelung für den VOB-Vertrag findet sich in § 4 Nr. 7 Satz 3 i. V. m. § 8 Nr. 3.

10.5.2
Rechte des Auftragnehmers

Der Auftragnehmer kann vom Bauvertrag zurücktreten oder Schadensersatz wegen Nichterfüllung unter den Voraussetzungen des § 326 BGB verlangen, wenn der Auftraggeber mit einer Hauptpflicht, insbesondere einer fälligen Zahlung, vor Beendigung der Bauarbeiten in Verzug gerät. Die Voraussetzungen und Folgen der Ansprüche des Auftragnehmers sind auf S. 140 f nachzulesen. Für den VOB-Vertrag findet sich die entsprechende Regelung in § 9 Nr. 1b.

11 Verjährung der Ansprüche der Vertragspartner

Jeder Anspruch ist nur solange durchsetzbar, wie für ihn die Verjährungsfrist noch nicht abgelaufen ist. Durch den Eintritt der Verjährung erlischt zwar der Anspruch nicht, aber der Verpflichtete ist nach § 222 Abs. 1 BGB berechtigt, die Leistung zu verweigern. Das Leistungsverweigerungsrecht wird in einem Rechtsstreit vom Gericht nicht automatisch berücksichtigt; vielmehr muß der Schuldner die sog. Einrede der Verjährung erheben. Unterläßt er dies, wird er, sofern er zur Leistung verpflichtet ist, verurteilt, und er kann die erbrachte Leistung später nicht mehr zurückfordern, auch wenn er vom Eintritt der Verjährung keine Kenntnis hatte (§ 222 Abs. 2 BGB).

Die grundsätzlichen Vorschriften über die Verjährung enthält das BGB in §§ 194 bis 225. Daneben finden sich zum Teil äußerst bedeutsame Bestimmungen über die Verjährung im Zusammenhang mit der Regelung einzelner Ansprüche, so im Werkvertragsrecht hinsichtlich der Gewährleistung in § 638 BGB.

Eine auch nur annähernd gleiche Verjährungsfrist für alle Ansprüche sieht das Gesetz nicht vor. § 195 BGB nennt zwar als regelmäßige Verjährungsfrist 30 Jahre, von dieser Regel gibt es aber so viele Ausnahmen, daß man den Regelfall eher als den Ausnahmefall bezeichnen kann. Er greift erst dann ein, wenn für den in Frage stehenden Anspruch keine besondere Verjährungsregelung getroffen ist.

Wegen der häufig relativ kurzen Verjährungsfristen besteht ein erhebliches Bedürfnis, deren Ablauf zu verhindern. Das Gesetz sieht daher verschiedene Möglichkeiten vor, den Lauf der Verjährungsfristen zu hemmen oder zu unterbrechen. Die Hemmung hat nach § 205 BGB die Wirkung, daß der während der Zeit der Hemmung abgelaufene Zeitraum in die Verjährungsfrist nicht eingerechnet wird. Die Unterbrechung hat nach § 217 BGB die Wirkung, daß die bis zur Unterbrechung verstrichene Zeit in die Verjährungsfrist nicht eingerechnet wird, vielmehr nach Beendigung der Unterbrechung die Verjährung erneut zu laufen beginnt.

Der praktisch bedeutsamste Fall der Hemmung ist die Stundung der Leistung (§ 202 Abs. 1 BGB). Eine Stundung im Sinne dieser Bestimmung liegt vor, wenn die Parteien nach Fälligkeit des Vergütungsanspruchs vereinbaren, daß der Auftragnehmer seine Forderung für eine gewisse Zeit nicht geltend machen soll. Dann hat die Hemmung die Wirkung, daß die Verjährungsfrist während des Stundungszeitraumes nicht läuft.

Der praktisch bedeutsamste Fall der Unterbrechung der Verjährung ist die gerichtliche Geltendmachung des Anspruchs, sei es durch Klageerhebung oder durch Mahnbescheid (§ 209 Abs. 1 und Abs. 2 Nr. 1 BGB). Im Falle der Klageerhebung endet die Unterbrechung nach § 211 Abs. 1 BGB grundsätzlich, wenn der Prozeß rechtskräftig entschieden oder anderweitig erledigt worden ist. Das gleiche gilt, wenn der Gläubiger die Forderung zunächst durch Mahnbescheid geltend gemacht hat und sich hieran ein streitiges Verfahren anschließt (§§ 213 Satz 1, 212a Satz 1 BGB). Ansprüche aus einem rechtskräftig entschiedenen Verfahren verjähren in 30 Jahren (§ 218 Abs. 1 Satz 1 BGB).

Ein praktisch häufig vorkommender Fall der Verjährungsunterbrechung ist außerdem das Anerkenntnis des Anspruchs durch den Schuldner, sei es durch ausdrückliche Erklärung oder durch ein konkludentes Verhalten, wie eine Abschlagszahlung, Zinszahlung oder Sicherheitsleistung (§ 208 BGB). Eine Beendigung der Unterbrechung erfolgt bei einem Anerkenntnis am Tag nach der Abgabe des Anerkenntnisses.

Hemmung und Unterbrechung haben die dargestellten Wirkungen nur, wenn der Anspruch nicht bereits verjährt ist. Ist bereits Verjährung eingetreten, kann eine die Verjährung hemmende oder unterbrechende Handlung die Verjährung nicht mehr beseitigen. Eine nach dem Eintritt der Verjährung vorgenommene entsprechende Handlung kann allerdings einen Verzicht auf die Einrede der Verjährung bedeuten.

Vereinbarungen über die Verjährung sind nur im Rahmen des § 225 BGB möglich. Gemäß § 225 Satz 1 BGB ist der Ausschluß und die Erschwerung, also die Verlängerung, der Verjährung grundsätzlich nicht zulässig. Es bestehen jedoch gesetzliche Ausnahmen, wie § 638 Abs. 2 BGB für das Werkvertragsrecht. Eine Erleichterung, also Abkürzung der Frist, ist dagegen allgemein möglich (§ 225 Satz 2 BGB).

11.1
Verjährung von Vergütungsansprüchen

11.1.1
Gesetzliche Lage

Die einschlägige Vorschrift für die Verjährung des Vergütunganspruchs des Auftragnehmers ist § 196 Abs. 1 Nr. 1 BGB, auch soweit es sich um einen VOB-Vertrag handelt, weil die VOB/B keine Sonderregelung vorsieht. Danach verjähren Ansprüche von Kaufleuten und Handwerkern für die Ausführung von Arbeiten in zwei Jahren, es sei denn, daß die Leistung für den Gewerbebetrieb des Schuldners, also des Auftraggebers, erfolgt; in diesem Fall gilt nach § 196 Abs. 2 BGB eine Verjährungsfrist von vier Jahren. Die Regelung des § 196 Abs. 1 Nr. 1 BGB findet für den Auftragnehmer auch dann Anwendung, wenn er weder Kaufmann i. S. d. HGB noch Handwerker ist, weil es sich bei der Bauleistung als Grundlage des Vergütungsanspruchs im wesentlichen um eine handwerkliche Tätigkeit handelt (BGHZ 39, 255).

Um feststellen zu können, wann die zwei- oder vierjährige Verjährungsfrist abläuft, ist die Kenntnis vom Beginn der Verjährungsfrist Voraussetzung. Nach § 198 Satz 1 BGB beginnt die Verjährung mit der Entstehung des Anspruchs, also mit dem Zeitpunkt, in dem der Anspruch klageweise geltend gemacht werden kann. Dafür ist Fälligkeit des Anspruchs erforderlich. Das ist hinsichtlich des Vergütungsanspruchs des Auftragnehmers bei einem BGB-Vertrag nach § 641 Abs. 1 BGB mit der Abnahme und bei einem VOB-Vertrag nach § 16 Nr. 3 VOB/B zwei Monate nach Erteilung der Schlußrechnung der Fall. Auch zu diesem Zeitpunkt fängt aber die Verjährungsfrist nach § 201 BGB noch nicht zu laufen an. Vielmehr beginnt die Verjährungsfrist für Ansprüche, die gemäß § 196 BGB verjähren, erst mit dem Schluß des Jahres zu laufen, in dem der Anspruch fällig geworden ist. Hat also beispielsweise der Auftragnehmer am 30.06.1996 bei einem VOB/B-Vertrag seine Schlußrechnung erteilt, beginnt die zwei- oder vierjährige Verjährungsfrist für seinen Vergütungsanspruch mit Ablauf des 31.12.1996 zu laufen, so daß sein Anspruch bei Annahme einer zweijährigen Verjährungsfrist mit Ablauf des 31.12.1998 verjährt.

11.1.2
AGB

Die Verkürzung der Verjährungsfrist des § 196 BGB auf sechs Monate nach Übersendung der Schlußrechnung an den Auftraggeber wurde als unangemessen angesehen, da der Auftraggeber es hinsichtlich der für ihn geltenden Verjährungsfristen bei den Regelungen des BGB beließ (OLG Düsseldorf BauR 88, 222).

11.2
Verjährung des Anspruchs auf mangelfreie Leistung

Die Frage, wann die Ansprüche des Auftraggebers verjähren, die sich aus einer vertragswidrigen oder mangelhaften Bauleistung des Auftragnehmers ergeben, läßt sich nicht einheitlich beantworten. Es ist zu differenzieren für die Zeit vor und nach der Abnahme und im zweiten Fall zwischen der Regelung des BGB und der VOB/B.

11.2.1
Gewährleistungsfristen vor Abnahme

Ansprüche des Auftraggebers, die vor Abnahme, also während der Ausführung des Bauvorhabens geltend gemacht worden sind, verjähren beim BGB- und VOB-Vertrag mangels besonderer Verjährungsvorschrift gemäß § 195 BGB nach 30 Jahren. Die Verjährungsfristen für die Gewährleistungsansprüche greifen nicht ein, weil sie erst ab Abnahme gelten. Die 30jährige Verjährungsfrist ist aber dennoch aus folgenden Gründen die Ausnahme: hat der Auftragnehmer das Bauwerk fertiggestellt und ist es vom Auftraggeber abgenommen worden, gilt nunmehr für die noch nicht erledigten Ansprüche des Auftraggebers wegen vorhandener Mängel im Zeitpunkt der Bauausführung nicht mehr die 30jährige Verjährungsfrist, sondern die in der VOB/B oder beim BGB vorgesehene Gewährleistungsfrist (BGH BauR 72, 172); denn der bis zur Abnahme nicht erledigte Anspruch des Auftraggebers wandelt sich in einen Gewährleistungsanspruch um (BGH BauR

82, 277). Verweigert der Auftraggeber die Abnahme endgültig, gelten von diesem Zeitpunkt an ebenfalls die Gewährleistungsfristen (BGH NJW 70, 421, 422)

11.2.2
Gewährleistungsfristen nach Abnahme

11.2.2.1
Gemeinsamkeiten beim VOB- und BGB-Vertrag

Arbeiten an Bauwerken und Grundstücken

Zunächst ist in diesem Zusammenhang auf eine sowohl den BGB- als auch den VOB/B-Vertrag betreffende sprachliche Besonderheit hinzuweisen. Bei beiden Regelungen, § 638 Abs. 1 BGB einerseits und § 13 Nr. 4 VOB/B andererseits, ist eine unterschiedliche Verjährungsregelung für Leistungen für Bauwerke auf der einen Seite und an Grundstücken auf der anderen Seite vorgesehen. Die juristischen Definitionen für Bauwerk und Grundstück weichen vom allgemeinen Sprachgebrauch erheblich ab. Als Leistungen für Bauwerke werden alle Arbeiten angesehen, die der Neuerrichtung eines Bauwerkes dienen, darüber hinaus aber auch solche Leistungen, die für die Erneuerung oder den Bestand eines Bauwerkes von wesentlicher Bedeutung sind, sofern eine feste Verbindung mit dem Gebäude vorliegt (BGH NJW 93, 3195). Eine technische Anlage, die selbst kein Bauwerk ist, wird dann als Arbeiten an Bauwerken angesehen, wenn sie in ein Bauwerk integriert ist und seiner Herstellung dient (BGH BauR 97, 1018). Die übrigen Leistungen sind im Rechtssinne als Arbeiten am Grundstück zu werten, selbst wenn diese an einem Gebäude durchgeführt werden, so z. B. Ausbesserungsarbeiten an Putz oder Mauerwerk oder einen Anstrich, der allein zur Verschönerung dient.

Da die für die Dauer der Verjährungsfrist erhebliche Unterscheidung sich der Kategorisierung entzieht und am Einzelfall orientiert ist (BGH NJW 93, 3195), wird im folgenden auf die wichtigsten Entscheidungen hingewiesen, in denen Bauleistungen als Arbeiten bei einem Bauwerk angesehen worden sind:

- Ausschachtung einer Baugrube (BGHZ 68, 208),
- Erstellung eines Hofbelags aus Betonformsteinen mit Kiestragschicht und dünner Zwischenschicht aus Sand zur Nutzung durch LKW und Gabelstapler und als Lagerfläche für Grabsteine (BGH BauR 93, 217),
- Hofbefestigung aus Verbundpflaster im Mörtelbett (OLG Köln BauR 93, 218),
- Ein- oder Umbau einer Zentralheizung (OLG Köln NJW-RR 95, 337),
- Einbau von Aufzügen,
- Dachreparatur (BGHZ 19, 319, 325 f),
- Einbau einer kompletten Papierentsorgungsanlage in ein Verwaltungsgebäude (BGH NJW 87, 837),
- Isolierung der Kelleraußenwände und Verlegung von Drainagerohren (BGH NJW 84, 168),
- Verlegen und anschließendes Versiegeln eines Spezialfußbodenbelags (BGHZ 53, 43),
- nachträgliche Verlegung eines Teppichbodens mittels Kleber in einer Wohnung (BGH NJW 91, 2486),

- Einbau einer serienmäßig hergestellten Einbauküche unter Anpassung an die besonderen Wünsche des Auftraggebers (BGH NJW-RR 90, 787),
- Einbau einer Alarmanlage in ein Kaufhaus (OLG Hamm NJW 76, 1269), nicht jedoch für ein Wohnhaus (OLG Frankfurt NJW 88, 2546), der BGH hat letzteres bislang offengelassen (BGH BauR 91, 741),
- Verfüllen von Arbeitsräumen nach Fertigstellung der Rohbauarbeiten (OLG Düsseldorf BauR 95, 244),
- Hausanstrich zum Zweck des Substanzschutzes eines Gebäudes (BGH NJW 93, 3195).

Demgegenüber wurden als Arbeiten an einem Grundstück u. a. angesehen:
- nachträgliche Herstellung eines Dachgartens auf der Dachterrasse eines fertigen Wohnhauses (OLG München NJW-RR 90, 917),
- Erneuerung eines Hausanstrichs zur Verschönerung der Fassade (OLG Köln,
- NJW-RR 89, 1181),
- Anbringung einer Lichtreklame an einem Gebäude (OLG Hamm NJW 90, 789, anderer Auffassung: OLG Hamm BauR 95, 240),
- Anbringung von Reklameschildern am Gebäude (OLG München BauR 92, 631),
- Heizöltank, der lediglich in das Erdreich eingebettet und an die vorhandene Ölzufuhrleitung angeschlossen wurde (BGH NJW 86, 1927),
- Errichtung einer Abwasser-Kreislaufanlage für eine Autowasch- und Werkstattanlage (BGH BauR 97, 1018),
- Ausbesserung einzelner Gebäudeschäden (BGHZ 19, 319, 322).

Verjährung bei arglistigem Verschweigen des Mangels

Gemäß § 638 Abs. 1 Satz 1 BGB gilt, daß das arglistige Verschweigen eines Mangels zu einer Verjährungsfrist von 30 Jahren führt. Die VOB/B kennt keine entsprechende Regelung; es wird jedoch einhellig anerkannt, daß die 30-Jahre-Frist auch in diesem Fall gilt (BGH VersR 65, 245, 246).

Arglistig verschweigt, wer sich bewußt ist, daß ein bestimmter Umstand für den Vertragspartner von Erheblichkeit ist, diesen Umstand jedoch verschweigt, obwohl er nach Treu und Glauben zur Offenlegung verpflichtet ist (BGH BauR 86, 215, 216). Einem arglistigen Verschweigen wird das arglistige Vorspiegeln nichtbestehender Umstände gleichgesetzt. Weiß der Auftragnehmer von einem Mangel und weist den Auftraggeber darauf nicht hin, so handelt er arglistig.

Der BGH hat den Anwendungsbereich der Vorschrift dadurch erweitert, daß er Arglist ebenfalls dann annimmt, wenn der Auftragnehmer die Bauleistung arbeitsteilig erstellen läßt und nicht gleichzeitig die organisatorischen Voraussetzungen dafür schafft, daß bei Abnahme von seiner Seite die Frage der Mangelfreiheit richtig beurteilt werden kann und der Mangel bei richtiger Organisation erkannt worden wäre (BGH BauR 92, 500).

Hemmung und Unterbrechung

Für die Hemmung und Unterbrechung der Gewährleistungsfrist gelten zunächst die allgemeinen gesetzlichen Vorschriften der §§ 202 ff BGB.

Daneben findet § 639 BGB Anwendung, der auch beim VOB-Vertrag uneingeschränkt gilt (BGHZ 48, 108). § 639 Abs. 2 BGB enthält eine eigenständige bedeutsame Hemmungsregelung. Danach ist die Verjährung der Gewährleistungsansprüche gehemmt, wenn der Auftragnehmer seine Leistung im Einverständnis mit dem Auftraggeber einer Prüfung unterzieht, ob ein Mangel vorhanden oder wie er zu beseitigen ist. Aus welchem Grund der Auftragnehmer die Prüfung vornimmt, ist ohne Bedeutung. Auch wenn er erklärt, daß er hierzu rechtlich nicht verpflichtet sei, aber dennoch eine Prüfung durchführt, greift § 639 Abs. 2 BGB ein. Die Hemmung betrifft nur den konkret untersuchten Mangel und dauert solange, bis der Auftragnehmer dem Auftraggeber das Ergebnis der Prüfung mitteilt oder ihm gegenüber den Mangel für beseitigt erklärt oder die Fortsetzung der Beseitigung verweigert (§ 639 Abs. 2, letzter Halbsatz BGB).

Gemäß § 639 Abs. 1 BGB ist § 477 Abs. 2 BGB anwendbar. Nach § 477 Abs. 2 BGB wird die Verjährung der Gewährleistungsansprüche unterbrochen, wenn der Auftraggeber die Durchführung eines selbständigen Beweisverfahrens gemäß §§ 485 ff ZPO[73] beantragt. Die Unterbrechung der Gewährleistungsfrist betrifft nur die in dem Verfahren geltend gemachten Mängel. Die Unterbrechung dauert bis zur Beendigung dieses Verfahrens, die mit der Übersendung des Gutachtens an die Parteien eintritt, sofern nicht eine mündliche Erläuterung durch den Sachverständigen vor Gericht stattfindet (BGH BauR 93, 221). Von erheblicher praktischer Bedeutung ist, daß die Streitverkündung[74] auch im Rahmen des selbständigen Beweisverfahrens die Verjährung unterbricht. Dies war lange streitig, ist vom BGH (BauR 97, 347) jedoch nunmehr in diesem Sinne entschieden worden.

Gemäß § 639 Abs. 1 BGB i. V. m. § 477 Abs. 3 BGB bewirkt die Hemmung oder Unterbrechung der Verjährung eines Gewährleistungsanspruchs auch die Hemmung oder Unterbrechung der anderen Gewährleistungsansprüche. Dies bedeutet, daß der Auftraggeber, der nach der Regelung der VOB/B primär einen Nachbesserungsanspruch hat und dessen Verjährung hemmt oder unterbricht, auch die Verjährung für Minderung oder Schadensersatz unterbricht.

Leistungsverweigerungsrechte des Auftraggebers

Auswirkungen auf die Verjährung haben darüber hinaus die gemäß § 639 Abs. 1 BGB ebenfalls anwendbaren §§ 478, 479 BGB.

Nach § 478 Abs. 1 BGB kann der Auftraggeber, wenn er dem Auftragnehmer einen Mangel der Bauleistung vor Ablauf der Gewährleistungsfrist angezeigt hat, die Zahlung der Vergütung auch nach Ablauf der Gewährleistungsfrist insoweit verweigern, als er aufgrund des Mangels einen Wandelungs- oder Minderungsanspruch hätte. Die Mängelanzeige kann formlos erfolgen. Wie bei jeder Mangelanzeige ist auch hier Voraussetzung für die Wirksamkeit, daß die Mangelerscheinung hinreichend konkret bezeichnet wird. Die Vorschrift gibt dem Auftraggeber nur das Recht, die Zahlung des (Rest-)Werklohns nach Ablauf der Gewährlei-

---

[73] s. hierzu S. 195 f
[74] s. hierzu S. 194

stungsfrist zu verweigern, nicht jedoch dann noch Zahlungsansprüche wegen des Mangels geltend zu machen.

Er kann außerdem nach § 479 BGB mit einem Anspruch auf Schadensersatz wegen Nichterfüllung gemäß § 635 BGB auch nach Verjährung dieses Anspruchs aufrechnen, wenn er den den Schadensersatzanspruch begründenden Mangel dem Auftragnehmer vor Ablauf der Gewährleistungsfrist gemäß § 478 BGB angezeigt hat.

11.2.2.2
Gewährleistungsfristen beim VOB-Vertrag

Dauer der Gewährleistung

Die Gewährleistungsfristen der VOB/B sind in § 13 Nr. 4 VOB/B geregelt. Nach Abs. 1 beträgt diese für Bauwerke und Holzkrankheiten zwei Jahre, für Arbeiten an einem Grundstück und für die vom Feuer berührten Teile von Feuerungsanlagen ein Jahr. Nach Abs. 2 beträgt die Verjährungsfrist bei maschinellen und elektrotechnischen/elektronischen Anlagen bzw. Teilen davon, bei denen die Wartung Einfluß auf die Sicherheit und Funktionsfähigkeit hat, ein Jahr, sofern die Wartung nicht dem Auftragnehmer übertragen wurde. Die Vertragspartner können eine andere Gewährleistungsfrist vereinbaren.

Die Verjährungsfrist des § 13 Nr. 4 VOB/B erfaßt mit einer Ausnahme alle in § 13 Nr. 5 bis 7 VOB/B geregelten Ansprüche, also auch den großen Schadensersatzanspruch nach Nr. 7 Abs. 2, nach dem entferntere Folgeschäden zu erstatten sind (BGH NJW 72, 1280). Die einzige Ausnahme von der Gewährleistungsregelung des § 13 Nr. 4 VOB/B findet sich in § 13 Nr. 7 Abs. 3 VOB/B. Danach gelten, abweichend von Nr. 4, die gesetzlichen Verjährungsfristen für Ansprüche auf Schadensersatz gemäß § 13 Nr. 7 Abs. 2 VOB/B, soweit der Auftragnehmer den Schaden durch eine Versicherung gedeckt hat oder hätte decken können oder soweit ein besonderer Versicherungsschutz vereinbart ist. Je nach der rechtlichen Qualifikation[75] des Schadens betragen die Verjährungsfristen 5 oder 30 Jahre.

Die Gewährleistungsfrist beginnt nach § 13 Nr. 4 Abs. 3 VOB/B mit der Abnahme der gesamten Leistung, für in sich abgeschlossene Teile der Leistung mit deren Teilabnahme. Der Abnahme steht insoweit die endgültige Verweigerung der Abnahme gleich (BGH BauR 74, 205). Dies gilt auch bei berechtigter Abnahmeverweigerung (BGH NJW 97, 50).

Verlängerung der Gewährleistungsfristen

Die VOB/B enthält in § 13 Nr. 5 Abs. 1 Satz 2 und 3 bedeutsame Sonderbestimmungen, die in ihrer Wirkung einer Unterbrechung der Verjährung gleichkommen.

Nr. 5 Abs. 1 Satz 2 bestimmt, daß der Anspruch auf Beseitigung von gerügten Mängeln mit Ablauf der Frist nach § 13 Nr. 4 VOB/B verjährt, gerechnet vom

---

[75] s. S. 121 f

Zugang des schriftlichen Verlangens, jedoch nicht vor Ablauf der vereinbarten Frist.

Wirksamkeitsvoraussetzung für die Verlängerung der Verjährung ist ein schriftliches Mängelbeseitigungsverlangen des Auftraggebers nach Abnahme. Darin müssen die gerügten Mängel so hinreichend konkretisiert werden, daß der Auftragnehmer erkennen kann, was ihm vorgeworfen und was von ihm als Abhilfe erwartet wird (BGH BauR 80, 574, 576). Der Zugang eines solchen Schreibens vor Ablauf der Verjährungsfrist hat nach Nr. 5 Abs. 1 Satz 2 die Wirkung, daß von diesem Zeitpunkt ab (erneut) die Frist der Nr. 4 zu laufen beginnt, und zwar nicht nur wegen des Nachbesserungsanspruchs, sondern wegen sämtlicher in Betracht kommender Gewährleistungsansprüche, also auch der sich aus § 13 Nr. 6 und 7 VOB/B ergebenden Ansprüche (BGHZ 59, 202).

Die neue Verjährungsfrist wird nur wegen der schriftlich gerügten Mängel in Lauf gesetzt, nicht wegen sämtlicher Mängel der Bauleistung. Für diese läuft die Verjährungsfrist, die mit der Abnahme begonnen hat, weiter.

Wegen desselben Mangels kann nur einmal die Wirkung der Nr. 5 Abs. 1 Satz 2 herbeigeführt werden (BGHZ 53, 122, 126).

Durch die Regelung der Nr. 5 Abs. 1 Satz 2 kann im Ergebnis die Verjährungsfrist nahezu verdoppelt werden, wie folgendes Beispiel zeigt: der Auftraggeber rügt 23 Monate nach Abnahme der Bauleistung gegenüber dem Auftragnehmer schriftlich, daß durch das Dach Wasser eindringe und fordert zur Beseitigung des Mangels auf. Mit Zugang dieses Schreibens beginnt erneut die Verjährungsfrist des § 13 Nr. 4 VOB/B von zwei Jahren zu laufen, die Verjährungsfrist beträgt also insgesamt 47 Monate.

Einer Erläuterung bedarf schließlich der Passus in Nr. 5 Abs. 1 Satz 2, daß die erneute Verjährungsfrist nicht vor Ablauf der vereinbarten Frist endet. Gedacht ist hier an den Fall, daß die Vertragspartner zwar grundsätzlich die Geltung der VOB vorgesehen, einzelvertraglich aber eine längere als die zweijährige Verjährungsfrist des § 13 Nr. 4 VOB/B vereinbart haben, beispielsweise die fünfjährige Verjährungsfrist des § 638 BGB. Durch die schriftliche Mängelanzeige wird, wie Nr. 5 Abs. 1 Satz 2 ausdrücklich sagt, nur die Regelfrist des § 13 Nr. 4 VOB/B, nicht die vertraglich vereinbarte fünfjährige Verjährungsfrist erneut in Lauf gesetzt. Um den Auftraggeber nicht dadurch zu benachteiligen, daß hierdurch die Verjährungsfrist kürzer als fünf Jahre wird, ist bestimmt, daß die neu in Lauf gesetzte Regelfrist nicht vor der vertraglich vereinbarten längeren Frist endet.

Nach Nr. 5 Abs. 1 Satz 3 beginnt die Verjährungsfrist der Nr. 4 mit der Abnahme der Mängelbeseitigungsleistung für diese Leistung neu zu laufen. Die Regelung der Nr. 5 Abs. 1 Satz 3 erfaßt jede vom Auftragnehmer durchgeführte Mängelbeseitigungsleistung, gleichgültig, ob sie vom Auftraggeber gefordert ist oder der Auftragnehmer seine Verpflichtung zur Mängelbeseitigung anerkannt hat. Die Regelung führt auch dann zu einer erneuten Gewährleistungspflicht des Auftragnehmers, wenn seine ursprüngliche Pflicht bereits verjährt war (BGH BauR 89, 606). Die neue Verjährungsfrist gilt aber nur für die Leistungen, an denen der Auftragnehmer Mängel beseitigt hat, nicht für sonstige vorhandene Mängel. Zu berücksichtigen ist dabei allerdings, daß die Beseitigung lediglich einzelner Mangelerscheinungen die Verjährungsfrist insgesamt hinsichtlich der Mangelursache erneut zu laufen beginnen läßt (BGH a. a. O., S. 609). Die Regelung greift bei jeder Mangelbeseitigung ein, kann also hinsichtlich eines Mangels mehrere Male eingreifen.

Grundsätzlich wird ebenso wie im Fall des Satzes 2 nur die Regelfrist des § 13 Nr. 4 VOB/B neu in Lauf gesetzt, es sei denn, die Parteien haben gerade für die Verjährung von Mängelbeseitungsleistungen eine andere Frist vereinbart. Hier ist, wie Satz 3 ausdrücklich sagt, diese Frist maßgebend. Das ist nicht der Fall, wenn die Vertragspartner nur allgemein eine von § 13 Nr. 4 VOB/B abweichende Verjährungsfrist für Gewährleistungsansprüche vorgesehen haben. Dann beginnt mit der Abnahme der Mängelbeseitigungsleistung nicht diese Gewährleistungsfrist neu zu laufen, sondern die Regelfrist des § 13 Nr. 4 VOB/B, die aber ebenso wie im Fall des Satzes 2 nicht vor der vertraglich vereinbarten längeren allgemeinen Gewährleistungsfrist endet.

11.2.2.3
Gewährleistungsfristen beim BGB-Vertrag

Die Verjährung der Gewährleistungsansprüche ist in § 638 geregelt. Danach beträgt die Gewährleistungsfrist bei Bauwerken fünf Jahre und bei Grundstücken ein Jahr.

Die Verjährungsfrist beginnt nach § 638 Abs. 1 Satz 2 BGB mit der Abnahme der Bauleistung oder der Verweigerung der Abnahme durch den Auftraggeber (BGH BauR 74, 205). Dies gilt auch, wenn die Abnahmeverweigerung berechtigt war (BGH NJW 97, 50).

Die Verjährungsfristen gelten für alle in §§ 633 bis 635 BGB geregelten Gewährungsleistungansprüche, es sei denn, es handelt sich um Schadensersatzansprüche wegen positiver Vertragsverletzung (BGH BauR 83, 459, 460) oder der Auftragnehmer hätte den Mangel arglistig verschwiegen (§ 638 Abs. 1 Satz 1 BGB). Dann verjähren die Ansprüche gemäß § 195 BGB in 30 Jahren.

Erkennt der Auftragnehmer nach Prüfung den gerügten Mangel als berechtigt an, so wird hierdurch nach § 208 BGB die Verjährung unterbrochen. Nicht jede Nachbesserungsleistung des Auftragnehmers ist aber als Anerkenntnis i. S. d. § 208 BGB zu werten, denn der Auftragnehmer kann eine Nachbesserung durchaus auch aus Kulanz vornehmen, ohne daß er eine Gewährleistungsverpflichtung seinerseits für gegeben hält (BGH NJW 88, 254, 255).

11.2.2.4
AGB

Gemäß der gesetzlichen Regel des § 225 Satz 2 BGB sind Verkürzungen der Gewährleistungsfrist möglich. Die in § 13 Nr. 4 VOB/B vorgesehenen abweichenden Verjährungsfristen sind daher jedenfalls dann wirksam, wenn die VOB/B als Ganzes vereinbart oder diese in den AGB des Auftraggebers enthalten ist.

Zulässig, da dies mit dem Gesetz übereinstimmt, ist die Vereinbarung der Verjährungsfrist von fünf Jahren im Rahmen des VOB-Vertrags (BGH NJW 89, 322). Ob eine derartige Regelung in den Kernbereich der VOB/B eingreift, hat der BGH (a. a. O.) noch nicht abschließend entschieden. Zulässig sind ebenfalls Verlängerungen der Gewährleistungsfristen für bestimmte Gewerke, wenn dafür ein sachliches Bedürfnis besteht, wie etwa bei Flachdächern, da Mängel daran im Durchschnitt später als nach fünf Jahren auftreten (BGH BauR 96, 707, der insoweit eine Verlängerung der Gewährleistungsfrist in einem VOB-Vertrag auf zehn Jahre und einen Monat für angemessen ansieht).

Demgegenüber ist die isolierte Vereinbarung von § 13 Nr. 4 VOB/B durch den Auftragnehmer nicht wirksam, da die kurze Verjährungsfrist den Auftraggeber unangemessen benachteiligt (BGH NJW 89, 1602, 1604).

12 Durchsetzung der Ansprüche der Vertragspartner

12.1
Klage vor dem Zivilgericht

Nicht nur die Kenntnis, welche Rechte und Pflichten die Partner eines Bauvertrags haben, ist wichtig, sondern auch, wie sie durchgesetzt werden können, wenn sich die Vertragspartner hierüber nicht einigen. Hierfür ist vom Gesetz der Zivilprozeß vorgesehen, der in der Zivilprozeßordnung (ZPO) geregelt ist. Der Zivilprozeß wird durch die Klage, bei Geldforderungen auch durch den Mahnbescheid, desjenigen eingeleitet, der gegen den Vertragspartner Rechte zu haben meint.

Möglich sind zunächst Zahlungsklagen, d. h., die Geltendmachung eines bestimmten Zahlungsbetrags z. B. wegen Schadensersatzes oder Restwerklohn. Möglich sind daneben Klagen auf die Durchführung einer Tätigkeit, wie die Vornahme von Mangelbeseitigungsleistungen, wobei es notwendig ist, die vorzunehmenden Tätigkeiten genau zu definieren. Weiterhin ist es möglich, Feststellungsklagen zu erheben, so z. B. darauf, daß die Leistung abgenommen wurde (BGH BauR 96, 386, 387) oder daß der Auftragnehmer verpflichtet ist, dem Auftraggeber sämtliche Schäden wegen eines bestimmten Schadens zu ersetzen (BGH BauR 97, 129, 130). Letzteres ist sinnvoll, wenn die Schäden noch nicht beziffert werden können und Verjährung droht. Der Sache nach setzt diese Klage voraus, daß die Entstehung eines Schadens wahrscheinlich ist (BGH a. a. O.).

Für die Klage ist bis zu einem Streitwert von DM 10 000,- das Amtsgericht, das durch einen Richter entscheidet, bei einem höheren Streitwert das Landgericht, das in der Regel mit drei Richtern besetzt ist, zuständig.

Der Streitwert richtet sich nach dem Interesse des Klägers an der begehrten Verurteilung des Beklagten. Er entspricht also bei Zahlungsklagen dem Betrag der Klageforderung; bei anderen Ansprüchen ist er zu schätzen. So ist für den Streitwert, wenn der Kläger Nachbesserungsansprüche geltend macht, als Streitwert der Betrag anzusetzen, der voraussichtlich zur Mängelbeseitigung erforderlich ist.

Die Klage vor dem Amtsgericht kann jede Partei selbst, vor dem Landgericht nur durch einen bei diesem Gericht zugelassenen Rechtsanwalt erheben.

Örtlich zuständig ist das Amts- oder Landgericht, in dessen Bezirk der Beklagte seinen Wohnsitz oder seine gewerbliche Niederlassung hat. Daneben kann die Klage auch am Gerichtsstand des Erfüllungsortes erhoben werden, also des Ortes, an dem die Verpflichtung, die Gegenstand der Klage ist, erfüllt werden muß (§ 29 Abs. 1 ZPO). Das ist für alle Streitigkeiten aus einem Bauvertrag der Ort, wo die Bauleistung auszuführen ist (BGH BauR 86, 241).

Die Vereinbarung der Zuständigkeit eines anderen als des nach den gesetzlichen Vorschriften zuständigen Gerichts (sog. Gerichtsstandsvereinbarung) ist nach § 38 Abs. 1 ZPO zulässig, wenn die Vertragspartner Vollkaufleute i. S. d. HGB, juristische Personen des öffentlichen Rechts oder öffentlich-rechtliche Sondervermögen, z. B. Bundeseisenbahnvermögen, sind. Die Vereinbarung ist formlos möglich. Eine solche Gerichtsstandsvereinbarung stellt § 18 Nr.1 VOB/B dar, der aber nur dann eingreift, wenn es sich um einen öffentlichen Auftraggeber handelt.

Die Zuständigkeit eines Gerichts kann weiterhin schriftlich vereinbart werden, wenn mindestens ein Vertragspartner keinen allgemeinen Gerichtsstand in der Bundesrepublik hat (§ 38 Abs. 2 ZPO).

Liegen die genannten Voraussetzungen nicht vor, ist eine Gerichtsstandsvereinbarung nur dann zulässig, wenn sie nach dem Entstehen der Streitigkeit ausdrücklich und schriftlich getroffen worden ist (§ 38 Abs. 3 ZPO). Auch ohne wirksame Zuständigkeitsvereinbarung wird die Zuständigkeit eines Gerichts nach § 39 ZPO dadurch begründet, daß der Beklagte, ohne die Unzuständigkeit geltend zu machen, zur Hauptsache mündlich verhandelt.

Das Gericht hat, wenn sich die Klage nicht durch Rücknahme, Anerkenntnis des Beklagten oder Prozeßvergleich erledigt, die Aufgabe festzustellen, ob der Klageanspruch begründet ist oder nicht. Das wirft in einem Bauprozeß häufig schwierige Fragen auf, weil rechtliche, technische und betriebswirtschaftliche Probleme eng miteinander verknüpft sind. Diese Fragen können vom Gericht aus eigener Sachkunde nur in seltenen Fällen selbst beantwortet werden, da dazu die Vorbildung fehlt. Auch eine langjährige Tätigkeit in einem Bausenat führt nicht unbedingt zu ausreichender Sachkunde (BGH NJW-RR 97, 1108). Es kommt der Stellungnahme des Bausachverständigen daher oftmals prozeßentscheidende Bedeutung zu.

Sachverständiger ist, wer auf einem bestimmten Fachgebiet aufgrund seiner Ausbildung und Erfahrung besondere Kenntnisse aufweist. Sachverständige können öffentlich bestellt werden und sind in der Regel in einer Liste der Industrie- und Handelskammer oder der Handwerkskammer eingetragen. Das Gericht soll in erster Linie die öffentlich bestellten Sachverständigen auswählen, andere nur dann, wenn es besondere Umstände erfordern (§ 404 Abs. 2 ZPO).

Der Sachverständige kann vom Gericht mit folgenden Aufgaben beauftragt sein:

- dem Gericht die Kenntnis von Erfahrungssätzen auf seinem Wissensgebiet zu übermitteln,
- aufgrund seiner Sachkunde Tatsachen festzustellen und dem Gericht mitzuteilen,
- bestimmte Tatsachen aufgrund der Erfahrungssätze seines Wissensgebietes zu beurteilen.

In der Baupraxis kommen wohl am häufigsten die letzten beiden Alternativen vor. Der Sachverständige soll aufgrund bestimmter Tatsachen mit Hilfe seiner Sachkunde eine Schlußfolgerung ziehen, z. B. ein Gutachten über Art und Ursache der von ihm festgestellten Mängel an einem Bauwerk erstellen.

Das Gericht darf das Ergebnis des Gutachtens nicht ungeprüft übernehmen. Vielmehr darf es den Feststellungen des Sachverständigen nur dann folgen, wenn es von deren Richtigkeit überzeugt ist. Es darf sich deshalb dem Sachverständigen, wenn es das Gutachten nicht für zutreffend hält, nicht anschließen.

In einem Bauprozeß wird im Regelfall nicht nur um die Anwendung bestimmter Rechtssätze auf einen von beiden Parteien übereinstimmend geschilderten Sachverhalt gestritten. Vielmehr wird der für die Entscheidung wesentliche Sachverhalt von beiden Parteien unterschiedlich dargestellt, z. B. behauptet der Kläger, der Beklagte habe die Leistung abgenommen, während der Beklagte dies leugnet, oder der Kläger behauptet ein Kontergefälle des Balkonfußbodens, das der Beklagte bestreitet. Läßt sich in derartigen Fällen durch Sachverständigengutachten oder sonstige Beweismittel, wie Zeugen, Augenschein oder Urkunden, vom Gericht nicht feststellen, welcher Sachverhalt der Entscheidung des Rechtsstreits zugrunde zu legen ist, ist für den Erfolg der Klage oder der Rechtsverteidigung des Beklagten die Frage der Beweislast von ausschlaggebender Bedeutung. Hat der Kläger für eine Tatsache die Beweislast, die für den geltend gemachten Anspruch Voraussetzung ist, wird die Klage abgewiesen, wenn er den erforderlichen Beweis nicht führen kann. Trifft die Beweislast den Beklagten, wird er verurteilt, wenn er beweisfällig bleibt.

Wegen der besonderen Bedeutung ist auf die Frage der Beweislast in den vorstehenden Ausführungen bei Einzelfragen zum Teil hingewiesen worden. Darüber hinaus kann als Grundsatz festgehalten werden, daß jede Partei die Beweislast für die Behauptungen hat, aus denen sie eine für sie günstige Rechtsfolge herleitet.

Grundsätzlich sind den Wirkungen eines Urteils nur die Parteien des Rechtsstreits, also der Kläger und der Beklagte, unterworfen. Dies kann jedoch zu Problemen führen, wenn z. B. Dritte für Mängel oder Schäden verantwortlich sein können. Das klassische Beispiel ist in diesem Fall die Verantwortlichkeit des Subunternehmers. Der Auftraggeber kann sich nur an seinen Vertragspartner, den Auftragnehmer, halten. Hat dieser eine bestimmte Leistung an einen Subunternehmer, für dessen Leistung er nach § 278 BGB einzustehen hat, vergeben, so hat der Auftragnehmer ein erhebliches Interesse daran, daß der Subunternehmer ebenfalls in den Prozeß einbezogen wird, einerseits, weil der Subunternehmer die von ihm ausgeführte Leistung am besten kennt, andererseits, weil der Auftragnehmer den Subunternehmer ggf. regreßpflichtig machen will und daher das Ergebnis des Rechtsstreits mit dem Auftraggeber auch im Verhältnis zum Subunternehmer bindend sein soll. Für diesen Fall sieht die ZPO die Streitverkündung vor (§§ 72–74 ZPO). Die interessierte Partei fordert im Rahmen des laufenden Prozesses den Dritten auf, dem Rechtsstreit auf seiner Seite beizutreten und ihn zu unterstützen. Der Dritte kann, muß aber nicht am Rechtsstreit teilnehmen, wobei es ihm freisteht zu entscheiden, welche der Parteien er unterstützt. Dies muß nicht notwendigerweise der Streitverkünder sein. Das im Rechtsstreit ergehende Urteil muß der Dritte in jedem Fall im Verhältnis zum Streitverkünder gegen sich wirken lassen, unabhängig davon, ob er sich am Rechtsstreit beteiligt oder nicht. Die

Streitverkündung hat verjährungsunterbrechende Wirkung (§ 209 Abs. 2 Nr. 4 BGB).

12.2
Das selbständige Beweisverfahren

Im Bauprozeß ist es von großer Bedeutung, das Vorliegen oder Fehlen von Mängeln und deren Ursachen nachweisen zu können. Dabei ist häufig wichtig, daß die Beweise zum Zwecke ihrer Sicherung unverzüglich erhoben werden. Dafür ist das selbständige Beweisverfahren gemäß §§ 485 ff ZPO vorgesehen.

Dieses Verfahren, das während und außerhalb eines anhängigen Prozesses eingeleitet werden kann, dient dazu, Tatsachenbehauptungen für die Zukunft, insbesondere für noch nicht anhängige Klagen, beweiskräftig festzustellen. Die im Rahmen eines selbständigen Beweisverfahrens erhobenen Beweise stehen einer Beweisaufnahme in einem anhängigen Prozeß gleich (vgl. § 493 Abs. 1 ZPO). Dies unterscheidet das selbständige Beweisverfahren von der privaten Beauftragung eines Gutachters durch eine Partei. Denn ein solches Gutachten hat in einem Prozeß keine weitergehende Beweiswirkung. Es gilt nur als Parteivortrag.

Die Durchführung eines selbständigen Beweisverfahrens ist zulässig, wenn der Gegner diesem zustimmt oder zu besorgen ist, daß das Beweismittel verloren geht oder seine Benutzung erschwert wird (§ 485 Abs. 1 ZPO). Letzteres kann dann der Fall sein, wenn der Auftraggeber Mängel der Bauleistung beseitigen will. Darüber hinaus kann vor Anhängigkeit des Hauptverfahrens die schriftliche Begutachtung durch einen Sachverständigen über den Zustand einer Person oder den Zustand oder Wert einer Sache, die Ursache eines Personenschadens, Sachschadens oder Sachmangels, den Aufwand für die Beseitigung eines Personenschadens, Sachschadens oder Sachmangels durchgeführt werden, wenn der Antragsteller ein rechtliches Interesse daran hat (vgl. § 485 Abs. 2 ZPO). Ein rechtliches Interesse ist insbesondere gegeben, wenn Verjährung droht oder das Beweisverfahren der Prozeßvermeidung dient.

Der Antrag auf Durchführung des Verfahrens ist bei einem anhängigen Rechtsstreit beim Prozeßgericht zu stellen und, wenn der Rechsstreit noch nicht anhängig ist, bei dem Gericht, das zur Entscheidung in der Hauptsache berufen wäre (§ 486 ZPO).

Der Antrag auf Durchführung des selbständigen Beweisverfahrens unterbricht die Verjährung (§ 639 Abs. 1 i. V. m. § 477 Abs. 2 BGB), allerdings nur zugunsten desjenigen, der das Verfahren betreibt (OLG Schleswig BauR 95, 101, 103, vom BGH durch Nichtannahme der Revision bestätigt).

Möglich ist auch in diesem Verfahren die Streitverkündung,[76] die auch verjährungsunterbrechend wirkt (BGH BauR 97, 347).

---

[76] s. hierzu S. 194 f

12.3
Klage vor dem Schiedsgericht

In Bausachen kann es zweckmäßig sein, einen Streit durch ein schiedsgerichtliches Verfahren zu erledigen, weil die zugrundeliegenden Fragen sowohl technischer als auch rechtlicher Natur sind und vor ordentlichen Gerichten Sachverständige beigezogen werden müssen. Das schiedsgerichtliche Verfahren hat gegenüber dem normalen Zivilprozeß den Vorteil, daß es in aller Regel in einer Instanz abgewickelt wird, dadurch schneller und kostensparender ist, und das Schiedsgericht durch die Parteien selbst mit für die Entscheidung von Baustreitigkeiten qualifizierten Richtern besetzt werden kann. Nachteilig ist, daß es keine Rechtsmittel gegen die Entscheidung gibt und diese nicht ohne weiteres vollstreckbar ist. Dazu bedarf es wiederum der Entscheidung eines staatlichen Gerichts, die abermals mit Rechtsmitteln angegriffen werden kann.

Die gesetzliche Regelung des Schiedsverfahrens ist durch Gesetz vom 22.12.1997 grundlegend geändert worden; das Verfahren ist nunmehr ausführlich in den §§ 1025 bis 1066 ZPO geregelt.

Voraussetzung für die Einleitung eines schiedsgerichtlichen Verfahrens ist die Schiedsvereinbarung, durch die die Parteien bestimmen, „alle oder einzelne Streitigkeiten, die zwischen ihnen in bezug auf ein bestimmtes Rechtsverhältnis vertraglicher oder nicht vertaglicher Art entstanden sind oder künftig entstehen, der Entscheidung durch ein Schiedsgericht zu unterwerfen" (§ 1029 Abs. 1 ZPO). Die Schiedsvereinbarung muß grundsätzlich schriftlich getroffen werden, wobei ein Schriftwechsel zwischen den Parteien ausreichend ist (§ 1031 Abs. 1 ZPO). Nach den Abs. 2– 4 des § 1031 ZPO sind insoweit noch Erleichterungen möglich. Eine Erschwerung gilt nur dann, wenn an der Schiedsvereinbarung ein sog. Verbraucher, also „eine natürliche Person, die bei dem Geschäft der Gegenstand der Streitigkeit ist, zu einem Zweck handelt, der weder ihrer gewerblichen noch ihrer selbständigen beruflichen Tätigkeit zugerechnet werden kann", beteiligt ist. In diesem Fall muß die Schiedsvereinbarung gesondert durch eine von beiden Parteien schriftlich unterzeichnete Urkunde, die keine weiteren Regelungen enthält, abgeschlossen werden (§ 1031 Abs. 5 ZPO). Fehlt es an einer wirksamen Schiedsvereinbarung, so ist ein Schiedsgericht dennoch zuständig, wenn sich die beklagte Partei auf das Schiedsgerichtsverfahren einläßt (§ 1031 Abs. 6 ZPO).

Die Zusammensetzung des Schiedsgerichts wird von den Parteien vereinbart. Fehlt eine derartige Vereinbarung, so sehen §§ 1034 bis 1039 ZPO Regeln für die Besetzung des Schiedsgerichts vor. Das Schiedsgericht wird dann durch drei Schiedsrichter gebildet (§ 1034 Abs. 1 ZPO). Eine besondere fachliche Qualifikation braucht der Schiedsrichter nicht zu besitzen. Er muß insbesondere kein Volljurist sein. Schiedsrichter kann daher z. B. auch ein Sachverständiger in Bausachen sein.

Hinsichtlich des Verfahrens sieht die ZPO nur wenige zwingende Vorschriften vor, insbesondere, daß die Parteien gleich zu behandeln sind und den Parteien rechtliches Gehör zu gewähren ist sowie daß Rechtsanwälte als Bevollmächtigte nicht ausgeschlossen werden dürfen (§ 1042 Abs. 1 bis 3 ZPO). Ansonsten können die Parteien das Verfahren durch Vertrag regeln. Hilfsweise kommen die Vorschriften der §§ 1042 bis 1050 ZPO zur Anwendung.

Das Verfahren wird regelmäßig durch den sog. Schiedsspruch entschieden, der an die Stelle des Urteils tritt. Er ist grundsätzlich schriftlich zu erlassen und zu begründen sowie durch die Schiedsrichter zu unterschreiben (§ 1054 ZPO).

Erfüllt die unterlegene Partei den Schiedsspruch nicht freiwillig, so kann aus diesem nur die Zwangsvollstreckung betrieben werden, wenn der Schiedsspruch für vollstreckbar erklärt wird (§ 1060 Abs. 1 ZPO). Zuständig ist dafür das Oberlandesgericht, das zu diesem Zweck in der Schiedsvereinbarung bezeichnet wird oder in dessen Bezirk der Ort des schiedsrichterlichen Verfahrens liegt (§ 1062 Abs. 1 Nr. 4 ZPO). Der Prüfungsumfang des Gerichts ist beschränkt. Die vollstreckbare Erklärung ist grundsätzlich nur abzulehnen, wenn ein Aufhebungsgrund nach § 1059 Abs. 2 ZPO vorliegt (§ 1060 Abs. 2 Satz 1 ZPO). Eine Aufhebung kommt nur bei den schwerwiegenden Mängeln in Betracht, die § 1059 Abs. 2 ZPO benennt. Der Antrag auf Aufhebung kann grundsätzlich nur innerhalb von 3 Monaten, nachdem der Antragsteller den Schiedsspruch empfangen hat, gestellt werden (§ 1059 Abs. 3 ZPO). Im Verfahren auf Vollstreckbarerklärung ist eine Überprüfung der sachlichen Richtigkeit des Schiedsspruchs nicht vorgesehen. Durch die Gesetzesänderung ist das Verfahren für die Vollstreckbarerklärung erleichtert worden. Die Vollstreckbarerklärung erfolgt durch Beschluß grundsätzlich ohne mündliche Verhandlung (§ 1063 Abs. 1 ZPO). Gegen die Entscheidung findet als Rechtsmittel nur noch die Rechtsbeschwerde zum Bundesgerichtshof statt (§ 1065 ZPO).

Für das Bauwesen sind zwei Schiedsgerichtsordnungen entwickelt worden: zum einen die „Schiedsgerichtsordnung für das Bauwesen einschließlich Anlagenbau (SGO Bau)"[77], nunmehr in der Fassung vom November 1990, und zum anderen die „Schlichtungs- und Schiedsverfahrens-Ordnung (SSOBau)", in der Fassung vom Oktober 1997[78]. In der SGO Bau sind Vorschriften zur Einleitung des Verfahrens, über die Zusammensetzung des Schiedsgerichts (§§ 5–12), das Verfahren (§§ 13–17), den Schiedsspruch (§§ 18–20) und die Kosten (§§ 21, 22) enthalten. Die SSOBau enthält neben den Vorschriften über das Schiedsverfahren (§§ 10–27) zusätzlich Bestimmungen für ein Schlichtungsverfahren (§ 8) und ein dem Selbständigen Beweisverfahren nachgebildetes Isoliertes Beweisverfahren (§ 9).

12.4
Das Schiedsgutachten

In Bauverträgen wird häufig vereinbart, daß ein Sachverständiger außerhalb eines gerichtlichen Verfahrens verbindlich für beide Parteien das Bestehen oder Nichtbestehen von Mängeln feststellen soll. Es handelt sich hierbei um eine Schiedsgutachterklausel. Der Gutachter ist hier regelmäßig nur zur Feststellung von Tat-

---

[77] zu beziehen über Deutsche Gesellschaft für Baurecht e. V., Kettenhofweg 126, 60325 Frankfurt/Main
[78] Jahrbuch Baurecht 1998, S. 177 ff

sachen befugt, nicht jedoch zu rechtlichen Würdigungen, es sei denn, die Parteien übertragen ihm auch diese Aufgabe. Ansonsten verbleibt es insoweit bei der Kompetenz der Gerichte. Soweit die Parteien einen Schiedsgutachter bestimmen, sind die Gerichte an einer Tatsachenfeststellung gehindert. Sie haben die Feststellungen des Gutachters ihrer Entscheidung zugrunde zu legen, es sei denn, die Feststellungen sind offenbar unrichtig (BGH NJW 91, 2698).

Da es keine gesetzlichen Regelungen zum Schiedsgutachten gibt, ist eine eindeutige Regelung im Vertrag unerläßlich. Insbesondere sollten die Modalitäten der Einschaltung und die Kostentragungspflicht geregelt werden. Können sich die Parteien nicht auf einen Gutachter einigen, kann die zuständige Industrie- und Handelskammer diesen bestimmen.

Der Vereinbarung von Schiedsgutachterklauseln ist jedoch mit Vorsicht zu begegnen. Denn mit den benannten Gutachtern müssen privatrechtliche Verträge über deren Tätigkeit abgeschlossen werden. Das Honorar wird dabei weitgehend vom Gutachter selbst bestimmt. Auch auf den zeitlichen Rahmen der Leistung des Gutachters haben die Parteien wenig Einfluß.

Eine fakultative Schiedsgutachterklausel stellt § 18 Nr. 3 VOB/B dar. Sie räumt den Parteien des Bauvertrags die Möglichkeit ein, hinsichtlich der Sacheigenschaften von Stoffen und Bauteilen, für die allgemeingültige Prüfungsverfahren bestehen, sowie über die Zulässigkeit oder Zuverlässigkeit der bei der Prüfung verwendeten Maschinen oder angewendeten Prüfungsverfahren eine Überprüfung durch staatliche oder staatlich anerkannte Materialprüfstellen durchführen zu lassen. Wird die andere Partei vorher über die Einschaltung der Materialprüfstellen informiert, so ist die Entscheidung der Prüfstelle für die Parteien bindend.

Die Vereinbarung von obligatorischen Schiedsgutachterklauseln ist jedenfalls in einem Fertighausvertrag grundsätzlich unwirksam (BGH BauR 92, 223).

Teil II
Grundzüge des Internationalen Bauvertragrechts

1 Grundzüge des Internationalen Privatrechts

Die Anwendung des deutschen Rechts ist unproblematisch, wenn Vertragspartner ausschließlich deutsche Privatpersonen oder deutsche juristische Personen sind und der Bauvertrag in Deutschland ausgeführt werden soll. Sowie der Bauvertrag eine Auslandsberührung aufweist, sei es, daß ein Vertragspartner Ausländer ist oder das Grundstück, auf dem die Bauarbeiten erbracht werden sollen, sich im Ausland befindet, stellt sich die Frage, welches nationale Recht zur Anwendung kommt. Das Rechtsgebiet, das hierüber Aufschluß gibt, ist das Internationale Privatrecht. Es ist im Einführungsgesetz zum BGB (EGBGB) geregelt.

Wird ein Bauvertrag mit Auslandsberührung geschlossen, so bestimmt Art. 27 EGBGB, daß die Vertragspartner die Möglichkeit haben, das Recht zu wählen, das für die Durchführung des Vertrags maßgeblich sein soll. Sie können dabei auch die Anwendung des Rechts eines Staates vereinbaren, zu dem das Vertragsverhältnis keine Verbindung aufweist, also weder durch die Nationalität der Vertragsparteien noch den Ort der Bauleistung. Die Wahl des maßgebenden Rechts braucht nicht ausdrücklich getroffen zu werden, sondern kann nach Art. 27 Abs. 1 Satz 2 EGBGB auch konkludent erfolgen, wenn sich mit hinreichender Sicherheit aus den Bestimmungen des Vertrags oder aus den Umständen des Falles die Wahl einer bestimmten Rechtsordnung ergibt. So sind Indizien für eine konkludente Rechtswahl z. B. die Vereinbarung eines Gerichtsstandes, und zwar für die Wahl des an diesem Gerichtsstand geltenden Rechts, oder die Verwendung von Formularen, die auf einer Rechtsordnung aufbauen, nämlich für die Wahl dieser Rechtsordnung. Auch kann die Tatsache, daß die Parteien im Prozeß übereinstimmend von der Anwendung einer bestimmten Rechtsordnung ausgehen, dafür sprechen, daß diese Rechtsordnung von den Vertragspartnern als maßgebend gewollt ist.

Haben die Vertragspartner weder ausdrücklich noch konkludent die Anwendung einer bestimmten Rechtsordnung vereinbart, regelt Art. 28 EGBGB die Frage, welches Recht zu gelten hat. Absatz 1 dieses Artikels stellt den Grundsatz auf, daß der Vertrag dem Recht des Staates unterliegt, zu dem er die engsten Verbindungen aufweist. Nach Abs. 2 wird vermutet, daß der Vertrag die engsten Verbindungen mit dem Staat aufweist, in dem die Partei, welche die charakteristische Leistung zu erbringen hat, im Zeitpunkt des Vertragsabschlusses ihren gewöhnlichen Aufenthalt oder, wenn es sich um eine Gesellschaft, einen Verein oder eine juristische Person handelt, ihre Hauptverwaltung hat. Ist der Vertrag in Ausübung einer beruflichen oder gewerblichen Tätigkeit dieser Partei geschlossen worden, so wird vermutet, daß er die engsten Verbindungen zu dem Staat aufweist, in dem sich deren Hauptniederlassung befindet oder in dem, wenn die Leistung nach dem Vertrag von einer anderen als der Hauptniederlassung zu erbringen ist, sich die andere Niederlassung befindet. Auch Abs. 2 bestimmt aber nicht unmittelbar, welches Recht für einen Bauvertrag gilt. Da Abs. 2 entscheidend auf die charakteristische Leistung des Vertrages abstellt, bleibt zu klären, welche Leistung dies bei einem Bauvertrag ist. Insoweit besteht Einigkeit dahingehend, daß der Auftragnehmer die charakteristische Leistung erbringt. Da er in aller Regel die Bauleistung in Ausübung seiner beruflichen oder gewerblichen Tätigkeit ausführt, ist demnach nach Abs. 2 das Recht anzuwenden, in dem sich sein Wohnsitz oder, wenn es sich um eine Gesellschaft handelt, ihre Hauptniederlassung befindet. Wenn die Leistung nicht von der Hauptniederlassung, sondern von einer Zweigniederlassung erbracht werden soll, gilt das an dem Sitz der Zweigniederlassung maßgebende Recht.

Haben die Vertragspartner die Anwendung einer bestimmten Rechtsordnung vereinbart bzw. ergibt sich eine solche nach den Grundsätzen des Art. 28 EGBGB, z. B. deutschen Rechts, so gelten nur die gesetzlichen Vorschriften, nicht dagegen besondere Vertragsbedingungen, wie die VOB/B. Hierfür bedarf es stets einer besonderen Vereinbarung der Vertragspartner.

2 Internationale Bauvertragsbedingungen

2.1
FIDIC-Bedingungen

Viele Rechtsordnungen – wie auch das BGB – enthalten keine, speziell auf den Bauvertrag zugeschnittenen, ausführlichen gesetzlichen Regelungen. Das daraus resultierende Bedürfnis, wenigstens eingehende Vertragsbedingungen zu schaffen, die allen Bauverträgen zugrunde gelegt werden können, das in Deutschland zur Entwicklung der VOB/B geführt hat, bestand deshalb auch auf internationaler Ebene. Aus diesem Grund sind die „Conditions of Contract for Works of Civil Engineering Construction" geschaffen worden. Sie wurden von der „Fédération Internationale des Ingénieurs-Conseils" (FIDIC)[79] – daher auch FIDIC-Bauvertragsbedingungen genannt –, also einem internationalen Dachverband beratender Ingenieure, erarbeitet und herausgegeben, z. Z. in der 4. Aufl. 1987, in der Fassung des Jahres 1992. Die Originalfassung der FIDIC ist englisch. Daneben gibt es verschiedene Übersetzungen. In deutscher Sprache liegt die 3. Aufl. aus dem Jahr 1977 vor.[80]

Die FIDIC-Bedingungen sind ebenso wie die VOB/B-Muster-Bauvertragsbedingungen, keine gesetzlichen Vorschriften. Sie werden Inhalt des Bauvertrags ebenso wie die VOB/B nur dann und insoweit, als die Parteien ihre Anwendung vereinbart haben.

Deshalb erscheint es gerechtfertigt, kurz eine vergleichende Darstellung zwischen den FIDIC-Bedingungen und der VOB/B zu geben. Im Gegensatz zur VOB/B basieren die FIDIC-Bedingungen auf keiner bestimmten Rechtsordnung. Da sie das Baugeschehen nicht umfassend regeln ist daher notwendig, daß sich die Parteien des Bauvertrags auf eine anzuwendende Rechtsordnung einigen (Klausel 5.1b). Wird das deutsche Recht als maßgeblich vereinbart, so ist insbesondere das AGBG zu berücksichtigen, da die FIDIC-Bedingungen ebenso wie die VOB/B als AGB anzusehen sind.

Der bedeutendste Unterschied zwischen der VOB/B und den FIDIC-Bedingungen, die im übrigen sehr viel umfangreicher und ausführlicher als die VOB/B sind, liegt in der zentralen Stellung des Ingenieurs (vgl. Klausel 2). Während die VOB/B weder den beratenden Ingenieur noch den Architekten erwähnt, setzen die FIDIC-Bedingungen die Mitwirkung eines Ingenieurs voraus. Ihm kommt eine dreifache Rolle zu. Er ist zunächst Vertreter des Bauherrn und in

---

[79] PO Box 86, CH-1000 Lausanne 12
[80] zu erhalten über den Verband Beratender Ingenieure, Am Fronhof 10, 53177 Bonn

gewissem Umfang sogar befugt, diesen rechtsgeschäftlich zu vertreten (Klausel 2.1b). In dieser Eigenschaft trifft er planerische Entscheidungen, kann Änderungen des Bauentwurfs, Zusätze oder Kürzungen anordnen (Klausel 51.1) und überwacht die Ausführung. Daneben hat der Ingenieur die Stellung einer neutralen Instanz zwischen den Parteien. Er hat die Aufgabe, den Wert der jeweils ausgeführten Leistung festzustellen und darüber Bescheinigungen auszustellen, die Grundlage für die Zahlungen des Bauherrn bilden (Klausel 60). Außerdem obliegt es ihm, eine Urkunde über die ordnungsgemäße Ausführung der Arbeiten auszustellen (Klausel 62.1). Die dritte Hauptfunktion des Ingenieurs besteht in seiner Tätigkeit als Quasi-Schiedsrichter (Klausel 67.1). Insoweit ist der Ingenieur zur Unparteilichkeit verpflichtet (Klausel 2.6). Bevor das in den FIDIC-Bedingungen vorgesehene Schiedsgericht (Klausel 67.3) angerufen werden kann, muß die Streitigkeit zunächst dem Ingenieur vorgelegt werden. Nur wenn er innerhalb von 84 Tagen nach Anrufung durch eine der Parteien keine Entscheidung trifft oder eine Partei mit der von ihm getroffenen Entscheidung nicht einverstanden ist, kann das Schiedsverfahren eingeleitet werden. Trifft der Ingenieur eine Entscheidung und wird diese nicht innerhalb von 70 Tagen von einer der Parteien angegriffen, wird diese Entscheidung verbindlich für die Vertragsparteien (Klausel 67.1 Abs. 5). Aufgrund neuerer Entwicklungen schlägt die FIDIC nunmehr alternativ zum Ingenieur als Schiedsinstanz eine Schiedskommission vor, die aus einer oder drei Personen bestehend, das Bauvorhaben von Anfang an begleiten und Streitigkeiten schlichten soll. Die Entscheidung der Schiedskommission kann innerhalb von 28 Tagen vor einem Schiedsgericht angegriffen werden (Ergänzung zur 4. Aufl. der FIDIC-Bedingungen, Teil A, 1. Aufl. 1996).

Ein weiterer Unterschied zwischen den FIDIC-Bedingungen und der VOB/B besteht hinsichtlich der Regelung der Vergütung. Die FIDIC-Bedingungen sehen als Regelfall Einheitspreisverträge vor (vgl. Klausel 55, 56). Zu berücksichtigen ist hier bei der Vertragsgestaltung, daß die Aufmaßregelungen bestimmt werden, da Klausel 57 nur bestimmt, daß das Bauwerk netto zu vermessen sei. Um den Aufwand für das Aufmaß zu verhindern, werden nunmehr durch die vorgenannte Ergänzung, Teil B, Regelungen für einen Pauschalvertrag vorgeschlagen.

Hat der Auftragnehmer ein vom ursprünglichen Vertrag abweichendes Leistungssoll zu erfüllen (Klausel 51), so sieht Klausel 52.1 und 2 die Folgen für die Vergütung vor: für die Abweichungen sollen die Preise auf Grundlage der vertraglich vereinbarten Preise vereinbart werden. In Klausel 52.3 ist zudem ein unter bestimmten Umständen anwendbares Preisanpassungsrecht vorgesehen, wenn der Gesamtwert der Leistung vom Vertragspreis um 15 % abweicht. Im Fall des Pauschalvertrags werden abweichende angeordnete Leistungen, nicht jedoch Massenänderungen, ebenfalls angemessen gesondert vergütet (Klausel 52.1 der Ergänzung). Preisanpassungen erfolgen in jedem Fall nur, wenn innerhalb von 14 Tagen nach der Änderungsanordnung und, soweit nicht Leistungen entfallen, vor der Durchführung der geänderten Leistung der Auftragnehmer dem Ingenieur die zusätzliche Vergütung ankündigt bzw. der Ingenieur den Auftragnehmer von seiner Absicht, die Vergütung zu ändern, in Kenntnis setzt (Klausel 52.2).

Ein weiterer bedeutsamer Unterschied ist bei der Regelung der Unterbrechung der Bauausführung festzustellen, die gerade im internationalen Baugeschäft bei Bauarbeiten in Krisengebieten eine Rolle spielt. Während die VOB/B in § 6 Nr. 5 bei jeder voraussichtlich längeren Unterbrechung die Abrechnung der ausgeführten Leistungen nach Vertragspreisen und in Nr. 7 bei einer längeren Unterbrechung als drei Monate für jede Partei ein Kündigungsrecht vorsieht, kommt nach den FIDIC-Bedingungen eine Unterbrechung überhaupt nur dann in Betracht, wenn der Ingenieur eine Unterbrechungsanordnung getroffen hat, wozu er allerdings jederzeit berechtigt ist (Klausel 40.1). Nur wenn eine solche Unterbrechungsanordnung vorliegt, der Auftragnehmer die Unterbrechung nicht zu vertreten hat, diese nicht aus Witterungsgründen oder für die ordnungsgemäße Ausführung oder Sicherheit des Bauvorhabens notwendig ist, kann der Auftragnehmer die durch die Unterbrechung entstandenen Mehrkosten erstattet verlangen und zwar, abweichend von § 6 Nr. 6 VOB/B, nicht nur dann, wenn die Unterbrechung vom Auftraggeber oder dem Ingenieur zu vertreten ist, sondern auch in Fällen höherer Gewalt oder anderer für den Auftragnehmer unabwendbarer Umstände, wie Krieg, Aufstand, Revolution (vgl. Klausel 20.4), es sei denn, vertraglich ist anderes vorgesehen. Ein Recht zur Kündigung des Bauvertrags steht dem Auftragnehmer im Falle der Unterbrechung gemäß Klausel 40.3 nur zu, wenn diese länger als 84 Tage dauert, nicht vom Unternehmer zu vertreten ist und nicht aus Witterungsgründen bzw. für die ordnungsgemäße Ausführung oder Sicherheit notwendig ist, soweit letzteres nicht vom Auftraggeber oder Ingenieur zu vertreten ist. Dann hat der Auftragnehmer das Recht, dem Ingenieur eine Frist von 28 Tagen zu setzen, damit er ihm die Wiederaufnahme der Arbeiten erlaube. Im Fall des fruchtlosen Fristablaufs kann der Auftragnehmer für den Fall, daß nur ein Teil der Arbeiten unterbrochen ist, dem Ingenieur schriftlich mitteilen, daß er dies als Teilkündigung im Sinne der Klausel 51 ansieht. Ist die gesamte Leistung betroffen, kann der Auftragnehmer den Vertrag gegenüber dem Auftraggeber schriftlich kündigen, wobei die Kündigung nach 14 Tagen wirksam wird. Der Auftragnehmer hat Anspruch auf die Vergütung für die erbrachte Leistung sowie auf Schadensersatz (Klausel 40.3 i. V. m. 69.3 und 65).

Ein weiterer Unterschied zwischen den FIDIC-Bedingungen und der VOB/B besteht hinsichtlich des Aufmaßes. Danach wird das Aufmaß vom Ingenieur vorgenommen (Klausel 56.1), während dies nach der VOB/B von den Vertragspartnern gemeinsam aufzunehmen ist. Nach den FIDIC-Bedingungen nimmt der Auftragnehmer am Aufmaß lediglich zur Unterstützung des Ingenieurs teil. Erscheint der Auftragnehmer beim Aufmaß trotz Aufforderung nicht, so gilt das Aufmaß als korrekt. Wird das Aufmaß anhand von Plänen und Zeichnungen genommen, so hat der Auftragnehmer diese innerhalb von 14 Tagen zu überprüfen; ansonsten gilt das Aufmaß ebenfalls als anerkannt. Falls er mit dem Ergebnis des Aufmaßes des Ingenieurs nicht einverstanden ist, muß er seine Einwendungen innerhalb von 14 Tagen schriftlich vorbringen und eine Entscheidung des Ingenieurs beantragen.

Unterschiede zwischen der VOB/B und den FIDIC-Bedingungen ergeben sich weiter hinsichtlich der Zahlung der Vergütung. Die Regelungen sind komplexer und sehen längere Zahlungsfristen vor. Für Abschlagszahlungen hat der Auftragnehmer monatlich eine den Leistungsstand wiedergebende Abschlagsrechnung zu erstellen und diese dem Ingenieur zur Prüfung zu übersenden. Dieser hat die Rechnung innerhalb von 28 Tagen zu überprüfen und dem Auftraggeber eine Bescheinigung über die Abschlagszahlung zu übergeben (Klausel 60.1 und 2). Innerhalb von weiteren 28 Tagen nach Erhalt der Bescheinigung hat der Auftraggeber die Abschlagsrechnung zu begleichen.

Die Schlußrechnung hat der Auftragnehmer innerhalb von 56 Tagen nach Ausstellung der Mangelfreiheitsbescheinigung (Klausel 62.1) dem Ingenieur zu übergeben (Klausel 60.6). Der Ingenieur hat wiederum 28 Tage Zeit, die Schlußrechnung zu überprüfen und eine Bescheinigung darüber auszustellen (Klausel 60.8). Den Schlußrechnungsbetrag hat der Auftraggeber innerhalb von weiteren 56 Tagen zu begleichen (Klausel 60.10 Satz 1).

Zahlt der Auftraggeber bei Fälligkeit nicht, hat er den Betrag nach dem vertraglich festgelegten Zinssatz zu verzinsen (Klausel 60.10 Satz 2). Werden Abschlagszahlungen nicht ausgeglichen, so hat der Auftragnehmer das Recht, die Arbeiten nach vorheriger Ankündigung einzustellen (Klausel 69.4) oder den Vertrag zu kündigen (Klausel 69.1a).

Ein weiterer wesentlicher Unterschied zwischen den FIDIC-Bedingungen und der VOB/B besteht hinsichtlich des Kündigungsrechts des Auftraggebers. Während nach § 8 Nr. 1 VOB/B der Auftraggeber den Vertrag jederzeit kündigen kann, räumen ihm die FIDIC-Bedingungen ein derart weitgehendes Recht nicht ein. Er kann den Vertrag nur aus wichtigem Grunde, etwa im Falle des Konkurses des Auftragnehmers oder des Vergleichsverfahrens sowie in einzelnen, besonders genannten Fällen einer schuldhaften Vertragsverletzung, kündigen (Klausel 63). Die Kündigungsrechte des Auftragnehmers werden in Klausel 69 definiert.

Von ganz entscheidender Bedeutung sind die Unterschiede bezüglich der Gewährleistungsregelung in § 13 VOB/B einerseits und den entsprechenden Bestimmungen in Klausel 49 und 50 andererseits. § 13 VOB/B regelt die Voraussetzungen und Rechtsfolgen der Gewährleistung wesentlich eindeutiger als die Vorschriften der FIDIC-Bedingungen. So sehen diese keine Gewährleistungsfrist vor, sondern überlassen deren Festlegung dem Vertrag. Auch sind keine Modalitäten für die Mangelbeseitigungsaufforderung vorgesehen. Regelungen zum Schadensersatz bestehen ebenfalls nicht. Demgegenüber finden sich einige Regelungen, die der VOB/B fremd sind. Dem Auftragnehmer obliegt es nach Klausel 49.2, sämtliche Mängel der Bauleistung zu beseitigen, zu deren Beseitigung der Ingenieur ihn während der von den Vertragspartnern besonders vereinbarten Gewährleistungsfrist zuzüglich 14 Tagen auffordert, und zwar ohne Rücksicht darauf, ob die während dieser Frist auftretenden Mängel von ihm verursacht worden sind oder nicht. Ausgenommen von der Verpflichtung sind lediglich die Folgen normaler Abnutzung. Allerdings hat der Auftragnehmer nur dann die Kosten der Mangelbeseitigung zu tragen, wenn der Mangel auf nichtvertragsgemäße Lieferungen und Leistungen oder ein Verschulden des Auftraggebers zurückzuführen ist. Beruhen die Mängel nach Meinung des Ingenieurs jedoch auf anderen Ursachen, hat der Auftraggeber die Kosten zu tragen (Klausel 49.3). Kommt der Auftragnehmer seiner vorgenannten Pflicht nicht innerhalb einer angemessenen Frist nach, kann der Auftraggeber einen Dritten mit der Mangelbeseitigung beauftragen und dem Auftragnehmer die Kosten in Rechnung stellen, wenn der Auftragnehmer für den Mangel verantwortlich war (Klausel 49.4). Darüber hinaus ist der Ingenieur berechtigt, den Auftragnehmer mit der Suche nach der Ursache des Mangels zu beauftragen. Ist der Auftragnehmer für den Mangel verantwortlich, trägt er die Kosten der Suche selbst, ansonsten der Auftraggeber (Klausel 50.1).

Die FIDIC-Bedingungen gehen also insoweit über die Gewährleistungsregelung der VOB/B hinaus als sie den Auftragnehmer auch verpflichten, Mängel zu beseitigen bzw. deren Ursachen zu suchen, wenn der Ingenieur dies verlangt, obwohl die Arbeiten nicht durch Mängel der Leistung des Auftragnehmers oder ein sonstiges Verschulden bedingt sind. Allerdings hat der Auftragnehmer dann Anspruch auf Bezahlung dieser Arbeiten. Die FIDIC-Bedingungen enthalten auch keine mit § 13 Nr. 7 VOB/B vergleichbare Regelung, die Schadensersatzansprüche des Auftraggebers bei vom Auftragnehmer zu vertretenden Mängeln nur unter bestimmten Voraussetzungen gewährt. Der Auftragnehmer haftet nach Klausel 20.2 grundsätzlich unbeschränkt für alle Schäden, die sich aus oder infolge der Ausführung und Unterhaltung des Bauwerkes ergeben, es sei denn, daß die Schäden dem Auftraggeber gemäß Klausel 20.4 zuzurechnen sind.

Ein letzter Unterschied besteht schließlich zwischen der VOB/B und den FIDIC-Bedingungen hinsichtlich der Regelung von Streitigkeiten. Während die VOB/B für den Normalfall von einer Streitentscheidung durch ordentliche Gerichte ausgeht, sieht Klausel 67.3 eine Streitentscheidung durch ein Schiedsgericht nach der Vergleichs- und Schiedsordnung der Internationalen Handelskammer vor. Vor Anrufung des Schiedsgerichts müssen jedoch, wie bereits oben dargelegt, zunächst dem Ingenieur Streitfälle zur Entscheidung vorgelegt werden und nur, wenn der Ingenieur keine Entscheidung trifft oder eine der Parteien mit der vom Ingenieur getroffenen Entscheidung nicht einverstanden ist, kann das Schiedsverfahren eingeleitet werden.

2.2
SIA-Norm 118 (Schweiz)

Abschließend ist noch auf die den FIDIC-Bedingungen und der VOB/B vergleichbaren allgemeinen Vertragsbedingungen hinzuweisen, die in der Schweiz erarbeitet worden sind. Es sind dies die „Allgemeinen Bedingungen für Bauarbeiten" (Ausgabe März 1991). Diese Bedingungen,[81] auch SIA-Norm 118 genannt (SIA ist die Abkürzung für den Schweizerischen Ingenieur- und Architektenverein, der die Bedingungen herausgibt), basieren auf der schweizerischen Zivilrechtsordnung.

---

[81] zu beziehen über den Schweizerischen Ingenieur- und Architekten-Verein, Postfach, CH-8039 Zürich

Die SIA-Norm umfaßt u. a. sowohl Regelungen zur Auftragsvergabe als auch zum Vertragsschluß (Art. 3–22). In den Art. 38–182 finden sich die Regelungsgegenstände, die auch Inhalt der VOB/B sind. Die Regelungen entsprechen weitgehend der VOB/B, sind jedoch aufgrund ihres Umfangs in vielen Fragen ausführlicher und eindeutiger, was die Benutzerfreundlichkeit erhöht.

Die SIA-Norm unterscheidet drei Vertragsarten, den Einheitspreis- (Art. 38), Globalpreis- (Art. 39) und Pauschalpreisvertrag (Art. 40). Die letzten beiden Vertragsarten entsprechen nach den Kategorien der VOB/B dem Pauschalpreisvertrag im Sinne des § 2 Nr. 7 Abs. 1 Satz 1. Sie unterscheiden sich jedoch dadurch, daß auf den Globalpreisvertrag die sog. Teuerungsabrechnung anwendbar ist (Art. 64 Abs. 1 Satz 2).

Diese Regelung (Art. 64–82), die auch für den Einheitspreisvertrag gilt, führt zu automatischen Preisanpassungen, wenn sich die sog. ursprüngliche Kostengrundlage ändert. Die Kostengrundlage setzt sich u. a. aus den Lohnkosten und Materialpreisen zusammen (im einzelnen dazu: Art. 61 Abs. 1). Eine Änderung dieser Kostenelemente führt zu einer Änderung der Vergütung und kann diese sowohl erhöhen als auch vermindern. Der Auftragnehmer hat die Änderungen in seinen Abrechnungen zu berücksichtigen und gesondert auszuweisen (Art. 66 Abs. 4).

Die Teuerungsabrechnung ist nicht zu verwechseln mit Preisänderungen aufgrund geänderter Leistungen im Sinne von § 2 Nr. 3–6 VOB/B. Dafür sieht die SIA-Norm 118 gesonderte Regeln in Art. 86 bis 90 vor, die wiederum der VOB/B-Regelung ähneln. Die Toleranzgrenze für Massenänderungen beträgt 20 % (Art. 86 Abs. 1), nicht 10 % wie bei der VOB/B.

Abweichend ist zudem die Verjährung der Gewährleistung geregelt. Diese beträgt grundsätzlich fünf Jahre (Art. 180 Abs. 1), bei Arglist zehn Jahre (Art. 180 Abs. 2). Es wird jedoch unterschieden zwischen Mängeln, die in den ersten zwei Jahren nach der Abnahme in Erscheinung treten und den danach auftretenden Mängeln, den sog. verdeckten Mängeln (Art. 179 Abs. 1). Letztere können innerhalb der zwei Jahre zu jedem Zeitpunkt gerügt werden (Art. 173), erstere müssen demgegenüber sofort nach Entdeckung gerügt werden (Art. 179 Abs. 2). Unterschiedlich ist auch die Beweislast geregelt. Hinsichtlich der verdeckten Mängel hat der Auftraggeber den Beweis zu führen (Art. 179 Abs. 5), bei den anderen Mängeln muß der Auftragnehmer den Entlastungsbeweis antreten (Art. 174 Abs. 3).

Teil III
Einführung in das Öffentliche Baurecht

1 Einleitung

Die deutsche Rechtsordnung sieht neben der Regelung der zivilrechtlichen Verhältnisse des Bauvertrags umfangreiche Regelungen für die Zulässigkeit von Bauvorhaben vor. Die öffentliche Verwaltung hat aufgrund dieser Normen die Möglichkeit, Art und Umfang der Bebauung zu steuern und in die Gestaltung von Bauvorhaben einzugreifen. Die Gesamtheit dieser Regelungen wird Öffentliches Baurecht genannt.

1.1
Öffentliches Baurecht und Eigentumsgarantie

Die Notwendigkeit von öffentlich-rechtlichen Regeln über das Bauen liegt auf der Hand: wäre das Recht auf bauliche Nutzung eines Grundstücks allein privatrechtlichen Beschränkungen unterworfen, so könnten die Interessen der Allgemeinheit an der städtebaulichen Gestaltung der Umwelt nie durchgesetzt werden. Das öffentliche Interesse würde praktisch zumeist dem Privatinteresse an einer möglichst rentablen Nutzung des eigenen Grundstücks zum Opfer fallen. Neben städtebaulichen Belangen könnte auch die Einhaltung bestimmter Sicherheitsstandards bei der Erstellung und dem Unterhalt von Bauwerken – zweifelsohne für die Allgemeinheit von größter Bedeutung – nicht sichergestellt werden.

Diese Interessen an der Beschränkung der Freiheit der baulichen Nutzung von Grundeigentum stehen in einem Spannungsverhältnis zur verfassungsrechtlich garantierten Freiheit des Eigentums. Artikel 14 Abs. 1 Satz 1 des Grundgesetzes (GG) schützt das Privateigentum sowohl als Institution als auch als Individualrecht. Gemäß Art. 14 Abs. 1 Satz 2 GG werden Inhalt und Schranken des Eigentums durch die einfachen Gesetze bestimmt. Für das öffentliche Baurecht bedeutet dies, daß Bestimmungen über die Zulässigkeit der baulichen Nutzung häufig nicht die Eigentumsfreiheit einschränken, sondern vielmehr erst definieren, welche Nutzungen überhaupt Bestandteil des Grundstückseigentums sind.

Die Möglichkeit der Bestimmung von Inhalt und Schranken des Eigentums ist allerdings nicht unbegrenzt. Ein Kernbereich dessen, was herkömmlich unter Eigentum verstanden wird, darf nicht angetastet werden. Im Bereich des Grundeigentums bedeutet dies grundsätzlich das Recht, es im Rahmen der Gesetze baulich nach Belieben zu nutzen. Die Einschränkung trägt der Tatsache Rechnung, daß jedes Grundstück durch seine Lage und Beschaffenheit sowie seine Einbettung in die Umgebung geprägt ist. Kurz gesagt: es ist „situationsgebunden". Nach der Rechtsprechung des BGH tastet eine Inhaltsbestimmung den Wesensgehalt nicht an, soweit sie Nutzungen ausschließt, die „der vernünftige und einsichtige

Eigentümer von sich aus mit Rücksicht auf die gegebene besondere Situation eines Grundstücks nicht ins Auge fassen würde" (BGH NJW 1959, 2156, 2157).

Darüber hinaus ist eine bestimmte bauliche Nutzung dann Eigentum i. S. d. Art. 14 GG, wenn sie bislang rechtlich zugelassen war (z. B. BVerwG NJW 1986, 2126). Der Entzug einer bisher als Eigentum garantierten Nutzung ist daher immer auch ein Eingriff in das Eigentum, der der verfassungsrechtlichen Rechtfertigung bedarf, und stellt u. U. auch eine Enteignung dar, die nur unter den Voraussetzungen des Art. 14 Abs. 3 GG möglich ist.

1.2
Bauleitplanungs- und Bauordnungsrecht

Das öffentliche Baurecht läßt sich in drei Bereiche einteilen: das Recht der örtlichen Planung, also die Regelungen über Bauleitpläne und städtebauliche Planung, die Bodenordnung und das Bauordnungsrecht.

Zum Recht der Bauleitplanung gehören Bestimmungen, die Verfahren und Maßstäbe für die Planung regeln und die Durchführung von Planungsmaßnahmen sicherstellen sowie bestimmte Planungsträger ermächtigen, Bauleitpläne aufzustellen. Die Bauleitplanung hat dabei immer die Entwicklung eines als Einheit beplanten Raumes zum Gegenstand. Das einzelne Bauvorhaben stellt nur insoweit einen Gegenstand der Bauleitplanung dar, als es um seine Einpassung in einen bestimmten räumlichen Zusammenhang geht.

Demgegenüber beschäftigt sich das Bauordnungsrecht mit der Errichtung des einzelnen Bauwerkes. Es regelt die Genehmigungsbedürftigkeit, das Genehmigungsverfahren, die baugestalterischen Anforderungen und soll insbesondere Gefahren abwehren, die vom einzelnen Bauwerk ausgehen, ästhetischen Verunstaltungen entgegenwirken sowie Mißstände bei der Benutzung von Bauwerken ausschließen.

Das Recht der Bodenordnung schließlich soll die tatsächliche Verwirklichung der Bauleitplanung sicherstellen und regelt die Neuordnung der Grundstücksverhältnisse, insbesondere durch Umlegung und Grenzregelung.

1.3
Verfassungsrechtliche Kompetenzverteilung

Nach der Kompetenzverteilung des Grundgesetzes besitzen die Länder die Kompetenz zur gesetzlichen Regelung all derjenigen Bereiche, in denen die Zuständigkeit nicht dem Bund zugewiesen ist. Im Grundgesetz fehlt eine eindeutige Zuweisung der Sachmaterie „Baurecht"[82] an den Bund. Allerdings findet sich in verschiedenen Einzelbereichen, vor allem in den Art. 74 Nr. 18, 75 Nr. 3 und 4 GG, eine Zuweisung von baurechtlich relevanten Gesetzgebungskompetenzen an den

---

[82] zur Reichweite dieser Kompetenzen im einzelnen s. das Baurechtsgutachten des Bundesverfassungsgerichts in BVerfGE 3, 407

Bund. Aufgrund dieser Einzelkompetenzen hat der Bund vor allem das Recht der Bauleitplanung im Baugesetzbuch (BauGB) und der Baunutzungsverordnung (BauNVO) umfassend geregelt. Zur Beschleunigung des Planungsverfahrens hatte er zudem das Maßnahmengesetz zum Baugesetzbuch (BauGB-MaßnahmenG) erlassen, das zeitlich befristet bis zum 31.12.1997 galt und dessen Regelungen nunmehr zum Teil in die Neufassung des BauGB aufgenommen wurden. Des weiteren enthalten verschiedene Gesetze baurechtlich relevante Vorschriften, etwa das Raumordnungsgesetz und das Bundesnaturschutzgesetz.

Eine Bundeszuständigkeit zum Erlaß bauordnungsrechtlicher Vorschriften läßt sich hingegen aus dem Grundgesetz nicht ableiten. Dementsprechend finden sich die Regelungen des Bauordnungsrechts in den verschiedenen Landesbauordnungen der Bundesländer, in Berlin etwa in der Bauordnung für Berlin. Zu den einzelnen Bauordnungen haben die Bundesländer zumeist Durchführungsvorschriften erlassen.

2 Bauleitplanungs- und Raumordnungsrecht

Die Bauplanung läßt sich in zwei Bereiche einteilen: die Raumordnung und die Bauleitplanung.

2.1
Raumordnung

Durch das Raumordnungsgesetz des Bundes (ROG) werden die Grundsätze festgelegt, nach denen der Gesamtraum der Bundesrepublik Deutschland und seine Teilräume zu entwickeln, zu ordnen und zu sichern sind (§ 1 Abs. 1 ROG). Das Gesetz stellt dabei die Kriterien auf, die bei der Raumordnung zu berücksichtigen sind (§ 2 Abs. 2 ROG). Die Raumordnung wird vordringlich von den Ländern getragen, die gemäß § 6 ROG zur Schaffung von Landesplanungsgesetzen ermächtigt werden. Solche Gesetze waren von den Ländern bereits aufgrund des Raumordnungsgesetzes in seiner früheren Fassung mit Ausnahme der Stadtstaaten erlassen worden. Die Ziele der Raumordnung sind grundsätzlich nur von den öffentlichen Stellen zu berücksichtigen. Wirkungen gegenüber Personen des Privatrechts bestehen grundsätzlich nicht, es sei denn, diese werden in Wahrnehmung öffentlicher Aufgaben tätig (§ 4 ROG). Das ROG enthält im übrigen nur Rahmenvorschriften, die die Länder durch Landesgesetz innerhalb von 4 Jahren nach Inkrafttreten des ROG auszuführen haben (§ 22 ROG).

2.2
Bauleitplanung

Aufgabe der Bauleitplanung ist es, die bauliche und sonstige Nutzung der Grundstücke vorzubereiten und zu leiten. Dieser Grundsatz läßt sich § 1 Abs. 1 Baugesetzbuch (BauGB) entnehmen, in dem die Bauleitplanung als Teil des allgemeinen Städtebaurechts geregelt ist. Verantwortlich für die Bauleitplanung sind die Gemeinden (§ 2 Abs. 1 Satz 1 BauGB). Als Instrumente stehen den Gemeinden der Flächennutzungsplan (FNP) und der Bebauungplan (B-Plan) zur Verfügung (§ 1 Abs. 2 BauGB). Soll die Bauleitplanung in Zusammenarbeit mit Privaten durchgeführt werden, sind zudem der städtebauliche Vertrag (§ 11 BauGB) und der vorhabenbezogene Bebauungsplan, dem ein Vorhaben- und Erschließungsplan zugrunde liegt (§ 12 BauGB), möglich, die bis zum 31.12.1997 im BauGB-MaßnahmenG geregelt waren. Daneben ist die Gemeinde auch für die zur Sicherung und Verwirklichung der Planung bestimmten Maßnahmen zuständig.

Die bislang vorgesehenen Sonderregelungen für die neuen Bundesländer (§§ 246a BauGB a. F., 19 BauGB-MaßnahmenG) sind zum 31.12.1997 entfallen. Sonderregelungen bestehen nur noch im Hinblick auf die Stadtstaaten Berlin, Bremen und Hamburg (§ 246 BauGB) sowie für Berlin als Hauptstadt der Bundesrepublik Deutschland (§ 247 BauGB).

2.2.1
Zuständigkeit und Verfahren

Nach § 2 Abs. 1 BauGB sind Bauleitpläne von der Gemeinde in eigener Verantwortung aufzustellen. Diese Kompetenzzuweisung an die Gemeinden folgt schon aus Art. 28 Abs. 2 Satz 1 GG, wonach die Gemeinden das Recht haben, ihre „örtlichen Angelegenheiten in eigener Verantwortung zu regeln".

In Berlin und Hamburg, wo es keine Trennung staatlicher und gemeindlicher Tätigkeit gibt, ist die Zuständigkeit zur Aufstellung von Bauleitplänen abweichend geregelt (vgl. § 246 BauGB). In Berlin ist nach § 2 AGBauGB der Senat für die Aufstellung des Flächennutzungsplanes zuständig. Der Flächennutzungsplan bedarf der Zustimmung durch das Abgeordnetenhaus. Die Aufstellung von Bebauungsplänen ist in § 4 AGBauGB geregelt. Sie werden vom zuständigen Mitglied des Senats als Rechtsverordnung erlassen, die der Zustimmung durch die jeweils betroffene Bezirksverordnetenversammlung bedarf.

Die Gemeinden haben nicht nur das Recht zur Bauleitplanung, sie sind nach § 1 Abs. 3 BauGB zur Aufstellung solcher Pläne auch verpflichtet, sobald und soweit es für die städtebauliche Entwicklung und Ordnung der Gemeinde erforderlich ist. Die Erfüllung dieser Pflicht kann allerdings nur im Wege kommunaler Aufsicht durchgesetzt werden; ein individueller Anspruch des einzelnen Bürgers auf Erlaß eines Bebauungsplanes besteht nach § 2 Abs. 3 BauGB nicht. Allerdings haben die Bürger einen Anspruch auf Beteiligung an der Bauleitplanung im Rahmen des § 3 BauGB. Eine Verletzung dieser Vorschriften kann zur Unwirksamkeit der Bauleitplanung führen (§ 214 Abs. 1 BauGB).

Neben der Beteiligung der Bürger sind zudem die sog. Träger öffentlicher Belange gemäß § 4 BauGB zu beteiligen. Es handelt sich dabei um solche öffentlichen Stellen, deren Aufgabenbereiche durch die Planung berührt werden (§ 4 Abs. 1 BauGB). Gemäß § 4a BauGB sind auch Gemeinden und Träger öffentlicher Belange von Nachbarstaaten zu beteiligen, soweit die Bauleitplanung erhebliche Auswirkungen auf den Nachbarstaat hat.

Der Flächennutzungsplan wird als einfacher Gemeindebeschluß (vgl. § 7 Satz 2 BauGB), der Bebauungsplan als Satzung (§ 10 BauGB) erlassen. Der Flächennutzungsplan bedarf zu seiner Wirksamkeit grundsätzlich der Genehmigung durch die kommunale Aufsichtsbehörde (§§ 6 Abs. 1 BauGB). Für einen Bebauungsplan ist eine Genehmigung nur dann erforderlich, wenn er nicht aus einem Flächennutzungsplan entwickelt wurde (10 Abs. 2 BauGB); für Bebauungspläne, die aus einem Flächennutzungsplan entwickelt wurden, kann die Landesgesetzgebung vorsehen, daß diese der Aufsichtsbehörde anzuzeigen sind (§ 246 Abs. 1a BauGB; die Anzeigepflicht entspricht der allgemeinen Rechtslage bis zum 31.12.1997

(§ 11 Abs. 1 BauGB a. F.). Die Genehmigung darf nur versagt werden, wenn die Bauleitplanung nicht ordnungsgemäß zustande gekommen, also verfahrensfehlerhaft ist oder wenn sie mit materiellem Bauplanungsrecht nicht vereinbar ist (§§ 6 Abs. 2, 10 Abs. 2 Satz 2 BauGB). Zu den wesentlichen Verfahrensvorschriften, die bei der Aufstellung von Bauleitplänen zu beachten sind, gehört die Bürgerbeteiligung in allen Stadien des Planungsvorgangs, die in § 3 BauGB ausführlich geregelt ist.

2.2.2
Grundsätze der Planung und planerischen Abwägung

2.2.2.1
Erforderlichkeitsprinzip

Nach § 1 Abs. 3 BauGB ist eine Planung aufzustellen, „sobald und soweit es für die städtebauliche Entwicklung und Ordnung erforderlich ist". Freilich räumt die Rechtsprechung der Verwaltung zur Feststellung der Erforderlichkeit der Planung einen weiten Beurteilungsspielraum ein (BVerwGE 34, 301). Nach Ansicht des BVerwG ist eine Planung nämlich schon dann erforderlich im Sinne des Baugesetzbuches, wenn sie „nach der planerischen Konzeption der Gemeinde" erforderlich ist (BVerwG NJW 71, 1626).

2.2.2.2
Bauplanungsgrundsätze

Erster Schritt bei der Erstellung eines Bauleitplanes ist die Ermittlung der relevanten Planungskriterien, des Abwägungsmaterials. Bei der Ermittlung der Planungskriterien ist § 1 Abs. 5 BauGB zu beachten. § 1 Abs. 5 Satz 1 BauGB umschreibt drei zentrale planerische Ziele: eine sozialgerechte Bodennutzung, die Sicherung einer menschenwürdigen Umwelt sowie Schutz und Entwicklung der natürlichen Lebensgrundlagen. § 1 Abs. 5 Satz 2 BauGB führt aus, welche Belange im einzelnen Berücksichtigung finden müssen. § 1a Abs. 1 BauGB schließlich bestimmt, daß mit Grund und Boden sparsam umgegangen werden soll. Insgesamt soll den Belangen des Umweltschutzes durch die Neufassung des Gesetzes stärker Rechnung getragen werden.

Die Rechtsprechung behandelt die in § 1 Abs. 5 BauGB aufgestellten Kriterien als unbestimmte Rechtsgrundsätze. Dies bedeutet mit anderen Worten, daß ihr Vorliegen in vollem Umfang gerichtlicher Kontrolle unterliegt (BVerwGE 34, 301, 308).

Neben den oben genannten Grundsätzen hat der Bauplanungsträger seine Planung auch auf die Planungen Dritter abzustimmen. Insbesondere sind Bauleitpläne den Zielen der Landesplanung anzupassen (§ 1 Abs. 4 BauGB). Sodann enthält § 2 Abs. 2 BauGB ein sog. nachbargemeindliches Abstimmungsgebot, wonach die Bauleitpläne benachbarter Gemeinden inhaltlich aufeinander abzustimmen sind. Entgegen dem Wortlaut der Bestimmung ist es dabei nicht unbedingt erforderlich, daß die Nachbargemeinde bereits eine entsprechende Bauleitplanung vorgenommen hat. Ausreichend ist vielmehr, daß die Gemeinde durch Auswirkungen der Planung unmittelbar und in gewichtiger Weise betroffen wird (BVerwG BauR 72, 325). Die Verletzung dieser Abstimmungspflicht führt zur Nichtigkeit der Planung in den Grenzen der §§ 214–215a BauGB.

2.2.2.3
Abwägungsgebot

Kernstück der planerischen Tätigkeit ist die Abwägung der nach § 1 Abs. 5 BauGB als relevant erkannten planerischen Belange. Nach § 1 Abs. 6 BauGB sind bei der Aufstellung der Bauleitpläne die öffentlichen und die privaten Belange gegeneinander und untereinander gerecht abzuwägen. Dieses Abwägungsgebot betrifft gleichermaßen den Abwägungsvorgang wie das Abwägungsergebnis.

Hinsichtlich des Abwägungsvorgangs verlangt das Gesetz, daß überhaupt eine Abwägung vorgenommen wird. Dabei muß die Gemeinde vollständig alle in Betracht kommenden Belange prüfen und in die Abwägung der gegenseitigen Interessen einbeziehen (so z. B. BVerwGE 34, 301).

Für das Abwägungsergebnis verlangt § 1 Abs. 6 BauGB, daß keine Fehleinschätzung der Bedeutung der einzelnen Belange vorliegt. Dabei muß der Ausgleich der einzelnen von der Planung betroffenen öffentlichen und privaten Belange in einer Weise vorgenommen werden, die zum objektiven Gewicht der einzelnen Belange nicht außer Verhältnis steht (BVerwGE a. a. O., S. 309).

Fehler im Abwägungsergebnis führen immer zur Nichtigkeit der Bauleitplanung (BVerwGE 45, 309, 314). Demgegenüber beeinflussen Fehler im Abwägungsvorgang die Wirksamkeit der Bauleitplanung nur in den Grenzen des § 214 Abs. 3 Satz 2 BauGB. Danach müssen die Fehler offensichtlich sein (also etwa sich aus den Beratungsprotokollen des Gemeinderates ergeben; vgl. BVerwGE 64, 33, 38) und das Abwägungsergebnis beeinflußt haben. Zu berücksichtigen sind zudem die Rügefristen gemäß § 215 Abs. 1 BauGB, nach deren Ablauf Fehler unbeachtlich sind. Weiterhin bestehen gemäß § 215 a Abs. 1 BauGB Heilungsmöglichkeiten.

2.2.3
Bauleitpläne im einzelnen

2.2.3.1
Der Flächennutzungsplan

Der Flächennutzungsplan ist nach § 1 Abs. 2 BauGB ein vorbereitender Bauleitplan. Er ist also nur die Vorstufe zu einer im einzelnen verbindlichen Planung, dem Bebauungsplan. Der Flächennutzungsplan bindet die Gemeinde selbst insoweit, als Bebauungspläne aus dem Flächennutzungsplan zu entwickeln sind (§ 8 Abs. 2 Satz 1 BauGB).

Der Flächennutzungsplan soll die künftige bauliche Entwicklung des Gemeindegebietes regeln. Er muß grundsätzlich das gesamte Gemeindegebiet umfassen und die Art der Bodennutzung nach den voraussehbaren Bedürfnissen der Gemeinde in den Grundzügen darstellen (§ 5 Abs. 1 Satz 1 BauGB). Nur ausnahmsweise dürfen Flächen und sonstige Darstellungen ausgenommen werden, wenn beabsichtigt ist, sie zu einem späteren Zeitpunkt darzustellen (§ 5 Abs. 1 Satz 2 BauGB). Im Flächennutzungsplan können die einzelnen Arten der Nutzung nach Maßgabe des § 5 Abs. 2 und Abs. 3 BauGB i. V. m. § 1 Abs. 1 und Abs. 2 BauNVO dargestellt werden. In jedem Fall beschränkt sich die Planung auf die Bodennutzung als solche, die äußere Gestaltung der baulichen Anlagen ist nicht geregelt.

Gemäß § 8 Abs. 2 Satz 2 BauGB ist ein Flächennutzungsplan ausnahmsweise nicht notwendig, wenn der Bebauungsplan ausreicht, um die städtebauliche Entwicklung zu ordnen. Naturgemäß wird dies jedoch nur in kleinen Gemeinden mit geringer Baudichte möglich sein.

Unmittelbare rechtliche Wirkungen hat der Flächennutzungsplan nur gegenüber der Gemeinde (§ 8 Abs. 2 S. 1 BauGB) und gegenüber anderen öffentlichen Planungsträgern. Gegenüber dem einzelnen Bürger entfaltet er keine unmittelbare Rechtswirkung (BVerwG BauR 84, 269). Mangels einer Außenwirkung ist der Flächennutzungsplan weder Verwaltungsakt noch Rechtsnorm, sondern vielmehr eine hoheitliche Maßnahme eigener Art.

2.2.3.2
Der Bebauungsplan

Der zweite Schritt der gemeindlichen Bauleitplanung ist die Aufstellung eines Bebauungsplanes. Dieser ist aus dem Flächennutzungsplan zu entwickeln (§ 8 Abs. 2 Satz 1 BauGB). Ein Verstoß gegen dieses Gebot führt grundsätzlich zur Nichtigkeit des Bebauungsplanes, soweit nicht nach § 214 Abs. 2 Nr. 1–4 BauGB etwas anderes gilt. Will die Gemeinde daher von ihrer Planung im Flächennutzungsplan abweichen, so muß sie ihn ändern. Allerdings erleichtert § 8 Abs. 3 BauGB eine solche Änderung, indem er es ermöglicht, mit der Aufstellung eines Bebauungsplanes zugleich auch den Flächennutzungsplan in einem sog. Parallelverfahren zu ändern. Darüber hinaus gibt § 8 Abs. 4 BauGB der Gemeinde die Möglichkeit, ohne vorherige Verabschiedung eines Flächennutzungsplanes einen Bebauungsplan aufzustellen – einen sog. vorzeitigen Bebauungsplan –, wenn dringende Gründe dies erfordern und der Bebauungsplan der beabsichtigten städtebaulichen Entwicklung des Gemeindegebietes nicht entgegenstehen wird. Auch in diesem Fall bleibt also ein vorrangiger Flächennutzungsplan grundsätzlich erforderlich, doch wird von diesem Erfordernis ausnahmsweise abgesehen, um erhebliche Nachteile für die Entwicklung der Gemeinde zu vermeiden oder um die Durchführung eines Vorhabens zu ermöglichen, das in dringendem öffentlichen Interesse liegt. Darauf, ob die Gemeinde selbst es verschuldet hat, daß kein Flächennutzungsplan vorliegt, kommt es nicht an. Sogar wenn die Gemeinde die Bedeutung des Erfordernisses dringender Gründe verkannt hat, bleibt die Wirksamkeit des Bebauungsplanes unberührt (§ 214 Abs. 2 Nr. 1 BauGB).

Anders als der Flächennutzungsplan umfaßt der Bebauungsplan im allgemeinen nicht das Gebiet einer ganzen Gemeinde, sondern nur Teile davon. Den möglichen

Inhalt des Bebauungsplanes beschreibt § 9 Abs. 1 Nr. 1 bis 26 BauGB. Dabei kann der genaue Inhalt des Bebauungsplanes immer nur in Verbindung mit der BauNVO ermittelt werden. Große Bedeutung hat die Festsetzung von Art und Maß der baulichen Nutzung. Die Art der Nutzung wird nach § 1 Abs. 2 und 3 BauNVO durch die Darstellung als Baugebiete festgesetzt. Hierbei können zehn verschiedene Arten von Baugebieten ausgewiesen werden: Kleinsiedlungsgebiete, reine allgemeine Wohngebiete, besondere Wohngebiete, Dorfgebiete, Mischgebiete, Kerngebiete, Gewerbegebiete, Industrie- und Sondergebiete. Nach § 1 Abs. 3 BauNVO werden durch die jeweilige Festsetzung die Vorschriften der §§ 2–14, die die zulässigen Nutzungen in den verschiedenen Baugebieten im Detail beschreiben, Bestandteil des Bebauungsplanes. Das Maß der Nutzung wird nach §§ 16 ff BauNVO festgesetzt. Nach § 16 Abs. 2 BauNVO können im Bebauungsplan die Grundflächenzahl, die Geschoßflächenzahl, die Zahl der Vollgeschosse und die Höhe der baulichen Anlagen festgesetzt werden. Was darunter im einzelnen zu verstehen ist, ergibt sich aus §§ 18 bis 21a BauNVO. § 17 BauNVO bestimmt die Grenzen der Festsetzungen für die verschiedenen Baugebiete.

Nach § 10 BauGB beschließt die Gemeinde den Bebauungsplan als Satzung. Unter Satzungen versteht man im öffentlichen Recht Rechtsvorschriften, die von einer juristischen Person des öffentlichen Rechts im Rahmen der ihr gesetzlich verliehenen Autonomie mit Wirkung für die ihr angehörenden oder unterworfenen Personen erlassen werden (BVerfGE 10, 20, 49f). Der Bebauungsplan ist also Rechtsnorm. Als solche wäre er immer schon dann nichtig, wenn er fehlerhaft zustande gekommen wäre oder gegen höheres Recht verstieße. Diese Rechtsfolge wird indessen durch §§ 214–215a BauGB dahingehend eingeschränkt, daß die Verletzung bestimmter Vorschriften nur beschränkt zur Nichtigkeit des Bebauungsplanes führt.

2.2.3.3
Vorhaben- und Erschließungsplan

Der Vorhaben- und Erschließungsplan ist ein neues Instrument städtebaulicher Planung. Dies galt ursprünglich nur im Gebiet der neuen Bundesländer, ist jedoch durch § 7 BauGB-MaßnahmenG für die gesamte Bundesrepublik übernommen worden und nunmehr in § 12 BauGB modifiziert als ständiges Rechtsinstitut in die Rechtsordnung aufgenommen worden.

Beim Vorhaben- und Erschließungsplan handelt es sich um einen vorhabenbezogenen Bebauungsplan, auf den grundsätzlich sämtliche Bestimmungen Anwendung finden, die auch auf den Bebauungsplan nach § 8 BauGB anzuwenden sind (§ 12 Abs. 1 BauGB).

Voraussetzung ist, daß eine dritte Person auf der Grundlage eines mit einer Gemeinde abgestimmten Planes zur Durchführung eines Vorhabens und dafür notwendiger Erschließungsmaßnahmen bereit und in der Lage ist. Sie muß sich zur Durchführung des Vorhabens innerhalb einer bestimmten Frist und zur zumindest teilweisen Tragung der Planungs- und Erschließungskosten verpflichten. Der Vorhaben- und Erschließungsplan wird Bestandteil eines Bebauungsplanes (§ 12

Abs. 3 Satz 1 BauGB), wobei sich der Vorhabenträger allerdings bereits vor dem Beschluß im sog. Durchführungsvertrag zur Erfüllung der oben genannten Pflichten bereit erklären muß. Ein Rechtsanspruch auf den Erlaß eines Bebauungsplanes hat der Vorhabenträger nicht (§ 12 Abs. 2 BauGB).

Wird das Vorhaben nicht innerhalb der vereinbarten Frist durchgeführt, soll die Gemeinde den Bebauungsplan wieder aufheben. Der Vorhabenträger kann deswegen keine Ansprüche gegen die Gemeinde geltend machen (§ 12 Abs. 6 BauGB).

Im Gegensatz zur früheren Rechtslage nach dem BaumaßnahmenG wird durch die jetzige Rechtslage die Beteiligung der Bürger gestärkt, da nicht mehr auf die frühzeitige Bürgerbeteiligung gemäß § 3 Abs. 1 BauGB verzichtet werden kann.

2.2.3.4
Städtebaulicher Vertrag

Ebenfalls aus dem BauGB-MaßnahmenG übernommen wurde die Regelung des städtebaulichen Vertrags (§ 11 BauGB). Im Wege einer vertraglichen Regelung können dem Vertragspartner der Gemeinde die Durchführung und Übernahme von Kosten verschiedener Maßnahmen übertragen werden, so z. B. die Neuordnung von Grundstücksverhältnissen, die Bodensanierung oder die Ausarbeitung städtebaulicher Planungen (vgl. § 11 Abs. 1 BauGB).

Die Grenzen des städtebaulichen Vertrags, der jedenfalls der Schriftform bedarf (§ 11 Abs. 3 BauGB), liegen darin, daß vereinbarte Leistungen den Umständen nach angemessen sein müssen und eine solche Leistung nicht vereinbart werden darf, auf die der begünstigte Vertragspartner ohnehin einen Anspruch hätte (§ 11 Abs. 2 BauGB).

2.3
Sicherung und Verwirklichung der Bauleitplanung

Das BauGB enthält eine Reihe von Instrumentarien, mit denen sichergestellt werden soll, daß durch Maßnahmen einzelner nicht die Festsetzung der Bauleitplanung umgangen werden kann bzw. die Verwirklichung der in der Bauleitplanung festgelegten Ziele erreicht wird. Auch für diese Maßnahmen sind grundsätzlich die Gemeinden zuständig.

2.3.1
Veränderungssperre

Die Veränderungssperre (§ 14 BauGB) dient dazu, zu verhindern, daß während der Aufstellung eines Bebauungsplanes durch Veränderungen an den planbetroffenen Grundstücken die Planungsabsichten der Gemeinde bereits im Vorfeld unterlaufen werden können. Sie ergeht als Satzung nach § 16 Abs. 1 BauGB (in Berlin als Rechtsverordnung, § 8 Abs. 1 AGBauGB) und enthält ein Verbot, bauliche Vorhaben i. S. d. § 29 BauGB[83] durchzuführen oder erheblich oder wesentlich wertsteigernde Veränderungen an Grundstücken und baulichen Anlagen vorzunehmen, deren Veränderungen nicht genehmigungs-, zustimmungs- oder anzeigepflichtig sind. Voraussetzung für eine Veränderungssperre ist, daß die Gemeinde bereits einen förmlichen Beschluß gefaßt hat, für das betroffene Gebiet einen Bebauungsplan aufzustellen, zu ändern, zu ergänzen oder aufzuheben. Außerdem muß die Veränderungssperre erforderlich sein, um die Planung für den Planbereich zu sichern (§ 14 Abs. 1 BauGB).

Liegt eine rechtmäßige Veränderungssperre vor, so sind Baugenehmigungen zu versagen, die der Veränderungssperre widersprechen. Eine Veränderungssperre tritt nach Ablauf von zwei Jahren außer Kraft. Die Zwei-Jahres-Frist kann zweimal um jeweils ein weiteres Jahr verlängert werden, wobei die zweite Verlängerung durch besondere Umstände gerechtfertigt sein muß sowie der Zustimmung einer Aufsichtsbehörde bedarf (§ 17 Abs. 1 Satz 3, Abs. 2 BauGB). Dauert die Veränderungssperre unter Anrechnung eventueller Zurückstellungen insgesamt länger als vier Jahre, so ist nach § 18 BauGB eine Entschädigung zu zahlen.

2.3.2
Zurückstellung von Baugesuchen

Auch der Erlaß einer Veränderungssperre kann einige Zeit in Anspruch nehmen. Um auch in der Zeit bis zu ihrem Erlaß die vorgesehene Bauplanung zu sichern, räumt § 15 Abs. 1 BauGB der Gemeinde das Recht ein, von der Baugenehmigungsbehörde zu verlangen, die Entscheidung über die Zulässigkeit eines Bauvorhabens für einen Zeitraum bis zu 12 Monaten auszusetzen. Anders als die Veränderungssperre ist die Zurückstellung kein Versagungsgrund, sondern ermöglicht eine Aussetzung des Verfahrens. Während dieser Zeit kann das Baugesuch überhaupt nicht beschieden werden, also weder genehmigt noch untersagt werden.

Bedingung für eine Zurückstellung ist zunächst, daß die Voraussetzungen für eine Veränderungssperre vorliegen. Sodann muß die konkrete Gefahr bestehen, daß das geplante Bauwerk die Durchführung der Planung unmöglich macht oder wesentlich erschwert.

Zurückstellungen sind bei der Berechnung der Vier-Jahres-Frist für die Entschädigung gemäß § 18 BauGB miteinzubeziehen (§ 18 Abs. 1 Satz 1 BauGB).

2.3.3
Teilungsgenehmigung

Um sicherzustellen, daß durch die privatrechtliche Teilung eines Grundstücks nicht die planungsrechtlichen Absichten der Gemeinde durchkreuzt werden, ist eine Genehmigung vorgesehen, die sog. Teilungsgenehmigung. Diese war nach dem bis zum 31.12.1997 geltenden Recht für umfangreiche Fallgestaltungen vorgesehen (vgl. § 19 Abs. 1 BauGB a. F.). Durch die Neufassung wurden die Verpflichtungen zur Einholung einer Teilungsgenehmigung wesentlich eingeschränkt.

---

[83] s. S. 232

Zudem sind die Länder befugt, generell auf eine Teilungsgenehmigung zu verzichten (§ 19 Abs. 5 BauGB).

Ist dies nicht der Fall, kann die Gemeinde durch Satzung bestimmen, daß die Teilung von Grundstücken, die sich im Geltungsbereich eines qualifizierten oder einfachen Bebauungsplanes befinden, der Genehmigung bedarf. Im Rahmen eines vorhabenbezogenen Bebauungsplanes nach § 12 BauGB kann eine Teilungsgenehmigung nicht vorgesehen werden (§ 19 Abs. 1 BauGB).

Die Genehmigung erfolgt in jedem Fall durch die Gemeinde. Über sie ist innerhalb eines Monats nach Eingang des Antrags zu entscheiden. Die Frist kann allenfalls um 3 Monate verlängert werden. Erfolgt die Versagung nicht innerhalb der Frist, so gilt die Genehmigung als erteilt (§ 19 Abs. 3 BauGB).

Eine Genehmigung ist dann zu versagen, wenn die Teilung oder die mit ihr bezweckte Nutzung mit den Festsetzungen des Bebauungsplanes nicht vereinbar wäre (§ 20 Abs. 1 BauGB).

Im Gegensatz zum früheren Recht (§ 21 BauGB) entfaltet die erteilte Teilungsgenehmigung keine Bindungswirkung. Bei einer später beantragten Baugenehmigung ist die Frage der planungsrechtlichen Zulässigkeit des Vorhabens erneut zu klären.

2.3.4
Vorkaufsrecht

Die §§ 24 ff BauGB räumen den Gemeinden ein Vorkaufsrecht ein, um ihnen den Erwerb von Grundstücken zur Durchführung ihrer Bauleitplanung zu ermöglichen. Dieses Recht gilt jedoch nicht für Wohnungseigentum oder Erbbaurechte (§ 24 Abs. 2 BauGB),

Das Gesetz unterscheidet zwischen dem allgemeinen Vorkaufsrecht, das unter den Voraussetzungen der §§ 24 Abs. 1 BauGB ohne weiteres besteht, und den besonderen Vorkaufsrechten, die unter den Voraussetzungen des § 25 Abs. 1 BauGB durch Satzung begründet werden können. Beide Vorkaufsrechte können unter den Bedingungen des § 26 BauGB ausgeschlossen sein und durch den Käufer gemäß § 27 BauGB abgewendet werden, wenn er die städtebaulichen Ziele und Zwecke selbst erfüllt.

Das Vorkaufsrecht wird durch Verwaltungsakt ausgeübt. Die Rechtsfolge ist, daß die Gemeinde nach den Vorschriften der §§ 504, 505 Abs. 2, 506–509 und 512 BGB in den Vertrag zwischen Verkäufer und Käufer eintritt. Kaufpreis ist in der Regel der zwischen den ursprünglichen Vertragsparteien vereinbarte (§ 28 Abs. 2 Satz 2 BauGB i. V. m. § 505 Abs. 2 BGB). Ist der zwischen dem Verkäufer und dem Käufer vereinbarte Kaufpreis allerdings in einer dem Rechtsverkehr erkennbaren Weise deutlich über dem Verkehrswert festgelegt, so hat die Gemeinde die Möglichkeit, den Kaufpreis auf den Verkehrswert des Grundstücks zurückzuführen. Führt die Gemeinde den Kaufpreis auf den Verkehrswert zurück, so hat der Verkäufer die Möglichkeit, innerhalb eines Monats nach Ablauf der Anfechtungsfrist des Verwaltungsaktes vom Vertrag zurückzutreten (§ 28 Abs. 3 BauGB).

Die vorgenannte Regelung gilt entsprechend, wenn die Gemeinde das Vorkaufsrecht zugunsten eines Dritten ausübt (§ 27a BauGB). Diese ursprünglich in § 3 Abs. 4 BauGB-MaßnahmenG vorgesehene Möglichkeit ist damit ebenfalls in die allgemein geltende Rechtsordnung aufgenommen worden. In diesem Fall kommt mit der Ausübung des Vorkaufsrechts der Kaufvertrag zwischen dem Verkäufer und dem von der Ausübung des Vorkaufsrechts Begünstigten zustande. Die Gemeinde haftet neben dem Begünstigten als Gesamtschuldnerin für die Verpflichtungen aus dem Kaufvertrag (§ 27a Abs. 2 BauGB).

2.3.5
Enteignungsrechte

Die §§ 85 ff BauGB regeln die Enteignung von Eigentum, sonstigen dinglichen Rechten und gewissen obligatorischen Rechten zum Erwerb, Besitz oder zur Nutzung eines Grundstücks (§ 86 Abs. 1 BauGB), soweit diese nötig ist, um die Zwecke der Bauleitplanung zu erreichen. Die Enteignung darf nur zu einem der in § 85 BauGB genannten Zwecke erfolgen. Sie muß für das Wohl der Allgemeinheit erforderlich sein und der Enteignungszweck darf nicht auf andere zumutbare Weise erreichbar sein (§ 87 Abs. 1 BauGB).

Zuständig für das Verfahren ist nicht die Gemeinde, sondern die vom Landesrecht bestimmte höhere Behörde (§ 104 Abs. 1 BauGB). Die Enteignung erfolgt nur gegen Entschädigung, die sich nach dem Verkehrswert des Grundstücks oder sonstigen Gegenstands der Enteignung richtet (§ 95 Abs. 1 BauGB). Streitigkeiten im Rahmen des Enteignungsverfahrens werden von den Zivilgerichten entschieden. Dazu werden bei den Land- und Oberlandesgerichten Kammern bzw. Senate für Baulandsachen gebildet (§§ 217 Abs. 1 Satz 4, 229 Abs. 1 BauGB).

2.3.6
Weitere Maßnahmen

2.3.6.1
Umlegung (§§ 45 bis 79 BauGB)

Das Umlegungsverfahren dient dazu, Grundstücke zu schaffen, die nach Lage, Form und Größe für die bauliche oder sonstige Nutzung zweckmäßig gestaltet sind (§ 45 Abs. 1 Satz 1 BauGB). Für die Umlegung sind grundsätzlich die Gemeinden zuständig. Sie ist vorzunehmen, wenn und sobald sie zur Verwirklichung eines Bebauungplanes notwendig ist (§ 46 Abs. 1 BauGB). Die Umlegung kann durch eine Verfügungs- und Veränderungssperre gesichert werden; für die Teilung von Grundstücken ist eine Genehmigung erforderlich (§ 51 Abs. 1 BauGB).

Die im Umlegungsgebiet (§ 52 BauGB) gelegenen Grundstücke werden nach ihrer Fläche rechnerisch zu einer Masse vereinigt (§ 55 Abs. 1 BauGB). Aus dieser Umlegungsmasse werden den einzelnen Berechtigten Grundstücke zugeteilt, wobei vorab Flächen ausgeschieden werden, die öffentlichen Zwecken im Sinne des § 55 Abs. 2 BauGB dienen. Die verbleibende Fläche wird unter die beteiligten Grundeigentümer verteilt, wobei die Grundstückseigentümer die Grundstücke in gleicher oder gleichwertiger Lage wie die eingeworfenen Grundstücke erhalten sollen. Ist auf diesem Wege ein Ausgleich für einzelne Grundstückseigentümer nicht zu schaffen, so haben sie Anspruch auf eine Abfindung in Geld (§§ 56–60 BauGB).

2.3.6.2
Grenzregelung (§§ 80 bis 84 BauGB)

Bei der Grenzregelung geht es darum, durch den Tausch von Grundstücken oder Teilen davon eine ordnungsgemäße Bebauung herbeizuführen.

2.3.6.3
Erhaltungssatzung (§§ 172 bis 174 BauGB)

Die Gemeinden sind berechtigt, im Rahmen eines Bebauungplanes oder einer anderen Satzung Gebiete zu bezeichnen, in denen der Rückbau, die Änderung oder die Nutzungsänderung baulicher Anlagen der Genehmigung bedürfen. Zweck ist, die städtebauliche Eigenart eines Gebiets oder die Zusammensetzung der Wohnbevölkerung zu erhalten, insbesondere auch bei städtebaulichen Umstrukturierungen.

2.3.6.4
Planverwirklichungsgebote (§§ 175 bis 179 BauGB)

Der Eigentümer eines Grundstücks kann im Rahmen dieser Vorschriften zu bestimmten Verhaltensweisen verpflichtet werden, wenn sie städtebaulich erforderlich sind.

So kann er verpflichtet werden, ein Grundstück entsprechend den Festsetzungen eines Bebauungsplanes zu bebauen oder ein vorhandenes Gebäude oder eine vorhandene sonstige bauliche Anlage den Festsetzungen des Bebauungsplanes anzupassen, soweit sich diese im Geltungsbereich eines Bebauungsplanes befinden. Wirtschaftliche Belange des Eigentümers sind zu berücksichtigen. Kommt der Eigentümer seinen Verpflichtungen nicht nach, kann das Grundstück enteignet werden (§ 176 BauGB).

Möglich ist zudem, einem Grundstückseigentümer aufzugeben, eine bauliche Anlage zu modernisieren bzw. instand zu setzen (§ 177 BauGB).

Gemäß § 178 BauGB kann die Gemeinde dem Eigentümer eines Grundstücks aufgeben, ein Grundstück entsprechend den Festsetzungen in einem Bebauungsplan zu bepflanzen.

Weiterhin kann die Gemeinde gemäß § 179 BauGB den Eigentümer eines Grundstücks verpflichten, darauf stehende bauliche Anlagen zu beseitigen, die der Festsetzung des Bebauungsplanes nicht entsprechen und ihnen nicht angepaßt werden können oder die Mißstände oder Mängel aufweisen, die durch Modernisierung oder Instandsetzung nicht behoben werden können. Ebenfalls kann ein Grundstückseigentümer verpflichtet werden, die Versiegelung des Bodens von dauerhaft nicht mehr genutzten Flächen zu beseitigen. Entstehen dem Eigentümer oder sonstigen Betroffenen Vermögensnachteile, so hat er/haben sie einen Anspruch gegen die Gemeinde auf Entschädigung in Geld.

2.4
Rechtsschutz gegen Planungsmaßnahmen

Wie oben bereits ausgeführt, handelt es sich bei Flächennutzungsplänen um hoheitliche Akte eigener Art, die keine Außenwirkung entfalten. Daher hat der Bürger auch keine Möglichkeit, sich gegen den Flächennutzungsplan rechtlich zu wehren. Er kann den Flächennutzungsplan nur mittelbar angreifen, indem er gegen die auf dem Flächennutzungsplan aufbauenden Maßnahmen, also vor allem den Bebauungsplan, vorgeht.

Bebauungspläne und andere Satzungen, die auf Grundlage des BauGB erlassen wurden, können im abstrakten Normenkontrollverfahren nach § 47 Abs. 1 Nr. 1 VwGO angegriffen werden, da es sich um Rechtsnormen handelt. Dies gilt auch dann, wenn sie nicht als Satzungen, sondern wie in Berlin und Hamburg, als Rechtsverordnungen erlassen werden. Ziel des Verfahrens ist die abstrakte, also von einer konkreten Fallgestaltung losgelöste Prüfung der Vereinbarkeit der Norm mit höherrangigem Recht. Zuständig für dieses Verfahren ist das Oberverwaltungsgericht bzw. der Verwaltungsgerichtshof. Antragsbefugt ist nach § 47 Abs. 2 Satz 1 VwGO jede natürliche oder juristische Person, die geltend macht, in ihren Rechten verletzt zu sein oder in absehbarer Zeit verletzt zu werden. Eine solche Antragsbefugnis liegt jedenfalls dann vor, wenn der Antragsteller Eigentümer eines im Plangebiet gelegenen Grundstücks ist und sich gegen eine Festsetzung wendet, die unmittelbar sein Grundstück betrifft (BVerwG ZfBR 97, 314). Der Antrag ist innerhalb von 2 Jahren nach Bekanntmachung der Rechtsvorschrift zu stellen.

Da die Klage im Normenkontrollverfahren keine aufschiebende Wirkung entfaltet, also der Bebauungsplan bis zum Abschluß des Verfahrens weiterhin umgesetzt werden kann, kann nach § 47 Abs. 6 VwGO vorläufiger Rechtsschutz durch einstweilige Anordnung gewährt werden.

Die praktisch häufigste Form der gerichtlichen Überprüfung dieser Rechtsnormen stellt jedoch nicht das abstrakte Normenkontrollverfahren dar, sondern die inzidente Überprüfung der Gültigkeit im Rahmen eines anderen Verfahrens, etwa um eine Baugenehmigung. Wird nämlich ein Rechtsstreit über den Vollzug einer solchen Rechtsnorm geführt, so muß als Vorfrage festgestellt werden, ob diese überhaupt rechtswirksam ist.

Prüfungsmaßstab sind die §§ 214 bis 215 BauGB. Aufgrund der nunmehr gemäß § 215 a Abs. 1 BauGB vorgesehenen Heilungsmöglichkeit durch Durchführung eines ergänzenden Verfahrens, sieht § 47 Abs. 5 Satz 4 VwGO vor, daß das Oberverwaltungsgericht die Rechtsnorm nicht mehr für ungültig erklärt, sondern bis zur Behebung der Mängel für nicht wirksam.

3 Bauordnungsrecht

Die landesrechtlichen Bauordnungen orientieren sich an der Musterbauordnung, einem Entwurf, der von einer Bund-Länder-Kommission ausgearbeitet wurde. Im folgenden werden die typischen Institute des Bauordnungsrechts angeschnitten, wobei exemplarisch auf die Bauordnung für Berlin (BauOBln) vom 28.02.1985 verwiesen wird.

3.1
Zweck und Systematik des Bauordnungsrechts

Das Bauordnungsrecht diente ursprünglich allein der Gefahrenabwehr. Wie jedoch aus den Generalklauseln der Bauordnungen ersichtlich (s. etwa § 3 BauOBln), gehen inzwischen die Ziele des Bauordnungsrechts weit darüber hinaus. Insbesondere dienen sie auch dem Verunstaltungsschutz sowie der Verwirklichung sozialer und wohlfahrtspflegerischer Aufgaben. Anders als das Recht der Bauleitplanung ist jedoch das Bauordnungsrecht nicht mit der Verwirklichung dieser Ziele im planerischen Gesamtzusammenhang befaßt, sondern es regelt nur die Errichtung, Änderung, Nutzung und den Abbruch einzelner baulicher Anlagen. Unter baulichen Anlagen sind dabei nach § 2 Abs. 1 BauOBln mit dem Erdboden verbundene, aus Bauprodukten hergestellte Anlagen zu verstehen. Systematisch unterscheiden die Bauordnungen zwischen den Voraussetzungen eines Baues, die sich auf das Grundstück beziehen (Teil II BauOBln), sowie den Anforderungen an die Durchführung des Baues (Teil III BauOBln).

3.2
Die am Bau Beteiligten

Am Bau beteiligt ist zunächst der Bauherr (§ 52 BauOBln), also derjenige, auf dessen Veranlassung und in dessen Interesse das Bauvorhaben durchgeführt wird. Dieser hat zur Vorbereitung, Ausführung und Bauüberwachung eines genehmigungsbedürftigen Bauvorhabens einen Entwurfsverfasser, einen Unternehmer sowie einen Bauleiter zu bestellen (§ 52 Abs. 1 BauOBln). Sind die vom Bauherrn ausgewählten Personen für ihre Aufgabe nach Sachkunde und Erfahrung nicht geeignet, so kann die Bauaufsichtsbehörde verlangen, daß sie durch geeignete ersetzt werden (§ 52 Abs. 2 Satz 1 BauOBln). Bis zur Bestellung geeigneter Beauftragter kann die Bauaufsichtsbehörde die Bauarbeiten einstellen lassen (§ 52 Abs. 2 Satz 2 BauOBln). Im Rahmen ihrer jeweiligen Aufgaben sind die Beauftragten für die Einhaltung der baulichen Vorschriften verantwortlich. Der Entwurfsverfasser muß nach Sachkunde und Erfahrung zur Vorbereitung des jeweiligen Bauvorhabens geeignet sein (§ 52a Abs. 1 BauOBln). Der Bauunternehmer hat für eine ordnungsgemäße, den baurechtlichen Vorschriften und genehmigten Bauvorlagen entsprechende Ausführung des Vorhabens zu sorgen (§ 52b Abs. 1 BauOBln). Der Bauleiter hat nach § 53 BauOBln darüber zu wachen, daß die Baumaßnahme dem öffentlichen Recht, den allgemein anerkannten Regeln der Baukunst und den genehmigten Bauvorlagen entsprechend durchgeführt wird.

3.3
Materielle Vorschriften

Zunächst regeln alle Bauordnungen die Anforderungen an das Grundstück, damit ein Bauvorhaben überhaupt durchgeführt werden kann. Das Grundstück muß insbesondere an einer öffentlichen Straße liegen oder Zugang zu öffentlichen Strassen haben (§ 4 BauOBln). Auch die Lage des Bauwerkes auf dem Grundstück wird durch die Bauordnungen bestimmt, insbesondere die Abstandsflächen (§ 6 BauOBln).

Sodann enthalten die Bauordnungen Bestimmungen über den Schutz vor Gefahren, die von Baustellen (§ 12 BauOBln) und Bauwerken (§§ 13 ff BauOBln) ausgehen. Auch Anforderungen an die Baustoffe (§§ 18 ff BauOBln) sowie bestimmte gestalterische Fragen sind geregelt. So bestimmt § 10 Abs. 2 BauOBln, daß bauliche Anlagen so gestaltet sein müssen, daß weder diese selbst verunstaltet wirken noch diese die Umgebung verunstalten. Der Begriff der „Verunstaltung" ist ein unbestimmter Rechtsbegriff, so daß Entscheidungen der Behörden der uneingeschränkten gerichtlichen Kontrolle unterliegen. Maßstab ist der gebildete Durchschnittsmensch (BVerwGE 2, 172, 176 f).

Das wichtigste Instrument des Bauordnungsrechts ist die Baugenehmigung (§ 55 BauOBln). Wegen ihrer besonderen praktischen Bedeutung und ihres praktisch wichtigen Zusammenspiels mit bauleitplanungsrechtlichen Voraussetzungen für die Zulässigkeit eines Bauvorhabens, wird sie gesondert erörtert.

4 Die Baugenehmigung

4.1
Erfordernis einer Baugenehmigung

4.1.1
Die Baugenehmigung als Instrument des Bauordnungsrechts

Das wichtigste Instrument des Bauordnungsrechts ist die Baugenehmigung. Wie oben bereits festgestellt, unterliegt das Recht zur Bebauung eines Grundstücks grundsätzlich dem Schutz des Art. 14 GG. Dennoch macht der Gesetzgeber die meisten baulichen Tätigkeiten von einer vorherigen Bauerlaubnis abhängig, um die Ordnungsmäßigkeit des Vorhabens zu kontrollieren. Genehmigungsfrei sind kleinere Vorhaben gemäß § 56 BauOBln sowie Vorhaben der öffentlichen Hand (§§ 67 BauOBln). Zu Zwecken der Verwaltungsvereinfachung ist zudem vorgesehen, daß die Errichtung oder Änderung von Wohngebäuden bis zu drei Vollgeschossen, andere Gebäude ohne Aufenthaltsräume mit insgesamt nicht mehr als 200 m^2 Geschoßfläche und nicht mehr als zwei Vollgeschossen sowie von Stellplätzen, Garagen und Nebenanlagen für die vorgenannten Gebäude keiner Genehmigung bedürfen, wenn diese Vorhaben im Bereich eines qualifizierten Bebauungsplanes (§ 30 Abs. 1 BauGB) oder eines Vorhaben- und Erschließungsplanes liegen oder durch einen Vorbescheid abschließend als insgesamt planungsrechtlich zulässig angesehen werden, die Erschließung gesichert ist und die Bauaufsichtsbehörde nicht erklärt, ein Genehmigungsverfahren durchführen zu wollen (vgl. im einzelnen § 56a BauOBln).

Die für das Bauvorhaben notwendigen Bauunterlagen sind von einem bauvorlageberechtigten Entwurfsverfasser, insbesondere von einem Architekten, zu unterzeichnen (vgl. § 58 BauOBln). Der Entwurfsverfasser und eventuell hinzugezogene Sachverständige haben zudem eine Erklärung beizufügen, daß das Vorhaben den öffentlich-rechtlichen Vorschriften entspricht (§ 56a Abs. 3 Satz 2 BauOBln). Dem Entwurfsverfasser wird hierdurch eine erhebliche Verantwortung aufgebürdet: ist die Erklärung unzutreffend, kann es zu beträchtlichen zivilrechtlichen Schadensersatzansprüchen des Bauherrn kommen.

Soweit eine Baugenehmigung notwendig ist, steht die Entscheidung darüber allerdings nicht im Ermessen der Behörde, sondern sie ist eine sog. gebundene Entscheidung. Die Genehmigung ist zu erteilen, wenn das Vorhaben in allen Punkten den materiellen Bestimmungen des Baurechts, und zwar des Bauplanungs- sowie des Bauordnungsrechts, entspricht (vgl. § 62 Abs. 1 Satz 1 BauOBln). Rechte

Dritter, also insbesondere deren private Rechte am Grundstück, bleiben durch eine Bauerlaubnis unberührt (§ 62 Abs. 5 BauOBln).

Wer ohne die erforderliche Erlaubnis ein Bauwerk errichtet, handelt also nicht unbedingt materiell-rechtlich rechtswidrig. Immerhin ist es möglich, daß er tatsächlich einen materiell-rechtlichen Anspruch auf die entsprechende Bauerlaubnis hat. Daher unterscheidet man zwischen der bloß formellen Baurechtswidrigkeit, die immer dann vorliegt, wenn ein Bauvorhaben ohne die erforderliche Baugenehmigung durchgeführt wird, und der materiellen Baurechtswidrigkeit, bei der ein Verstoß gegen materielles Baurecht vorliegt, also auch kein Anspruch auf Erteilung einer Baugenehmigung besteht.

Die Baugenehmigung gilt nicht unbegrenzt lange. Gäbe es keine zeitliche Begrenzung ihrer Geltungsdauer, so bestünde die Gefahr, daß Grundstückseigentümer Baugenehmigungen auf Vorrat erwirken, um so der Gefahr einer zwischenzeitlichen Änderung der Rechtslage entgegenzuwirken. Daher bestimmen alle Bauordnungen Fristen, innerhalb derer mit der Bauausführung begonnen werden muß. So schreibt etwa § 64 Abs. 1 BauOBln vor, daß die Baugenehmigung erlischt, wenn das Vorhaben nicht innerhalb von drei Jahren nach Erteilung der Baugenehmigung begonnen oder es für mehr als ein Jahr unterbrochen wird. Diese Fristen können jedoch um jeweils ein Jahr verlängert werden (§ 64 Abs. 2 BauOBln), wobei im Rahmen der Entscheidung über eine Verlängerung jedoch die Rechtmäßigkeit des Vorhabens erneut überprüft werden muß.

4.1.2
Die Erteilung der Baugenehmigung

4.1.2.1
Das Genehmigungsverfahren

Aufgabe des Baugenehmigungsverfahrens ist es, die Einhaltung öffentlich-rechtlicher Bestimmungen beim Bauen zu gewährleisten. Voraussetzung für die Genehmigung eines Bauvorhabens ist zunächst ein Bauantrag. Er muß schriftlich eingereicht werden und muß die zur Beurteilung des Vorhabens erforderlichen Unterlagen enthalten (§ 57 BauOBln).

Dabei ist das Recht, Bauvorlagen verantwortlich zu entwerfen, nach § 58 BauOBln bei den meisten genehmigungsbedürftigen Anlagen (vgl. § 58 Abs. 3 BauOBln) auf Architekten und Bauingenieure beschränkt.[84]

Bereits vor Einreichung des Bauantrags kann auf schriftlichen Antrag des Bauherrn zu einzelnen Fragen ein schriftlicher Vorbescheid erlassen werden (§ 59 BauOBln), der die Behörde drei Jahre lang bindet.

In dem Genehmigungsverfahren sind andere Behörden oder Dienststellen zu beteiligen, die der Baugenehmigung zustimmen bzw. ihr Einvernehmen erklären müssen. Die entsprechenden Stellungnahmen haben innerhalb von 6 Wochen nach Eingang des Ersuchens zu erfolgen, ansonsten sind sie unbeachtlich. Liegen die

---

[84] zur verfassungsrechtlichen Zulässigkeit dieser Beschränkung s. BVerfGE 28, 364

vollständigen Bauvorlagen und alle für die Entscheidung notwendigen Stellungnahmen und Nachweise vor, so hat die Behörde innerhalb von 6 Wochen über den Bauantrag zu entscheiden (§ 60 Abs. 1 BauOBln).

Das Baugenehmigungsverfahren wird abgeschlossen durch die endgültige Abweisung des Bauantrags oder die Erteilung der Bauerlaubnis. Letztere ergeht immer in Form eines schriftlichen Bescheids, eines sog. Bauscheins (§ 62 Abs. 3 BauOBln).

4.1.2.2
Besondere Formen der Baugenehmigung

Die Baubehörde kann nach § 63 BauOBln auch Teilbaugenehmigungen erteilen. Sie berechtigen zum Beginn des genehmigten Bauabschnitts. Auch die Baugenehmigung insgesamt kann nach Erteilung einer Teilbaugenehmigung nicht mehr verweigert werden. Die Behörde hat nach § 63 Abs. 2 BauOBln nur noch die Möglichkeit, für die bereits begonnenen Teile zusätzlich noch weitere Anforderungen an die Bauausführung zu stellen.

Typengenehmigungen können für bestimmte Bauten, die in gleicher Weise an mehreren Stellen errichtet werden sollen, erteilt werden (§ 65 BauOBln). Die Genehmigung wird zeitlich befristet erteilt (§ 65 Abs. 2 BauOBln). Bedeutung hat diese Möglichkeit vor allem für Fertighäuser. Die Erteilung einer solchen Typengenehmigung entbindet jedoch nicht von der Notwendigkeit, für jedes einzelne Bauvorhaben eine Baugenehmigung zu beantragen (§ 65 Abs. 6 BauOBln). Allerdings wird über die in der Typengenehmigung entschiedenen Fragen im Rahmen der Prüfung der Bauerlaubnis nicht mehr entschieden, sofern dies nicht aufgrund örtlicher Verhältnisse im Einzelfall erforderlich ist (§ 65 Abs. 7 BauOBln).

Eingeschränkt genehmigungsbedürftig sind auch die sog. Fliegenden Bauten. Dies sind bauliche Anlagen, die an verschiedenen Orten wiederholt aufgestellt werden sollen (z. B. Zirkuszelte). Ausgenommen davon sind allerdings Baustelleneinrichtungen und Gerüste (§ 66 Abs. 1 Satz 2 BauOBln). Solche Fliegenden Bauten bedürfen vor ihrer ersten Aufstellung einer Ausführungsgenehmigung (§ 66 Abs. 2 BauOBln), die zeitlich befristet erteilt wird (§ 66 Abs. 4 BauOBln). Jede weitere Aufstellung muß dann nur noch angezeigt und von der Bauaufsichtsbehörde abgenommen werden (Gebrauchsabnahme, § 66 Abs. 6 BauOBln).

Vorhaben des Bundes und der Länder bedürfen nach § 67 Abs. 1 BauOBln keiner Baugenehmigung, Bauüberwachung und Abnahme, wenn der Bauherr die Bauausführung einem Beamten des höheren bautechnischen Verwaltungsdienstes überläßt. Dennoch dürfen auch solche Bauten nicht den Bestimmungen des materiellen Baurechts widersprechen. Die Sonderbehandlung solcher Bauten ist also nur verfahrensrechtlicher Natur.

4.1.2.3
Instrumente zur Schaffung der Voraussetzungen
zur Erteilung einer Baugenehmigung

Vielfach wird die Baugenehmigung mit Nebenbestimmungen, insbesondere Auflagen nach § 36 Abs. 1 VwVfG versehen, durch die sichergestellt werden soll, daß das Vorhaben nicht im Widerspruch zu öffentlichen Rechtsvorschriften steht. Durch Auflagen wird dem Bauherrn ein bestimmtes Tun, Handeln oder Unterlassen aufgegeben. Die Auflage steht neben der Baugenehmigung und ist selbständig durchsetzbar. Daneben gibt es sog. modifizierende Auflagen, die den Inhalt der beantragten Baugenehmigung abändern, entweder, indem neue Verpflichtungen begründet werden, oder aber indem Abweichungen von der beantragten Bebauung angeordnet werden (z. B. Genehmigung eines zweigeschossigen statt des beantragten dreigeschossigen Baues). Da sie die Baugenehmigung ändern, sind die modifizierenden Auflagen unselbständig und können nicht selbständig durchgesetzt bzw. angefochten werden.

Neben dem Erlaß von Nebenbestimmungen steht der Behörde mit der Übernahme sog. Baulasten durch den Grundstückseigentümer nach § 73 BauOBln ein weiteres Instrumentarium zur Verfügung, um öffentlich-rechtliche Hindernisse auszuräumen, die dem Bauvorhaben entgegenstehen könnten. Die Baulast besteht aus einer Erklärung gegenüber der Bauaufsichtsbehörde, durch die der Grundstückseigentümer öffentlich-rechtliche Verpflichtungen übernimmt, die in ein Baulastenverzeichnis eingetragen und dann auch gegenüber dem Rechtsnachfolger wirksam werden. Eine Baulast darf keine Verpflichtungen enthalten, die sich bereits aus anderen öffentlich-rechtlichen Bestimmungen ergeben. Andererseits darf sie aber auch nicht gegen öffentlich-rechtliche Vorschriften verstoßen.

4.1.2.4
Bauüberwachung

Die Ausführung von genehmigungspflichtigen Bauten ist grundsätzlich zu überwachen (§ 71 BauOBln). Durch diese Überwachung soll sichergestellt werden, daß die Bauten genehmigungskonform durchgeführt, Sicherheitsbestimmungen eingehalten und brauchbare Baustoffe verwandt werden.

Demselben Zweck dienen auch die nach § 72 BauOBln vorgesehenen Bauzustandsbesichtigungen. Sie finden grundsätzlich nach Abschluß der Rohbauarbeiten bzw. nach der Fertigstellung des Bauvorhabens statt. Dies hat der Bauherr den Bauaufsichtsbehörden zwei Wochen vorher anzuzeigen. Es steht dann im Ermessen der Bauaufsichtsbehörde, ob und in welchem Umfang sie Besichtigungen durchführen will.

4.2
Die materiell-rechtlichen Voraussetzungen der Baugenehmigung

Gemäß § 62 Abs. 1 Satz 1 BauOBln ist die Baugenehmigung zu erteilen, wenn das Vorhaben den öffentlich-rechtlichen Vorschriften entspricht. Dementsprechend sind sowohl die bauordnungsrechtlichen als auch bauplanungsrechtlichen Aspekte des Vorhabens zu klären. Dies wird einheitlich im landesrechtlich vorgesehenen Baugenehmigungsverfahren geklärt. Ein gesondertes Genehmigungsverfahren für die bundesgesetzlich im Baugesetzbuch geregelten Anforderungen des Bauplanungsrechts ist nicht vorgesehen.

4.2.1
Bauordnungsrechtliche Aspekte

Insoweit hat das Vorhaben den Anforderungen zu genügen, die an das Grundstück, die baulichen Anlagen und die Ausführung der Bauleistung – insbesondere in der jeweiligen Landesbauordnung – gestellt werden.

4.2.2
Bauleitplanungsrechtliche Aspekte

4.2.2.1
Vorhaben i. S. d. § 29 BauGB

§ 29 Abs. 1 BauGB legt fest, daß „für Vorhaben, die die Errichtung, Änderung oder Nutzungsänderung von baulichen Anlagen zum Inhalt haben, und für Aufschüttungen und Abgrabungen größeren Umfangs sowie für Ausschachtungen, Ablagerungen einschließlich Lagerstätten ... die §§ 30 bis 37" gelten. Die seit dem 01.01.1998 geltende Fassung der Vorschrift führt dazu, daß nunmehr jegliche Errichtung, Änderung oder Nutzungsänderung einer baulichen Anlage ein Vorhaben i. S. d. § 29 Abs. 1 BauGB sein kann, selbst wenn sie nicht einer landesrechtlichen Genehmigungs-, Zustimmungs- oder Anzeigepflicht unterliegt.

Ein Schlüsselbegriff dieser gesetzlichen Definition des Wortes „Vorhaben" ist der Begriff der „baulichen Anlage". Auf den ersten Blick liegt es nahe, zur Definition des Begriffs in die Landesbauordnungen zu schauen, die diesen Begriff als mit dem Erdboden verbundene, aus Bauprodukten hergestellte Anlagen verstehen (§ 2 Abs. 1 Satz 1 BauOBln). Dies würde jedoch verkennen, daß das BauGB eine andere Zweckrichtung verfolgt als die Bauordnungen: Das BauGB will nur solche Fragen regeln, die städtebaulich relevant sein können. Zu bedenken ist auch, daß dem Bund nach dem Grundgesetz lediglich begrenzte Kompetenzen zukommen. Aus diesen Gründen ist nach der Rechtsprechung unter baulicher Anlage i. S. d. BauGB nur eine solche mit „bodenrechtlicher Relevanz" zu verstehen (s. BVerwGE 44, 59, 62).

4.2.2.2
Kategorien von Gebieten

Das BauGB unterscheidet zwei Gebietskategorien, bei denen jeweils unterschiedliche Anforderungen an die bauleitplanungsrechtliche Zulässigkeit von Bauvorhaben bestehen: den beplanten Bereich (§ 30 BauGB), bei dem nach der Art der Beplanung noch einmal differenziert wird, und den nichtbeplanten Bereich (§§ 34 f BauGB), wobei zwischen Innenbereich (§ 34 BauGB) und Außenbereich (§ 35 BauGB) unterschieden wird. Die Unterscheidung führt dazu, daß jedes Grundstück bzw. jede Fläche einer Kategorie zuzuordnen ist und damit die gesetzlichen Voraussetzungen für die städtebaulichen Aspekte der Bebauung in jedem Fall vorliegen.

4.2.2.3
Vorhaben in unbeplanten Bereichen

Die Zulässigkeit eines Bauvorhabens in einem Bereich, für den weder ein qualifizierter noch ein vorhabenbezogener Bebauungsplan besteht, hängt von §§ 34 oder 35 BauGB ab, je nachdem, ob das Vorhaben im Innen- oder Außenbereich geplant ist.

Unterscheidung Innen-/Außenbereich

Unter Innenbereich ist ein im Zusammenhang bebauter Ortsteil zu verstehen. Im Zusammenhang bebaut ist ein Bereich, wenn eine tatsächlich aufeinanderfolgende, zusammenhängende Bebauung vorliegt. Dabei ist jedoch zu beachten, daß einzelne Baulücken den Bebauungszusammenhang noch nicht zerstören, wenn trotzdem nach der Verkehrsauffassung der Eindruck von Geschlossenheit besteht. Unter Ortsteil ist dabei jeder Bebauungszusammenhang zu verstehen, der nach Zahl der vorhandenen Bauten ein gewisses Gewicht besitzt und Ausdruck einer organischen Siedlungsstruktur ist (BVerwGE 31, 22). Erforderlich ist, daß die Bauten in einem gewissen organischen Zusammenhang stehen und keine reinen Splittersiedlungen sind.

Darüber hinaus steht der Gemeinde auch die Möglichkeit zu, durch Satzung die Grenzen für im Zusammenhang bebaute Ortsteile festzulegen (§ 34 Abs. 4 BauGB).

Alles, was nicht im vorgenannten Sinn zum Innenbereich zählt, ist Außenbereich.

Vorhaben im Innenbereich

Ein Vorhaben ist dann im nichtbeplanten Innenbereich zulässig, wenn es den Festsetzungen in einem eventuell bestehenden einfachen Bebauungsplan nicht widerspricht und es sich nach Art und Maß der baulichen Nutzung, der Bauweise und der Grundstücksfläche, die überbaut werden soll, in die Eigenart der näheren Umgebung einfügt und die Erschließung gesichert ist. Dabei ist nach § 34 Abs. 2 BauGB auf die Festsetzungen in der BauNVO zurückzugreifen, wenn die Art der Bebauung in der Umgebung der Festsetzung eines Baugebiets in dieser Verordnung entspricht. Dann ist zu prüfen, ob die geplante Bebauung in diesem Baugebiet zulässig wäre. Im Ergebnis wird der nichtbeplante Innenbereich also ähnlich behandelt wie der beplante, wobei die Festsetzungen, die ansonsten im Bebauungsplan getroffen werden, sich nunmehr aus der tatsächlichen Bebauung ergeben.

Auf die allgemeinere Vorschrift des § 34 Abs. 1 S. 1 BauGB muß nur dann zurückgegriffen werden, wenn die Voraussetzungen des § 34 Abs. 2 nicht vorliegen (BVerwG BauR 90, 326). Demnach ist ein Vorhaben zulässig, wenn die Erschließung gesichert ist und sich das Vorhaben „in die Eigenart der näheren Umgebung einfügt". „Einfügen" bedeutet dabei nicht, daß das neue Vorhaben der bisherigen Bebauung entsprechen muß. Vielmehr wird darauf abgestellt, ob das Vorhaben bodenrechtlich relevante Spannungen erzeugen oder aber in harmonischer Beziehung zu seiner Umgebung stehen würde (BVerwGE 66, 369, 386). Die Länder sind befugt, festzulegen, daß § 34 Abs. 1 Satz 1 BauGB bis zum 31.12.2004 nicht für Einkaufszentren, großflächige Einzelhandelsbetriebe und sonstige große Handelsbetriebe i. S. d. des § 11 Abs. 3 BauNVO anzuwenden ist (§ 246 Abs. 7 Satz 1 BauGB).

Selbst wenn sich ein Bauwerk einfügt oder den Festsetzungen der BauNVO entspricht, ist es dennoch unzulässig, wenn es dem Gebot der Rücksichtnahme widerspricht (BVerwG a. a. O.). Dies Gebot ist berührt, wenn durch das geplante Bauvorhaben gewerbliche Nutzung und Wohnnutzung unverträglich aufeinandertreffen würden. Zur Beurteilung des Schutzes des Nachbarn ist jedoch auch auf die situationsgebundene Schutzwürdigkeit der nachbarlichen Nutzung abzustellen.

Vorhaben im Außenbereich

Im unbeplanten Außenbereich sollen grundsätzlich gar keine Bauwerke errichtet werden, da sonst die Gefahr der Zersiedlung bestünde. Bestimmte Bauten sind trotz dieses grundsätzlichen Zieles jedoch notwendig. Daher läßt § 35 BauGB in engen Grenzen auch Bauten im Außenbereich zu.

Nach § 35 BauGB sollen bestimmte Nutzungen privilegiert sein. Diese Nutzungen sind in Abs. 1 abschließend aufgezählt. Sie gehören ihrem Wesen nach in den Außenbereich. Aufgezählt sind etwa Vorhaben, die einem land- oder forstwirtschaftlichen Betrieb oder der gartenbaulichen Erzeugung dienen, sowie bestimmte Vorhaben, die, im Innenbereich angesiedelt, die Umgebung erheblich belasten würden, wie Kern-, Wind- oder Wasserenergieanlagen. Solche privilegierten Vorhaben sind zudem nur zulässig, wenn öffentliche Belange nicht entgegenstehen und die ausreichende Erschließung gesichert ist. Bei Beantwortung der Frage, ob öffentliche Interessen entgegenstehen, sind die möglichen öffentlichen Belange, insbesondere die in § 35 Abs. 3 BauGB ausdrücklich aufgezählten, mit dem beabsichtigten Vorhaben abzuwägen.

Sonstige, nicht privilegierte Vorhaben sind nach § 35 Abs. 2 BauGB dagegen nur unter erschwerten Bedingungen zulässig. Sie dürfen öffentliche Belange nicht beeinträchtigen und die Erschließung muß gesichert sein. Zwar ist die Vorschrift entgegen ihrem Wortlaut („kann") verfassungskonform nicht als Ermessensvorschrift, sondern als gebundene Entscheidung auszulegen (BVerwGE 18, 247), eine

Abwägung findet hier jedoch nicht statt. Vielmehr reicht für eine ablehnende Entscheidung grundsätzlich jede Beeinträchtigung öffentlicher Belange durch das Vorhaben (BVerwGE 42, 8). Wie sich aus § 35 Abs. 4 BauGB ergibt, sind jedoch einige Vorhaben insoweit privilegiert, als nicht alle öffentlichen Belange im Sinne des Abs. 3 der Genehmigung entgegenstehen.

4.2.2.4
Vorhaben während der Planaufstellung

§ 33 Abs. 1 BauGB läßt bestimmte Vorhaben, die an sich nach den §§ 30, 34 und 35 BauGB unzulässig wären, dennoch zu, wenn nach einem zu erwartenden (neuen) Bebauungsplan das Vorhaben zulässig wäre. Voraussetzung ist danach im einzelnen, daß die öffentliche Auslegung des Bebauungsplans durchgeführt und die Träger öffentlicher Belange schon beteiligt worden sind, des weiteren anzunehmen ist, daß das Vorhaben den künftigen Festsetzungen nicht entgegensteht, der Antragsteller für sich und seine Rechtsnachfolger diese Festsetzungen schriftlich anerkennt und die Erschließung gesichert ist. Zu beachten ist dabei, daß die Entscheidung nicht im Ermessen der Behörde steht, sondern gebunden ist; denn das Vorhaben „ist ... zulässig", wenn die Voraussetzungen erfüllt sind. § 33 BauGB läßt außerdem die Berücksichtigung eines künftigen Bebauungsplans nur zugunsten des Antragstellers zu, nie zu seinen Lasten (BVerwGE 20, 127). Will die Gemeinde aufgrund eines erwarteten Bebauungsplans keine Baugenehmigung erteilen, so ist dafür das richtige Instrument die Veränderungssperre.

§ 33 Abs. 2 BauGB läßt die Berücksichtigung künftiger Planung sogar dann zu, wenn noch keine Auslegung und Beteiligung der Träger öffentlicher Belange stattgefunden hat. Allerdings muß den betroffenen Bürgern und Trägern öffentlicher Belange Gelegenheit zur Stellungnahme gegeben sein. In diesem Fall steht die Entscheidung allerdings im behördlichen Ermessen.

4.2.2.5
Zulässigkeit von Vorhaben im beplanten Bereich

Bei Vorhaben im beplanten Bereich ist zu unterscheiden, ob die Planung aus einem qualifizierten, einem vorhabenbezogenen oder einem einfachen Bebauungsplan besteht. Aus § 30 Abs. 1 BauGB ergibt sich, daß ein Bebauungsplan dann qualifiziert ist, wenn er „mindestens Festsetzungen über die Art und das Maß der baulichen Nutzung, die überbaubaren Grundstücksflächen und die örtlichen Verkehrsflächen enthält". Ein vorhabenbezogener Bebauungsplan besteht, wenn die Voraussetzungen des § 12 BauGB vorliegen (§ 30 Abs. 2 BauGB). Alle übrigen Bebauungspläne, die diese Voraussetzungen nicht erfüllen, sind nach § 30 Abs. 3 BauGB als einfache Bebauungspläne anzusehen.

Qualifizierter Bebauungsplan
Im Bereich eines qualifizierten Bebauungsplans ist ein Vorhaben zulässig, wenn es den Festsetzungen im Bebauungsplan nicht widerspricht und die Erschließung gesichert ist.

Was Inhalt des Bebauungsplans sein kann, ergibt sich aus § 9 BauGB, dessen Inhalt durch die BauNVO konkretisiert wird. Durch die entsprechenden Festsetzungen im Bebauungsplan werden die jeweils einschlägigen Vorschriften der BauNVO gemäß § 1 Abs. 3 BauNVO zu dessen Bestandteil. Wird im Bebauungsplan beispielsweise ein Gebiet als allgemeines Wohngebiet ausgewiesen, so sind dort alle in § 4 BauNVO vorgesehenen Nutzungen zulässig.

Sicherung der Erschließung bedeutet, daß zum Zeitpunkt der Fertigstellung des konkreten Vorhabens mindestens der Anschluß an das Straßennetz, die Elektrizitäts- und Wasserversorgung sowie die Abwasserbeseitigung sichergestellt sein muß (vgl. §§ 123 Abs. 2, 127 Abs. 2, 4 BauGB).

Vorhabenbezogener Bebauungsplan

Ein Vorhaben ist in diesem Rahmen zulässig, wenn es den Vorgaben des Bebauungsplans entspricht und die Erschließung gesichert ist.

Einfacher Bebauungsplan

Im Bereich des einfachen Bebauungsplans ist ein Vorhaben dann nach § 30 Abs. 3 BauGB zulässig, wenn es den Anforderungen des Bebauungsplans genügt sowie die Voraussetzungen nach den §§ 34 bzw. 35 BauGB erfüllt, je nachdem, wo das Vorhaben durchgeführt werden soll. Im Bereich eines einfachen Bebauungsplans richtet sich die Zulässigkeit eines Vorhabens somit nach denselben Voraussetzungen wie im unbeplanten Bereich, wobei jedoch der Bebauungsplan, soweit er Regelungen enthält, Vorrang genießt.

Ausnahmen und Befreiungen

Keine allgemeinverbindliche Planung ist in der Lage, allen möglichen Besonderheiten des Einzelfalles Rechnung zu tragen. Die strikte Durchführung einer Planung würde daher häufig zu erheblichen Härten führen. In der Praxis gibt es wohl kaum ein größeres Bauvorhaben, das ohne Ausnahmen und Befreiungen durchgeführt werden kann.

§ 31 BauGB sieht vor, daß von Festsetzungen im Bebauungsplan Ausnahmen und Befreiungen zugelassen werden können. Dabei muß zwischen beiden unterschieden werden:

Unter Ausnahmen sind nur solche Abweichungen vom Bebauungsplan zu verstehen, die in diesem nach Art und Umfang ausdrücklich vorgesehen sind (§ 31 Abs. 1 BauGB). Solche Ausnahmen finden sich auch in der BauNVO, die, wie gesehen, Bestandteil des Bebauungsplans ist, z. B. §§ 3 Abs. 3, 23 Abs. 2 und 3. Zu bedenken ist, daß auch die Zulassung von Ausnahmen im Ermessen der Baugenehmigungsbehörde steht.

Demgegenüber sind Befreiungen von Festsetzungen des Bebauungsplans dann notwendig, wenn der Bebauungsplan selbst Ausnahmen nicht vorsieht und die Festsetzungen somit eigentlich zwingend wären (§ 31 Abs. 2 BauGB). Ausnahmen sind möglich, „wenn die Grundzüge der Planung nicht berührt werden und
1. Gründe des Wohls der Allgemeinheit die Befreiung erfordern oder
2. die Abweichung städtebaulich vertretbar ist oder

3. die Durchführung des Bebauungsplans zu einer offenbar nicht beabsichtigten
   Härte führen würde,
und wenn die Abweichung auch unter Würdigung nachbarlicher Interessen mit
den öffentlichen Belangen vereinbar ist".

Eine Befreiung aus Gründen des Wohls der Allgemeinheit ist dann möglich,
wenn sie vernünftigerweise geboten ist (BVerwGE 56, 71, 76).

Nach Nr. 2 ist eine Befreiung bereits dann möglich, wenn sie städtebaulich vertretbar ist, d. h. sie braucht nicht erforderlich zu sein.

Eine Befreiung nach Nr. 3 ist dann möglich, wenn das Bauen entsprechend den
Festsetzungen im Bebauungsplan zu einem sinnwidrigen Ergebnis führen würde.
Hiermit sollen nichtbeabsichtigte Härten gemindert werden.

4.2.3
Folgen der Rechtswidrigkeit eines Bauvorhabens

4.2.3.1
Formelle Baurechtswidrigkeit

Ist ein Bauwerk lediglich formell illegal, materiell jedoch zulässig, so ist zu bedenken, daß die bauliche Betätigung, da vom Gesetz zugelassen, zu dem durch
Art. 14 GG geschützten Eigentum am Grundstück gehört. Eine Abrißverfügung
allein wegen formeller Illegalität würde regelmäßig das Gebot der Verhältnismäßigkeit verletzen, da direkt nach dem Abriß die Genehmigung zur Errichtung
eines identischen Bauwerkes erteilt werden müßte. Etwas anderes wird allenfalls
dort gelten können, wo Werbeanlagen u. ä. betroffen sind, die leicht beseitigt
werden können, ohne deshalb zerstört zu werden.

Allerdings kann die Baubehörde bis zum Abschluß der Prüfung der Zulässigkeit des Vorhabens die Einstellung der Bauarbeiten anordnen (§ 69 Abs. 1 Nr. 1
BauOBln). Diese Entscheidung steht in ihrem Ermessen. Ist das Bauwerk bereits
fertiggestellt, so kann sie dessen Nutzung untersagen.

4.2.3.2
Materielle Baurechtswidrigkeit

Ist ein Bauwerk materiell baurechtswidrig, so ist dies unschädlich, solange eine
wirksame Baugenehmigung vorliegt. Allein die materielle Baurechtswidrigkeit
des Vorhabens führt nämlich noch nicht zur Unwirksamkeit der Baugenehmigung,
die lediglich rechtswidrig, jedoch nicht nichtig ist. Sie kann allenfalls unter den
engen Voraussetzungen des § 48 VwVfG zurückgenommen werden.

Ist das materiell illegale Bauwerk nicht mehr durch eine Baugenehmigung gedeckt – entweder, weil nie eine solche vorlag oder aber weil eine erteilte Baugenehmigung zurückgenommen wurde –, so kann eine Abbruchverfügung ergehen
(§ 70 Abs. 1 Satz 1 BauOBln). Im Rahmen des Verwaltungsverfahrens zum Erlaß
einer Abbruchverfügung muß die materielle Rechtmäßigkeit des Bauwerks grundsätzlich selbst dann noch einmal überprüft werden, wenn zuvor ein Bauantrag
abgelehnt wurde (BVerwGE 48, 271, 274–278). Die Abrißverfügung steht im

Ermessen der zuständigen Behörde. Bei ihrer Entscheidung hat sie insbesondere das Gebot der Verhältnismäßigkeit zu beachten: sind beispielsweise nur Teile des Bauwerkes baurechtswidrig, so kann nur deren Abriß verlangt werden. Ein Ausdruck des Gebots der Verhältnismäßigkeit ist die in den Vorschriften über die Abrißverfügung selbst enthaltene Bestimmung, daß die Abrißverfügung nur insoweit zulässig sein soll, als nicht auf andere Weise rechtmäßige Zustände hergestellt werden können.

4.3
Rechtsschutz

4.3.1
Antragsteller

Wird der Antrag auf Erteilung einer Baugenehmigung abgelehnt oder diese nicht in dem Umfang erteilt, wie sie beantragt wurde, stehen dem Antragsteller Rechtsmittel zu.

Zunächst muß der Antragsteller innerhalb von einem Monat, nachdem er den Bescheid erhalten hat, bei der zuständigen Behörde Widerspruch gegen die Entscheidung erheben (§ 58 ff VwGO). Wird dem Begehren des Antragstellers auch im Widerspruchsverfahren nicht entsprochen, so kann der Antragsteller innerhalb eines Monats nach Zustellung des Widerspruchsbescheids Klage in Form einer Verpflichtungsklage beim Verwaltungsgericht erheben (§ 42 VwGO).

4.3.2
Dritte

Durch den Erlaß einer Baugenehmigung können, wie wir bereits gesehen haben, auch nachbarliche Belange berührt werden. In gewissem Rahmen ist es daher auch Dritten möglich, gegen die Erteilung einer Baugenehmigung vorzugehen.

Voraussetzung für die Antragsbefugnis ist, daß der Dritte geltend machen kann, in seinen Rechten verletzt zu sein (§ 42 Abs. 2 VwGO). Dies kann nur dann bejaht werden, wenn die erteilte Bauerlaubnis gegen eine Norm verstößt, die zumindest auch dem Schutz des Dritten dient. Als drittschützend in diesem Sinne werden die Vorschriften über Mindestabstände oder auch das Gebot der Rücksichtnahme angesehen (BVerwGE 52, 122, 126).

Hinsichtlich des Verfahrens ist darauf hinzuweisen, daß auch der Dritte zunächst Widerspruch gegen die Baugenehmigung zu erheben hat (§ 69 VwGO). Da die Baugenehmigung dem Dritten regelmäßig nicht mit einer Rechtsbehelfsbelehrung zugestellt wird, beträgt die Frist für den Widerspruch ein Jahr (§ 70 Abs. 1 i. V. m. § 58 Abs. 2 VwGO). Grundsätzlich hat ein Widerspruch aufschiebende Wirkung (§ 80 Abs. 1 VwGO), d. h., daß der angegriffene Verwaltungsakt nicht wirksam wird und der Bauherr somit nicht zu bauen beginnen kann. Diese Regel ist jedoch mit der Neufassung des BauGB zum 01.01.1998 insoweit abgeändert

worden, daß Widerspruch und Anfechtungsklage eines Dritten keine aufschiebende Wirkung mehr haben (§ 212a Abs. 1 BauGB). Dies bedeutet, daß der Bauherr
somit zu bauen beginnen kann. Will der Dritte dennoch die aufschiebende Wirkung erreichen, so hat er einen Antrag auf Herstellung der aufschiebenden Wirkung bei Gericht zu stellen (§ 80 Abs. 5 VwGO).

Wird durch den Widerspruch die Baugenehmigung nicht aufgehoben, so hat der
Dritte die Möglichkeit, innerhalb eines Monats nach Zustellung des Wider-
spruchsbescheids, Anfechtungsklage beim Verwaltungsgericht zu erheben (§ 42
Abs. 1 VwGO).

Abkürzungs- und Literaturverzeichnis

AGB	Allgemeine Geschäftsbedingungen
AGBauGB	Gesetz zur Ausführung des Baugesetzbuches vom 11.12.1987 (GVBl. S. 2731), zuletzt geändert durch Gesetz vom 09.11.1995 (GVBl. S. 764)
AGBG	Gesetz zur Regelung des Rechts der Allgemeinen Geschäftsbedingungen vom 09.12.1976 (BGBl. I, S. 3317), zuletzt geändert durch Art. 2 Abs. 11 Begleitgesetz zum Telekommunikationsgesetz vom 17.12.1997 (BGBl. I, S. 3108)
BauGB	Baugesetzbuch in der Neufassung vom 27.08.1997 (BGBl. I, S. 2143), zuletzt geändert durch Art. 2 Abs. 6 Begleitgesetz zum Telekommunikationsgesetz vom 17.12.1997 (BGBl. I, S. 3108)
BauGB-MaßnahmenG	Maßnahmengesetz zum Baugesetzbuch, i. d. F. der Bekanntmachung vom 28.04.1993 (BGBl. I, S. 622), zuletzt geändert durch Art. 6, Sechstes Gesetz zur Änderung der VwGO und anderer Gesetze vom 01.11.1996 (BGBl. I, S. 1626), zum 01.01.1998 aufgehoben durch Art. 11 Abs. 2 Gesetz zur Änderung des Baugesetzbuches und zur Neuregelung des Rechts zur Raumordnung vom 18.08.1997 (BGBl. I, S. 2081)
BauNVO	Verordnung über die bauliche Nutzung der Grundstücke, i. d. F. der Bekanntmachung vom 23.01.1990 (BGBl. I, S. 132), zuletzt geändert durch Art. 3 Investitionserleichterungs- und Wohnbaulandgesetz vom 22.04.1993 (BGBl. I, S. 466)
BauOBln	Bauordnung für Berlin vom 28.02.1985 i. d. F. der Bekanntmachung vom 03.09.1997 (GVBl. S. 421)
BauR	Baurecht (Zeitschrift), zitiert nach Jahr und Seite

BGB	Bürgerliches Gesetzbuch vom 18.08.1896 (RGBl. S. 195), zuletzt geändert durch Art. 2 Abs. 8, Zweites Gesetz zur Änderung zwangsvollstrekkungsrechtlicher Vorschriften vom 17.12.1997 (BGBl. I, S. 3039)
BGH	Bundesgerichtshof
BGHZ	Entscheidungen des Bundesgerichtshofes in Zivilsachen, zitiert nach Band und Seite
BHO	Bundeshaushaltsordnung vom 19.08.1969 (BGBl. I, S. 1284), zuletzt geändert durch Art. 2 Gesetz zur Fortentwicklung des Haushaltsrechts von Bund und Ländern vom 22.12.1997 (BGBl. I, S. 3251)
BVerfGE	Entscheidungen des Bundesverfassungsgerichts, zitiert nach Band und Seite
BVerwG	Bundesverwaltungsgericht
BVerwGE	Entscheidungen des Bundesverwaltungsgerichts, zitiert nach Band und Seite
EGBGB	Einführungsgesetz zum Bürgerlichen Gesetzbuch i. d. F. der Bekanntmachung vom 21.09.1994 (BGBl. I, S. 2494), zuletzt geändert durch Art. 2 Gesetz zur erbrechtlichen Gleichstellung nichtehelicher Kinder vom 16.12.1997 (BGBl. I, S. 2968)
GG	Grundgesetz für die Bundesrepublik Deutschland vom 23.05.1949 (BGBl. S. 1), zuletzt geändert durch Gesetz vom 20.10.1997 (BGBl. I, S. 2470)
GWB	Gesetz gegen Wettbewerbsbeschränkungen i. d. F. vom 20.02.1990 (BGBl. I, S. 235), zuletzt geändert durch Art. 2 § 19 Gesetz zur Neuregelung des Schiedsverfahrensrechts vom 22.12.1997 (BGBl. I, S. 3224)
Heiermann u. a.	Heiermann/Riedl/Rusam, Handkommentar zur VOB, Teile A und B, 8. Aufl. 1997, Bauverlag, Wiesbaden und Berlin, zitiert nach Paragraph und Randnummer

HGrG	Haushaltsgrundsätzegesetz vom 19.08.1969 (BGBl. I, S. 1273), zuletzt geändert durch Art. 1 Gesetz zur Fortentwicklung des Haushaltsrechts von Bund und Ländern vom 22.12.1997 (BGBl. I, S. 3251)
Ingenstau/Korbion	Ingenstau/Korbion, VOB, Teile A und B, Kommentar, 13. Aufl. 1996, Werner-Verlag, Düsseldorf, zitiert nach Paragraph und Randnummer
Jahrbuch Baurecht 1998	Kapellmann/Vygen (Hrsg.), Werner-Verlag, Düsseldorf 1998
Kapellmann/Schiffers Bd. I	Kapellmann/Schiffers, Vergütung Nachträge und Behinderungsfolgen beim Bauvertrag Bd. I: Einheitspreisvertrag, 3. Aufl. 1996, Werner-Verlag, Düsseldorf, zitiert nach Randnummer
Kapellmann/Schiffers Bd. II	Kapellmann/Schiffers, Vergütung Nachträge und Behinderungsfolgen beim Bauvertrag Bd. II: Pauschalvertrag einschl. Schlüsselfertigbau, 2. Aufl. 1996, Werner-Verlag, Düsseldorf, zitiert nach Randnummer
NJW	Neue Juristische Wochenschrift (Zeitschrift), zitiert nach Jahr und Seite
NJW-RR	Neue Juristische Wochenschrift-Rechtsprechungsreport Zivilrecht (Zeitschrift), zitiert nach Jahr und Seite
NpV	Verordnung über das Nachprüfungsverfahren für öffentliche Aufträge (Nachprüfungsverordnung-NpV) vom 22.02.1994 (BGBl. I, S. 324)
OLG	Oberlandesgericht
Rdnr.	Randnummer
ROG	Raumordnungsgesetz vom 18.08.1997 (BGBl. I, S. 2102), zuletzt geändert durch Art. 3 Gesetz über die Errichtung eines Bundesamtes für Bauwesen und Raumordnung sowie zur Änderung besoldungsrechtlicher Vorschriften vom 15.12.1997 (BGBl. I, S. 2902)
Sch-F	Schäfer-Finnern, Rechtsprechung der Bauausführung

VerglO	Vergleichsordnung vom 26.02.1935 (RGBl. I, S. 321), zuletzt geändert durch Gesetz zur Abschaffung der Gerichtsferien vom 28.10.1996 (BGBl. I, S. 1546)
VersR	Versicherungsrecht (Zeitschrift), zitiert nach Jahr und Seite
VGH	Verwaltungsgerichtshof
VgV	Verordnung über die Vergabebestimmungen für öffentliche Aufträge (Vergabeverordnung-VgV) vom 22.02.1994 (BGBl. I, S. 321)
VOB/A	VOB Teil A, Allgemeine Bestimmungen für die Vergabe von Bauleistungen, Ausgabe 1992
VOB/B	VOB Teil B, Allgemeine Vertragsbedinungen für die Ausführung von Bauleistungen, Ausgabe 1996
VOB/C	VOB Teil C, Allgemeine Technische Vertragsbedingungen für Bauleistungen, Ausgabe 1996
VwGO	Verwaltungsgerichtsordnung i. d. F. der Bekanntmachung vom 19.03.1991 (BGBl. I, S. 686), zuletzt geändert durch Art. 2 § 13 Gesetz zur Neuregelung des Schiedsverfahrensrechts vom 22.12.1997 (BGBl. I, S. 3224)
VwVfG	Verwaltungsverfahrensgesetz vom 25.05.1976 (BGBl. I, S. 1253), zuletzt geändert durch Art. 1 Genehmigungsverfahrensbeschleunigungsgesetz vom 12.09.1996 (BGBl. I, S. 1354)
ZPO	Zivilprozeßordnung i. d. F. vom 12.09.1950 (BGBl. I, S. 533), zuletzt geändert durch Gesetz zur Neuregelung des Schiedsverfahrensrechts vom 22.12.1997 (BGBl. I, S. 3224)

Sachverzeichnis